W0413790

Claudia Lorenz-Ladener

Naturkeller

Umbau und Neubau von Räumen
zur Frischlagerung von Obst und Gemüse

ökobuch
Staufen bei Freiburg

Die Deutsche Bibliothek – CIP-Einheitsaufnahme

Lorenz-Ladener, Claudia:
Naturkeller : Umbau und Neubau von Räumen zur Frisch-
lagerung von Obst und Gemüse / Claudia Lorenz-Ladener. -
4. durchgesehene Aufl. - Staufen bei Freiburg :
ökobuch, 1999
ISBN 3 - 922964 - 50 - 8

ISBN 3 - 922964 - 50 - 8

1. Auflage 1990
4. durchgesehene Auflage 1999

© ökobuch Verlag, Staufen bei Freiburg, 1990, 1999
Alle Rechte vorbehalten

Druck: Graphische Werkstatt GmbH, Kassel
Umschlagfoto: Carl-Heinz Buck, Hesedorf

Inhaltsverzeichnis

... denn im Haus
sind kühle Keller,
für der Sonne
Feuerweine,
und auf allen
großen Sternen
gibt es sicherlich
Tavernen.

Kühle Keller

Früher wurden Wohnhäuser selten ohne Keller gebaut, es sei denn, ein hoher Grundwasserstand oder felsiger Untergrund hätte den Bau erschwert.
Aus zwei Gründen wurde das Kellergeschoß als wichtig erachtet: zum einen bildete es eine wärme- und feuchtigkeitsausgleichende Pufferzone zwischen Erdreich und den darüberliegenden Wohnräumen, zum anderen diente der Keller zum Aufbewahren von Lebensmitteln und sonstigen Vorräten. Er lag völlig bzw. zum größten Teil im Erdreich, war in der warmen Jahreszeit kühl und im Winter frostfrei. Das Wort Keller stammt übrigens aus dem lateinischen *celarium*, was dort nicht mehr bedeutet als Vorratsraum oder Speisekammer.
Auch heute werden rund 90% der neu errichteten Wohnhäuser in Deutschland mit Kellern ausgestattet. Durch die geänderten Wohn- und Lebensformen sind die Nutzungsanforderungen an das Kellergeschoß jedoch erheblich gestiegen. Hohe Grundstücks- und Baupreise verlangen zudem raum- und flächensparende Hauskonzepte, weshalb einige Nutzungen, die früher dem Wohngeschoß zugeordnet waren, heute in den Keller verlegt werden.

Moderne Keller sollen sich möglichst vielfältig nutzen lassen, z.B. als Heizungsraum, Abstellkammer, Garage, Hobbyraum und Arbeitszimmer, Partykeller, Einliegerwohnung, Sauna, Schutzraum usw.
Um diese Funktionen zu erfüllen, werden Kellergeschosse heute in der Regel so gebaut, daß sie nicht nur möglichst trocken, sondern auch möglichst warm bzw. energiesparend zu heizen sind.
Und damit wird der Keller leider unbrauchbar für eine seiner »klassischen« Funktionen, nämlich für die Frischlagerung von Gartenprodukten. Denn Obst, Gemüse und Kartoffeln brauchen niedrige Umgebungstemperaturen und eine hohe relative Luftfeuchte, sollen sie in natürlichem Zustand über längere Zeit frischgehalten werden.
Kühlschrank und Gefriertruhe können den »altmodischen« Vorratskeller nicht ersetzen. Und so wird heute, vornehmlich in Neubauten, die nach umweltverträglichen Prinzipien gebaut werden, nun häufiger wieder im Keller ein Raum vorgesehen, der kühler und feuchter als die anderen Räume im Kellergeschoß ist und sich dadurch für die Vorratshaltung eignet.
Denn es gibt einige gute Gründe, warum kühle Kellerräume inzwischen wieder gefragt sind. So hat heute wohl jeder den Wunsch, möglichst giftfreies Gemüse und Obst zu essen, und wer einen Garten bewirtschaftet, weiß, unter welchen Bedingungen seine Pflanzen gewachsen sind. Aber auch Familien ohne Garten achten immer mehr auf die Qualität der Lebensmittel und die Art und Weise, wie sie produziert werden. Viele haben deshalb angefangen, direkt beim Bauern in größeren Mengen einzukaufen - auch dann ist ein guter Lagerplatz zuhause notwendig. Ein weiterer Grund für die neue Beliebtheit kühler Vorratsräume liegt darin, daß die Frischlagerung von Obst und Gemüse im Vergleich zum Konservieren durch Einkochen oder Einfrieren nicht nur den geringsten Arbeitsaufwand erfordert, sondern Vitamine und Nährstoffe dabei auch im besonderen Maße geschont werden. Und - last not least - ist die Frischlagerung im naturgekühlten Keller sicherlich die energiesparendste Methode der Vorratshaltung.

Es gibt nun eine Reihe von Möglichkeiten, wie solche Vorratsräume beschaffen sein können. Sie unterscheiden sich vor allem durch den baulichen Aufwand. Bei allen baulichen Varianten entscheidet jedoch mehr oder weniger ein einziges Merkmal über ihre Qualität: nämlich die Lufttemperatur und die Luftfeuchtigkeit im Lagerraum.

Warum diese Klimafaktoren für eine möglichst verlustarme Frischlagerung so wichtig sind, wird deshalb gleich zu Anfang des Buches kurz beschrieben. Im folgenden werden dann die verschiedenen baulichen Einrichtungen zur Lebensmittelaufbewahrung gezeigt, angefangen von den zum Teil sehr einfach zu erstellenden Feldkellern (siehe Kap. 2) bis hin zu den mehr oder weniger aufwendig gebauten Hauskellern und massiven Freilandkellern (siehe Kap. 3), Und um ab und zu über die eigene Schulter zu schauen, werden auch einige, zum Teil sehr schöne Baukonstruktionen erwähnt (z.B. die früheren Eiskeller), die sich unsere Vorfahren ausgedacht haben, um ihre Vorräte frischzuhalten, in einer Zeit, in der die elektrische Kühlung noch unbekannt war.
In manchen Fällen, z.B. im gewerblichen Bereich, wenn größere Mengen Obst und Gemüse vorwiegend kurzfristig kühl aufbewahrt werden müssen (Läden, Restaurants), mag ein naturgekühlter Raum, sei er im Haus oder im Freiland, nicht immer die vorteilhafteste Lösung sein. Deshalb werden zu guter Letzt auch relativ standortunabhängige Vorratsräume erwähnt, die mit elektrischen Kühlaggregaten ausgerüstet sind (siehe Kap.4).
In Kapitel 5 folgen dann einige Beispiele von Naturkellern, die in den letzten Jahren entstanden sind und von ihren Erbauern/Planern vorgestellt werden.

Bernhard Nixdorf (siehe Kap. 5.1) beschreibt ausführlich, wie ein zu warmer Keller nachträglich zu einem kühlen Vorratskeller umgebaut werden kann. Wird der Naturkeller bei einem Neubau gleich bei der Planung mitberücksichtigt, sind die zusätzlichen Kosten im Verhältnis zum (Warm-) Keller nur geringfügig höher, besonders wenn Eigenleistungen erbracht werden (siehe Kap. 5.3).
Wer ein ausreichend großes Grundstück zur Verfügung hat, bevorzugt vielleicht einen freistehenden, je nach Grundwasserstand mehr oder weniger in die Erde eingebauten Keller. *Carl-Heinz Buck* zeigt, wie gut sich sein Freilandkeller in die Landschaft einfügt (siehe Umschlagfoto), und wie unkompliziert er herzustellen ist (siehe Kap. 5.2).
Manchmal soll nachträglich auf dem Grundstück ein Hobbyraum, ein kleiner Stall, eine Garage oder eine Terrasse errichtet werden. Warum nicht darunter einen Naturkeller bauen? *August und Veronika Jäger*, die einen großen Garten bewirtschaften, bauten unter ihre kleine Hobbywerkstatt einen Vorratskeller aus Natursteinen (siehe Kap. 5.4), um endlich einen kühlen Ort für die Überwinterung der Frischvorräte der sechsköpfigen Familie zu haben.
O.C. Giercke hat in den letzten Jahren eine ganze Reihe von Kellern geplant oder zu Naturkellern umgebaut, darunter auch größere z.B. für landwirtschaftliche Erzeugergemeinschaften. Seinen ersten Keller, den er für sich und seine Familie als Unterbau für eine Terrasse gebaut hat, stellt er in Kap. 5.5 vor.

Vielleicht kann diese kleine Auswahl zur Anregung dienen und zum Nachmachen verleiten!

Claudia Lorenz-Ladener

1. Klimabedingungen für die Frischlagerung

Die mögliche Aufbewahrungsdauer und die Qualität von gelagertem Obst und Gemüse werden wesentlich von den Klimabedingungen im Lagerraum beeinflußt, d.h. durch die

- Temperatur
- Luftfeuchte
- Luftbewegung und
- Zusammensetzung der Luft

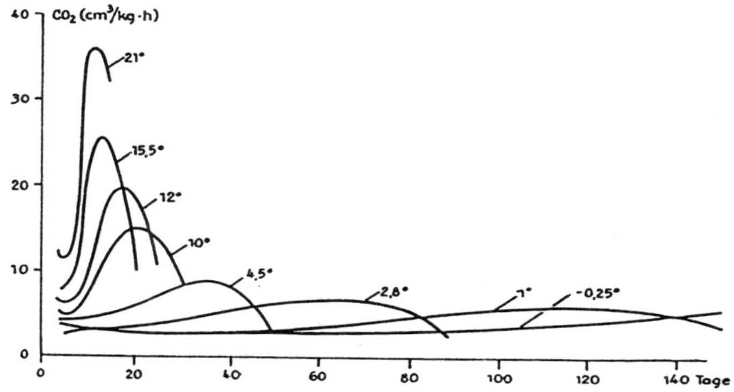

Abb. 1
Einfluß der Temperatur auf die Atmungsaktivität der Birnensorte "Williams Christ" Quelle (4)

1.1 Lufttemperatur

Von den Klimafaktoren ist die Lufttemperatur für das Lagern von Obst und Gemüse besonders wichtig. Denn bei niedrigen Temperaturen laufen die biologisch wirksamen Reaktionen der Gartenprodukte langsamer ab, d.h. der Reifeprozeß wird verzögert. Dadurch läßt sich die mögliche Lagerdauer verlängern (Abb. 1 und 2). Außerdem werden bei geringen Lufttemperaturen auch die mikrobiellen Vorgänge und somit die Fäulnis eingeschränkt.
Das Absenken der Temperatur ist allerdings nur bis zu einer bestimmten Grenze sinnvoll, denn für die meisten Obst- und Gemüsesorten sind Temperaturen etwa ab dem Gefrierpunkt und tiefer nicht mehr zuträglich (Tab. 1). Im allgemeinen ist Gemüse weniger anfällig für Frostschäden als Obst. Kurzzeitiger Frost schadet z.B. Möhren und Selle-

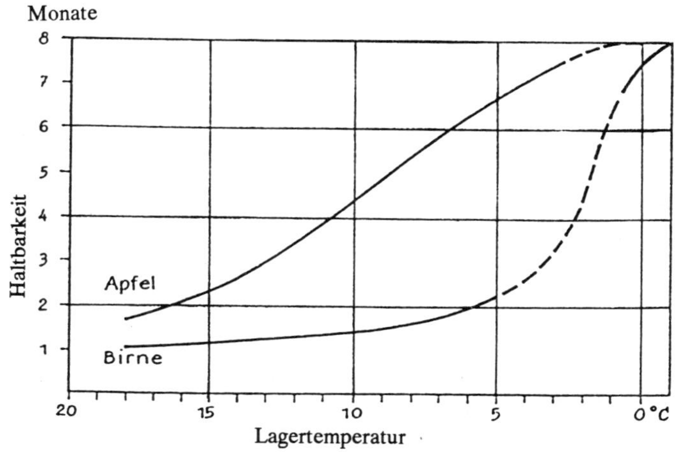

Abb. 2
Einfluß der Lagertemperatur auf die Haltbarkeit von Apfel und Birne Quelle (4)

Kulturen	Ungefähre Lagerdauer unter folgenden Bedingungen	Günstige Lagerungsbedingungen Temperatur in °C	Luftfeuchtigkeit %
Kartoffeln	bis zu 1 Jahr	+3 bis +1	85 bis 95
Weißkohl	bis zur neuen Ernte	0 bis -1	90 bis 97
Blumenkohl	bis Mai	0,5 bis 0	85 bis 90
Rosenkohl	bis Mai	1 bis 0	90 bis 95
Kohlrabi	bis zur neuen Ernte	2 bis 0	90 bis 95
Kohlrüben	bis zur neuen Ernte	2 bis 0	90 bis 95
Möhren	bis zur neuen Ernte	1 bis 0	90 bis 95
Petersilie	bis zur neuen Ernte	1 bis 0	90 bis 95
Sellerie	bis zur neuen Ernte	1 bis 0	90 bis 95
Pastinaken	bis zur neuen Ernte	1 bis 0	90 bis 95
Rote Rüben	bis zur neuen Ernte	1 bis 0	90 bis 95
Rettich	bis zur neuen Ernte	1,5 bis 0,5	85 bis 90
Meerrettich	bis zur neuen Ernte	4 bis 0	85 bis 90
Porree	bis Januar	0,5 bis 0	85 bis 90
Knoblauch	bis zu 1 Jahr	1 bis 0	70 bis 75
Spinat, Salat	2 bis 3 Wochen	0,5 bis 0	90 bis 95
Tomaten, grün und gelb	2 bis 3 Monate	12 bis 10	80 bis 85

Kulturen	Ungefähre Lagerdauer unter folgenden Bedingungen	Günstige Lagerungsbedingungen Temperatur in °C	Luftfeuchtigkeit %
Tomaten, rot	bis zu 1 Monat	0,5 bis 0	85 bis 90
Gurken	3 bis 4 Wochen	1 bis 0,5	85 bis 90
Melonen	bis Mai	1 bis 0	85 bis 90
Kürbisse	bis zu 1 Jahr	14 bis 10	70 bis 75
Äpfel	bis zu 1 Jahr	1 bis -0,5	85 bis 95
Birnen	bis Mai	1 bis 0	85 bis 90
Aprikosen	bis zu 1 Monat	0,5 bis 0	85 bis 90
Pfirsiche	bis zu 2 Monate	0,5 bis 0	85 bis 90
Pflaumen	bis zu 2 Monate	0,5 bis 0	85 bis 90
Kirschen	bis zu 2 Wochen	0,5 bis 0	85 bis 90
Weintrauben	bis Mai	1 bis 0	80 bis 90
Erdbeeren	bis zu 2 Wochen	0,5 bis 0	85 bis 90
Himbeeren	2 bis 3 Wochen	0,5 bis 0	85 bis 90
Stachelbeeren	bis zu 2 Monate	0,5 bis 0	85 bis 90
Johannisbeeren	bis zu 2 Monate	0,5 bis 0	85 bis 90
Apfelsinen	bis Juli	5 bis 4	80 bis 85
Mandarinen	bis Mai	3 bis 2	80 bis 85
Zitronen	bis Juli	5 bis 4	80 bis 85

Tabelle 1 Sehr günstige Lagerungsbedingungen Quelle (5)

rie nicht, Rosenkohl, Porree und Winterwirsing können sogar bei -1,5°C bis -2°C längere Zeit schadensfrei gelagert werden.
Die günstigsten Lagertemperaturen sind immer arten- und sortenspezifisch und meist so niedrig (siehe Anhang, Kap. 6.2), daß sie im Naturkeller ohnehin nicht für längere Zeit aufrecht erhalten werden können. Daher hat sich in der *gewerblichen* Lagerhaltung die maschinelle Kühlung durchgesetzt. Hierbei wird außerdem gefordert, daß die Lagertemperaturen möglichst wenig schwanken (optimal ± 0,5°C), denn Temperaturschwankungen beeinflussen den Stoffwechsel der Frischvorräte, die Kondenswasserbildung und die relative Luftfeuchtigkeit des Lagerraumes (Abb. 3).

In der *privaten* Vorratshaltung wird es nun meist nicht das Ziel sein, Obst und Gemüse so lange wie möglich aufbewahren zu wollen, denn mit Dauer der Lagerung vermindern sich natürlich auch die wertvollen Inhaltsstoffe der pflanzlichen Produkte wie Vitamine, Säuren, Kohlehydrate usw. (siehe auch Anhang, Kap. 6.3). Hier sind die Lufttemperaturen zweckmäßig gebauter und mit Frischluft gekühlter Keller völlig ausreichend, die im Winter um +5°C und im Sommer um +10°C (siehe Kap. 3.2) liegen. Diese Temperaturen genügen in der Regel, um die meisten lagerfähigen Obst- und Gemüsearten so lange aufzubewahren, bis die Natur wieder mit geeigneten pflückfrischen Produkten aufwartet.

Temperaturschwankungen durch die Außenluft, die sich, zeitlich verschoben, auch im Erdreich bemerkbar machen (siehe Kap. 3.1), sind im Naturkeller dabei nicht zu vermeiden. Hier kann nur z.B. durch Abdecken des Lagergutes und durch gezielte Lüftung (Ausnutzung der kühlen Nachtluft, Fernhalten von warmer Außenluft am Tage) ein ausgeglichenerer Temperaturverlauf angestrebt werden.

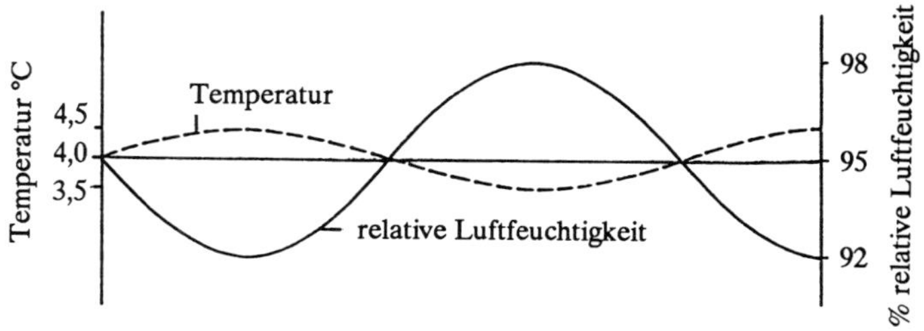

Abb. 3
Wechselbeziehungen zwischen Temperatur und relativer Luftfeuchtigkeit
Quelle (4)

1.2 Luftfeuchtigkeit

Neben der Raumtemperatur ist auch die Luftfeuchtigkeit für die Lagerhaltung von großer Bedeutung. Frische pflanzliche Erzeugnisse bestehen im allgemeinen zu 75 bis 95% aus Wasser, das über ihre Zellen mit der Lagerluft in Verbindung steht. Ist nun die Luftfeuchtigkeit im Lagerraum zu gering, geben die Pflanzen einen ständigen Feuchtestrom an die Umgebungsluft ab, sie trocknen aus, schrumpfen bzw. welken. Andererseits fördert eine zu hohe Luftfeuchtigkeit die Entwicklung von Schimmelpilzen und Fäulniserregern.

Das Aufnahmevermögen der Luft für Feuchtigkeit ist temperaturabhängig, es steigt mit zunehmender Temperatur. Die Sättigungsfeuchte, gemessen in g/m^3, gibt die Wasserdampfmenge an, die bei einer bestimmten Temperatur maximal aufgenommen werden kann. Die *relative* Luftfeuchtig-

Abb. 4
Kombiniertes Gerät für Temperatur- und Feuchtigkeitsmessung
Quelle (6)

Innen-lufttem-peratur in °C	Taupunkttemperatur in °C bei einer relativen Luftfeuchte von 50%	60%	70%	80%	85%	90%	95%
-10	-17,45	-15,68	-13,95	-12,50	-11,95	-11,10	-10,60
-5	-12,95	-10,93	-8,93	-7,60	-6,94	-6,18	-5,61
-2	-10,06	-7,94	-6,26	-4,67	-3,85	-3,15	-2,93
±0	-8,21	-6,10	-4,26	-2,59	-1,99	-1,42	-0,67
2	-6,56	-4,40	-2,48	-0,98	-0,26	+0,47	+1,20
4	-4,88	-2,61	-0,88	+0,78	+1,62	+2,44	+3,20
6	-3,07	-1,05	+0,85	+2,72	+3,62	+4,48	+5,38
8	-1,61	+0,67	+2,83	+4,77	+5,66	+6,48	+7,32
10	+0,02	+2,53	+4,79	+6,79	+7,65	+8,45	+9,31
12	+1,84	+4,46	+6,74	+8,69	+9,60	+10,48	+11,33
14	+3,76	+6,40	+8,67	+10,71	+11,64	+12,55	+13,36
16	5,59	8,29	10,61	12,66	13,63	14,58	15,54
18	7,43	10,12	12,44	14,56	15,41	16,31	17,25
20	9,30	12,00	14,40	16,46	17,44	18,36	19,18

Tabelle 2
Taupunkttemperatur von Luft verschiedener Temperatur und relativer Feuchte Quelle (7)

Material	Wasseraufnahmekoeffizient w $kg/(m^2 \cdot h^{0,5})$
Vollziegel	20 bis 30
Kalksandstein	4 bis 8
Bimsbeton	1,5 bis 2,5
Gasbeton	4 bis 8
Gipsbauplatten	35 bis 70
Weißkalkputz	7
Kalkzementputz	2 bis 4
Zementputz	2 bis 3
Kunststoffdispersionsbeschichtung	0,05 bis 0,2

Abb. 5 Wasseraufnahme-Koeffizient einiger Stoffe Quelle (7)

keit ist ein Maß dafür, wieviel % der Sättigungsmenge in der Luft tatsächlich vorhanden sind. So bedeutet 50% relative Feuchtigkeit beispielsweise, daß die Luft halb so viel Wasserdampf enthält, wie sie bei der betreffenden Temperatur im Höchstfall aufnehmen kann. Mit Wasserdampf vollkommen gesättigte Luft hat demnach eine relative Feuchtigkeit von 100%.

Im allgemeinen wird im Lagerkeller eine relative Luftfeuchte zwischen 85 und 95% angestrebt, wobei die optimale Luftfeuchte von der Gemüse- und Obstart abhängig ist. Tabelle 1 liefert hier detaillierte Werte. Blattgemüsearten neigen z.B. aufgrund ihrer großen Blattoberfläche sehr stark zur Zellwasserabgabe und sollten deshalb bei hoher relativer Feuchtigkeit (über 95%) aufbewahrt werden, während z.B. Zwiebeln durch ihre pergamentartige Schale vor Zellwasserverdunstung recht gut geschützt sind und deshalb eine verhältnismäßig trockene Lagerung verlangen, d.h. 70 bis 75% relativer Luftfeuchte.
Um die Luftfeuchtigkeit im Keller überwachen zu können, wird am besten ein Hygrometer (Abb. 4) möglichst in der Mitte des Raumes aufgehängt.

Das Feuchtigkeitsaufnahmevermögen der Luft nimmt mit sinkender Temperatur ab. Gelangt warme, feuchte Außenluft in einen kühlen Kellerraum und kühlt dabei ab, so kann die relative Luftfeuchtigkeit je nach Kellertemperatur auf Werte nahe 100% ansteigen. Sinkt die Lufttemperatur z.B. an der kühlen Wandoberfläche noch weiter ab, ist die Feuchtigkeit nicht mehr imstande, sich in Dampfform in der Luft zu halten, sondern schlägt sich teilweise als Schwitzwasser (Tau) nieder. Diejenige Temperatur, bei der

Wasserdampf kondensiert, wird als Taupunkt bezeichnet. Aus Tabelle 2 ist zu ersehen, daß z.B. bei einer Innentemperatur von +6°C und einer Luftfeuchtigkeit von 85% dann Schwitzwasser entsteht, wenn die Innentemperatur auf +3,62°C absinkt.

Bedenkt man, daß einerseits im Naturkeller niedrige Temperaturen *und* eine hohe relative Luftfeuchtigkeit erwünscht sind, andererseits die Luft aber eine umso geringere maximale Luftfeuchte halten kann, je niedriger die Temperatur ist, wird verständlich, daß Kondensation, also das Ausscheiden von Tauwasser, leicht auftreten kann. Der Kondensationsvorgang beginnt dabei immer an der kältesten Fläche. Um die Schwitzwasserbildung möglichst zu verhindern (und natürlich auch, um einer unerwünschten Temperaturerhöhung im Keller vorzubeugen), werden Kellerräume in der warmen Jahreszeit am besten nur in den (wenigen) kühlen Nachtstunden gelüftet. Schwitzwasser kann aber auch im Winter anfallen, wenn die Außentemperatur sehr niedrig ist und z.B. die Kellerdecke bei nicht überbauten Lagerkellern ungenügend wärmegedämmt ist. Sie ist dann meist die kälteste Begrenzungsfläche, an der sich am ehesten Schwitzwasser bildet. Dies wird vermieden, indem der Wärmeschutz, den die Kellerdecke bietet, so großzügig bemessen wird, daß selbst bei sehr niedrigen Außentemperaturen die Temperatur an der Unterseite der Kellerdecke nie unter den Taupunkt der Kellerluft sinkt.

Die Luftfeuchtigkeit läßt sich im Naturkeller im allgemeinen leichter beeinflussen als die Temperatur, denn sie ist u.a. auch abhängig vom Baumaterial und von der Feuchtigkeit des umgebenden Erdreiches. Ziegelwände halten durch ihr gutes Speichervermögen z.B. besser eine höhere und relativ gleichmäßige Luftfeuchtigkeit als Wände aus Beton (Abb. 5). Ebenso sind Fußböden aus gestampftem Lehm oder aus Ziegelpflaster günstig (siehe Kap. 3). In so gebauten Kellern, vor allem wenn sie weitgehend von Erdreich umgeben sind, stellt sich meist ohne zusätzliche Maßnahme die erwünschte relative Luftfeuchtigkeit ein. Sollte die Luftfeuchte gelegentlich zu hoch sein, läßt sich dies meist durch Lüften regulieren. Feuchte Luft sammelt sich immer oben im Raum, sie ist leichter als trockenere Luft und läßt sich deshalb gut weglüften.

Dagegen ist die Luft in ebenerdigen Lagerräumen oder in höher gelegenen Betonkellern erfahrungsgemäß eher zu trocken als zu feucht.

Zur Erhöhung der Luftfeuchte kann z.B. einfach - aber ein bißchen umständlich - ein Behälter mit Wasser aufgestellt, oder der Boden mit Wasser benetzt werden. In der Schweiz wird empfohlen, für die Obstlagerung Waldmoos als Unterlage zu benutzen (1). Moos hält eine gleichmäßige Feuchtigkeit und soll außerdem die Gefahr der Pilzentwicklung herabsetzen sowie kleine Gasmengen absorbieren, vor allem Äthylen, das die Fruchtreife bei Obst beschleunigt.

Weitere einfache Maßnahmen zur Erhöhung der Luftfeuchtigkeit sind:

- Wurzelgemüse in feuchtem Sand lagern
- Verpacken von Obst in Kunststoffolie oder Ölpapier
- Beschränkung der Belüftung auf das notwendige Minimum.

Hier ein Tip für die Einlagerung von Früchten: Eine zu frühe oder verspätete Ernte vermeiden und keine sehr kleinen Früchte für die Lagerung vorsehen, weil sie aufgrund ihrer großen Oberfläche relativ mehr Wasser verdunsten als größere.

1.3 Luftbewegung und Luftzusammensetzung

Die normale Zusammensetzung der Außenluft besteht aus ca. 0,03% Kohlendioxid (CO_2), etwa 21% Sauerstoff (O_2) und ca. 78% Stickstoff (N_2).
Gemüse und Obst sind lebende Organismen, deren Stoffwechsel nach der Ernte noch weitergeht (Abb. 6). Wie bei Menschen und Tieren auch, wandeln Pflanzen einen Teil des Zuckers (Fruchtzuckers) unter Aufnahme von Sauerstoff in Kohlendioxid um. Beim Lagern größerer Mengen von Obst und Gemüse verändert sich durch diesen Stoffwechsel die Zusammensetzung der Raumluft. Deshalb muß gelüftet werden, denn die »Atmung« der Frischprodukte beschleunigt die Fruchtreife und fördert Fäulnis. Die Atmungsintensität ist je nach Pflanzenart und Temperatur verschieden (Tab. 3). Die Reifungsvorgänge werden also nicht nur durch niedrige Umgebungstemperaturen und eine hohe Luftfeuchtigkeit verlangsamt, sondern auch durch eine ausreichende *Luftbewegung* im Raum, welche die mit den reifefördernden Atmungsstoffen der Pflanzen angereicherte Luft abführt.
Als Auftrieb für die Luftbewegung kann dabei grundsätzlich die *natürliche Konvektion* (Aufstieg der wärmeren bzw. feuchteren und damit leichteren Luft) genutzt werden. Sie wird in frischluftgekühlten Lagerräumen durch den Einbau von Zu- und Abluftkanälen mit verstellbaren Öffnungen gesteuert. Leider läßt sich die Stärke des Luftwechsels bei freier Lüftung kaum exakt bemessen. Sie muß von Fall zu Fall unter Beobachtung von Thermometer und Hygrometer eingestellt werden. Auch der Einsatz eines temperaturgesteuerten Ventilators kann dieses Problem - abgesehen vom zusätzlichen Energieverbrauch - nur unzureichend lösen.

In der gewerblichen Lagerhaltung von Frischprodukten wird seit 1928 auch die Luftzusammensetzung gesteuert (sogenannte »CA-Lager«: CA = controlled atmosphere; auch Gaslagerung genannt). Gemüse und Obst lagern dabei in einem mit Kühlaggregaten ausgestatteten Raum, wobei das Verhältnis von Kohlendioxid und Sauerstoff in der Zusammensetzung der Raumluft zur Verlängerung der Lagerdauer verändert wird. Das Prinzip beruht auf der Erkenntnis, daß Pflanzen und Früchte in nahezu gleicher Menge Kohlendioxid abgeben, wie sie Sauerstoff aufnehmen. Ende des 19. Jahrhunderts wurde festgestellt, daß sich der Stoffwechsel der pflanzlichen Produkte verlangsamt, wenn die Sauerstoffkonzentration in der Umgebungsluft erheblich vermindert ist.

Abb. 6
Atmungsintensität und Fruchtentwicklungsstadien beim Apfel
Quelle (4)

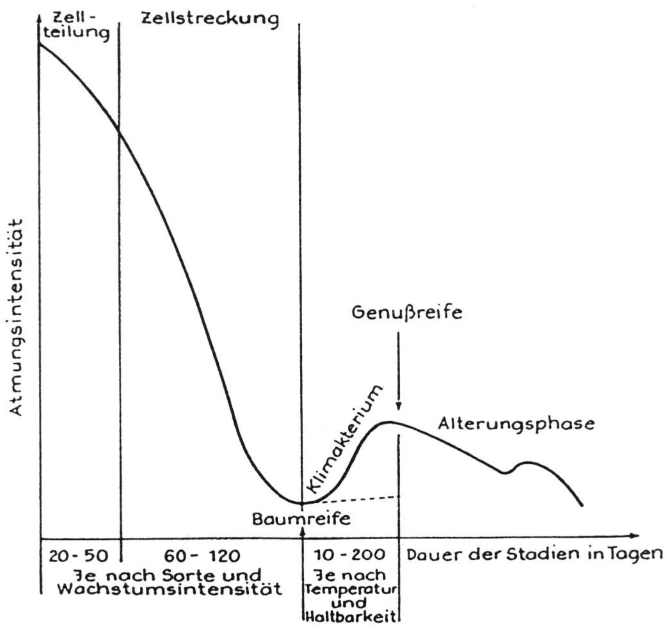

»In gewisser Weise wurde die CA-Lagerung viele Jahre mehr oder weniger auf der Basis zufälliger Erfahrungen durchgeführt. Der Brauch, mit Äpfeln gefüllte Fässer im Boden zu vergraben und sie mit Erde und Abfall zu bedecken, stellte eine Art Vorläufer der CA-Lagerung dar. Das Gleiche gilt für den Transport von Obst in ungelüfteten Schiffsräumen«. (2)

Auch im Keller, vor allem, wenn er zu trocken und zu warm sein sollte, ist es in geringem Maße möglich, die Luftzusammensetzung zu steuern und so die Haltbarkeit einiger Lebensmittel (insbesondere Äpfel, Birnen usw., vgl. Anhang, Kap. 6.2) zu verlängern. Früher geschah das dadurch, daß die Früchte einzeln in Seidenpapier eingewickelt wurden. Dadurch waren sie nicht nur vor Druckstellen und nachträglichen Infektionen geschützt (wobei auch die Transpiration und das damit verbundene Welken vermindert wurde), sondern die Papierumhüllung verhinderte vor allem auch die Durchlüftung. Denn während die Stoffwechselprodukte in schwacher Konzentration reifebeschleunigend wirken, wird durch die fehlende Durchlüftung eine so hohe Konzentration erreicht, daß sie konservierend sind.

»Kein Lebewesen ist in der Lage, in seinen eigenen Ausscheidungen zu leben. So werden auch beim Obst die Reifungsvorgänge durch die eigenen Ausscheidungen praktisch unterbunden«. (3)

Nachteilig bei der Einzelverpackung ist allerdings nicht nur, daß das Einwickeln zeitraubend ist und viel Papier verbraucht, sondern auch, daß schadhafte Früchte nur schwer entdeckt werden können.

Leichter geht die »Gaslagerung« mit lebensmittelgeeigneten Gefrierbeuteln, die mehrere Pfund Obst auf einmal fassen (nur völlig einwandfreie, gut entwickelte Früchte auswählen). Bevor das Obst, nach Sorten getrennt, in die Beutel eingefüllt wird, sollte es ein paar Tage offen im Keller gelagert werden, um sich der Temperatur anzupassen. Die Beutel werden verschlossen aufbewahrt, die Bildung eines feinen Feuchtigkeitsniederschlags im Innern der Säcke ist normal. Auf diese Art wird das Reifen beträchtlich verzögert und die Lagerungsdauer um etliche Zeit verlängert.

Tabelle 3a
Spezifische Wärme und Atmungswärme von Obst und Gemüse
1 kcal = 1,16 Wh
Quelle (8)

Obstart/ Gemüseart	spez. Wärme kcal/kg °C	Atmungswärme in kcal/kg pro 24 h bei 0°C	2°C	5°C	10°C	15°C	20°C
Äpfel (Frühsorten)	0,87 - 0,92	0,20 - 0,38	0,29 - 0,43	0,32 - 0,65	0,84 - 1,25	1,10 - 1,90	1,21 - 2,55
Äpfel (Spätsorten)	0,87 - 0,92	0,11 - 0,22	0,22 - 0,28	0,28 - 0,43	0,42 - 0,64	0,57 - 1,20	0,90 - 1,48
Birnen (Frühsorten)	0,88 - 0,92	0,16 - 0,30	0,27 - 0,54	0,45 - 0,95	0,60 - 1,30	2,10 - 3,30	2,40 - 5,50
Birnen (Spätsorten)	0,88 - 0,92	0,16 - 0,22	0,22 - 0,46	0,36 - 0,86	0,48 - 1,14	1,70 - 2,60	1,95 - 4,50
Brombeeren	0,88	0,96 - 1,40	1,20 - 2,13	1,75 - 2,84	3,18 - 5,80	4,30 - 8,90	8,00 - 12,00
Erdbeeren	0,92 - 0,93	0,70 - 0,96	0,83 - 1,31	0,91 - 1,90	1,85 - 3,62	2,70 - 5,00	3,60 - 6,20
Himbeeren	0,86 - 0,88	0,97 - 1,90	1,12 - 2,38	1,70 - 3,40	3,02 - 5,80	4,50 - 12,00	7,00 - 15,00
Johannisbeeren, schwarz	0,88 - 0,90	0,42 - 0,68	0,67 - 1,10	0,90 - 1,67	1,34 - 3,75	3,04 - 7,20	4,60 - 11,50
Johannisbeeren, rot	0,88 - 0,90	0,28 - 0,41	0,36 - 0,63	0,49 - 0,95	0,72 - 1,94	1,65 - 4,20	2,55 - 6,40
Kirschen, süß	0,87	0,32 - 0,44	0,36 - 0,64	0,57 - 0,93	0,79 - 2,05	1,65 - 3,40	3,20 - 4,55
Kirschen, sauer	0,87	0,32 - 0,45	0,39 - 0,71	0,63 - 1,12	0,88 - 2,24	1,84 - 3,75	3,55 - 5,00
Mirabellen	0,90 - 0,92	0,38 - 0,40	0,44 - 0,68	0,74 - 1,29	1,26 - 2,10	1,62 - 3,60	2,75 - 4,44

Obstart/ Gemüseart	spez. Wärme kcal/kg °C	Atmungswärme in kcal/kg pro 24 h bei 0°C	2°C	5°C	10°C	15°C	20°C
Hasel- u. Walnüsse	0,22 - 0,25	>0,05	>0,05	0,10	0,20	0,20	0,30
Pfirsiche	0,90 - 0,92	0,10 - 0,22	0,15 - 0,26	0,22 - 0,31	0,38 - 0,52	0,67 - 0,88	1,06 - 1,15
Pflaumen	0,88 - 0,90	0,38 - 0,44	0,46 - 0,72	0,77 - 1,35	1,29 - 2,60	1,70 - 3,85	2,90 - 4,85
Stachelbeeren	0,90	0,29 - 0,42	0,40 - 0,61	0,49 - 0,93	0,73 - 1,82	1,63 - 3,90	2,50 - 6,60
Weintrauben	0,86 - 0,92	0,10 - 0,20	0,24 - 0,35	0,34 - 0,50	0,49 - 0,75	0,74 - 1,00	1,03 - 1,60
Zwetschgen	0,88 - 0,90	0,28 - 0,32	0,37 - 0,64	0,59 - 1,25	1,18 - 1,90	1,54 - 3,10	2,45 - 4,15
Blumenkohl (mit Blatt)	0,92 - 0,95	0,50 - 1,30	0,72 - 1,45	1,10 - 1,60	2,55 - 2,85	4,00 - 5,35	6,30 - 8,30
Bohnen, grün	0,92 - 0,95	1,17 - 1,45	1,60 - 1,70	2,15 - 2,50	3,35 - 4,25	5,45 - 8,50	8,15 - 11,90
Dicke Bohnen	0,88	0,40 - 0,60	0,73 - 0,90	1,15 - 1,55	2,20 - 3,00	3,65 - 5,10	6,65 - 8,10
Endiviensalat	0,94	2,20 - 2,75	2,75 - 3,20	3,80 - 4,20	5,15 - 5,74	6,80 - 7,80	10,60 - 11,40
Erbsen (in Hülsen)	0,88	1,80 - 2,15	2,40 - 2,95	3,20 - 3,90	4,10 - 5,50	7,50 - 9,50	11,80 - 13,30
Grünkohl	0,89	0,52 - 0,68	0,70 - 0,75	0,85 - 1,05	1,30 - 1,60	2,15 - 2,50	3,25 - 4,00
Gurken (Schlangengurken)	0,96	0,39 - 0,42	0,40 - 0,50	0,50 - 0,70	1,05 - 1,25	1,95 - 2,50	3,15 - 3,60
Knoblauch (trocken)	0,79	0,45	0,66	0,95	1,45	2,65	3,15
Kartoffeln	0,80 - 0,90	0,22 - 0,54	0,22 - 0,50	0,25 - 0,40	0,34 - 0,45	0,40 - 0,75	0,50 - 0,90
Kohlrabi (ohne Blatt)	0,92	0,47 - 0,55	0,65 - 0,78	0,70 - 1,05	1,20 - 1,35	1,60 - 1,90	2,10 - 2,35
Kohlrüben	0,95	0,30 - 0,35	0,32 - 0,40	0,40 - 0,65	0,57 - 1,10	1,20 - 1,85	2,10 - 2,45
Möhren	0,90 - 0,94	0,20 - 0,58	0,45 - 0,70	0,58 - 0,80	0,65 - 0,90	1,50 - 2,00	1,85 - 2,80
Paprika (Gemüse)	0,94	0,50 - 0,68	0,65 - 0,90	1,16 - 1,32	1,75 - 1,98	2,13 - 2,35	2,50 - 2,70
Pilze (agaricus bisporus)	0,93	2,35 - 2,50	2,55 - 2,70	3,05 - 3,30	5,00 - 5,20	9,65 - 10,00	12,40 - 13,10
Porree (Winter)	0,90 - 0,93	0,73 - 1,10	1,20 - 2,30	2,65 - 3,15	5,65 - 5,90	8,65 - 9,95	11,20 - 12,20
Radieschen	-	1,13 - 1,25	1,30 - 1,50	1,65 - 1,80	2,05 - 2,30	4,00 - 4,25	6,20 - 6,60
Rettich (ohne Laub)	0,95	0,38 - 0,55	0,38 - 0,60	0,42 - 0,80	1,15 - 1,40	2,05 - 2,40	3,50 - 3,70
Rhabarber (gebündelt)	0,96	0,70 - 0,80	0,80 - 0,90	0,95 - 1,10	1,30 - 1,60	2,25 - 2,60	3,80 - 4,00
Rosenkohl	0,88 - 0,91	1,00 - 1,40	1,15 - 1,60	2,00 - 2,80	3,45 - 4,70	5,15 - 6,10	10,10 - 10,70
Rote Beete	0,92	0,24 - 0,40	0,30 - 0,58	0,65 - 0,70	1,05 - 1,25	1,45 - 2,40	3,05 - 4,40
Rotkohl (Winter)	0,95	0,30 - 0,38	0,32 - 0,50	0,45 - 0,50	0,60 - 0,80	1,05 - 1,20	2,10 - 2,40
Salat (Sommer)	0,95 - 0,96	0,65 - 0,80	0,70 - 0,90	0,85 - 1,05	1,045 - 2,10	2,25 - 3,90	5,20 - 7,00
Sellerie (Knollen)	0,94 - 0,96	0,30 - 0,50	0,40 - 0,60	0,65 - 0,95	1,10 - 1,75	2,00 - 2,35	2,55 - 3,00
Spargel	0,93 - 0,94	1,20 - 1,35	1,40 - 1,50	1,60 - 1,75	3,00 - 3,30	4,25 - 5,75	6,00 - 7,50
Spinat	0,94 - 0,95	1,25 - 1,70	1,60 - 2,45	2,65 - 4,10	4,30 - 6,45	8,75 - 10,80	13,00 - 18,50
Tomaten (reif)	0,93 - 0,95	0,28 - 0,36	0,33 - 0,40	0,40 - 0,55	0,65 - 0,85	1,10 - 1,80	1,65 - 2,10
Weißkohl (Winter)	0,94 - 0,95	0,30 - 0,50	0,35 - 0,60	0,45 - 0,85	0,75 - 1,10	1,20 - 1,65	2,20 - 2,50
Wirsingkohl	-	0,95 - 1,30	1,20 - 1,40	1,55 - 1,80	3,20 - 3,75	5,35 - 6,05	8,00 - 9,00
Zwiebel	0,90	0,24 - 0,40	0,26 - 0,44	0,32 - 0,52	0,47 - 0,70	0,65 - 0,95	0,95 - 1,20

Tabelle 3b
Spezifische Wärme und Atmungswärme von Obst und Gemüse
1 kcal = 1,16 Wh
Quelle (8)

2. Feldkeller

Mit dem Namen »Feldkeller« werden hier wie auch in der verwendeten Literatur einfache Erdlager wie Mieten, Erdkammern u.ä. bezeichnet, die - auch historisch - als die Vorläufer massiv gebauter Kellerräume im Haus wie im Freiland anzusehen sind.
Bei der Lagerung in solchen Feld- oder Freilandkellern werden die natürlichen Gegebenheiten (Außenwitterung, Erdboden) zur Bevorratung von Gemüse, seltener von Obst, in den Herbst-, Winter- und Frühjahrsmonaten genutzt. Einfache Feldkeller werden gewöhnlich bei trockenem und leichtem Boden etwa 20 bis 30 cm unterhalb des Bodenniveaus angelegt (*Erdeinschlag, Erdmieten)*, bei schweren und wasserhaltigen Böden wird auf eine Bodenvertiefung verzichtet und die Gemüsemiete ebenerdig errichtet. Üblich ist eine Breite der Mieten bis ca. 1,6 m bei beliebiger Länge.
Arbeitsaufwendiger ist die Lagerung in etwa 80 cm bis 1 m tiefen *Erdkammern.* Daneben bieten sich für kleinere Vorratsmengen auch eine Freilandlagerung in Frühbeeten, eingegrabenen Tonnen und sonstigen Behältern an (Abb. 7).

Feldkeller haben einige Vorteile:

- Sie sind preisgünstige Aufbewahrungsorte, da zu ihrer Errichtung keine kostspieligen Materialien erforderlich sind. Ausreichend ist ein Stück trockener Boden, Isoliermaterial wie Stroh usw. zum Abdecken und Maschendraht o.ä., um Mäuse und anderes Getier abzuhalten.
- In Feldkellern sind die Bedingungen für eine Frischlagerung der meisten Gemüse über den Winter günstig, vorausgesetzt sie sind richtig angelegt. Denn die Temperaturen sind durch die sie umgebende Erde verhältnismäßig stabil und die relative Feuchtigkeit ist recht hoch. Dies wirkt sich vorteilhaft auf die Qualitätserhaltung des Lagergutes aus. Wird bei Frostgefahr der Freilandkeller abgedichtet, sammelt sich durch die Veratmung des vorhandenen Luftsauerstoffs Kohlendioxid an. Dies verlangsamt die Atmung und damit den pflanzlichen Abbau des Lagergutes.

Feldkeller haben allerdings auch einige Nachteile:

- Das Lagergut kann schwerlich regelmäßig kontrolliert werden.
- Im Vergleich zur Aufbewahrung z.B. im Hauskeller ist die Freilandlagerung um einiges unbequemer, denn beim Hereinholen der Lagergemüse müssen die Feldkeller entweder wieder gut isoliert, bzw. ganz ausgeräumt werden.
- Bei Frost ist es nicht oder nur schwer möglich, die Mieten zu öffnen. Soll der Haushalt auch während lang anhaltender Frostperioden mit frischem Gemüse versorgt werden, so muß ein entsprechend großer Frischvorrat an anderer Stelle bis zum Verzehr gelagert werden.

Bedingung für eine sachgemäße Freilandlagerung ist, daß die Gartenprodukte nicht feucht werden. Der Mietenplatz muß deshalb frei von Grundwasser und Staunässe sein und Niederschlagswasser sollte gut abfließen können. Der ideale Boden besteht aus durchlässiger, sandiger Erde, die sich leicht zwischen die Pflanzen legt und einfach umzugraben ist. Schwere Erde, die nur in großen Stücken abbricht, bedeckt das Gemüse meist nur unzureichend und ist mühsam auszuheben. Die Erde, mit der die Miete angelegt wird,

(a) Einschlagen im Aufsatz- und Frühbeetkasten (10)

Vorratslager ebenerdig

■ Kleine Vorratsmengen können im ausgeräumten Frühbeetkasten untergebracht werden. Das Frühbeet wird zum Schutz gegen Nagetiere zuerst mit einem engmaschigen Drahtgeflecht ausgekleidet, bevor die Pflanzen mit den Wurzeln in Sand eingeschlagen und reihenweise angeordnet werden. Ist das Gemüse eingelegt, werden die Fenster angebracht und bei Frost mit Brettern, Laub und Stroh gedeckt (a). An frostfreien Tagen sollte gelüftet werden. Im Frühbeetkasten läßt sich Gemüse auch bei Schnee problemlos ernten.

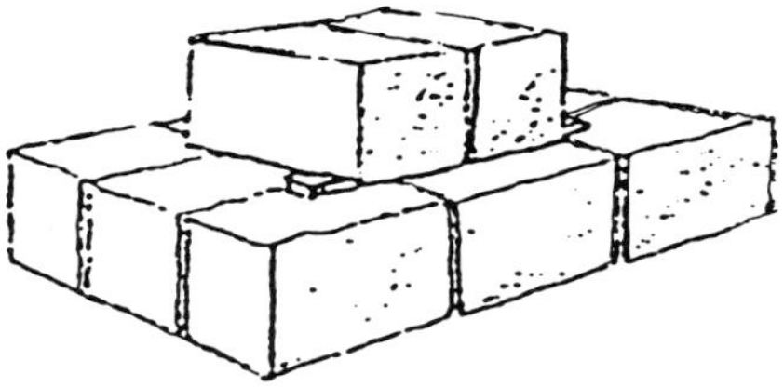

(b) Eine Miete aus rechteckigen Strohballen (11)

■ Strohballen werden so zu einem Rechteck gelegt, daß die Mitte frei bleibt. Den Hohlraum mit Maschendraht und Stroh auskleiden und Gemüse einlegen. 2 Strohballen als Deckel auf 2 Latten legen. Wird es kälter, die Latten entfernen, so daß die Öffnung geschlossen ist (b).

Vorratslager in der Erde:

■ Nach Früchtel (13) lassen sich kleine Gemüsemengen sehr gut in den Edelstahltrommeln ausgedienter Waschmaschinen einlagern. Sie sind rostfrei und mäusesicher und manchmal billig beim Altwarenhändler erhältlich. Die Trommel wird mit der Öffnung nach oben in die Erde eingegraben, das Gemüse hineingefüllt und das Ganze z.B. einem Brett bedeckt. Bei Frostgefahr wird eine dicke Lage Stroh, Rindenmulch o.ä. aufgeschichtet und mit Erde beschwert.

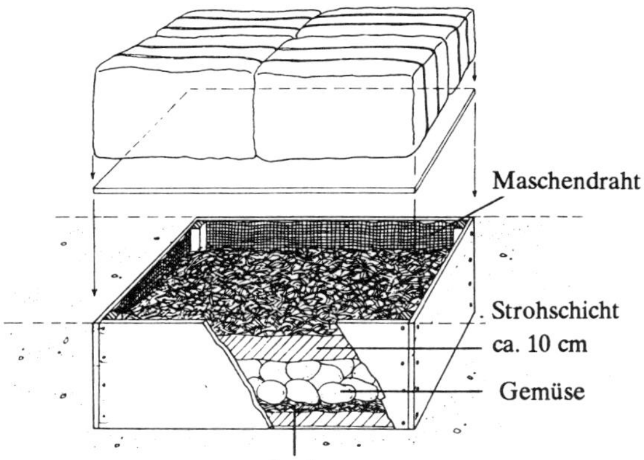

(c) Lagerung in Holzkisten (12)

■ Jede große Holzkiste, zusammengebaut aus (unbehandelten) Holzresten ist als kleiner Freiland-Vorratskeller geeignet. Sie wird in eine Erdvertiefung gelegt und mit engmaschigem Drahtgeflecht zum Schutz vor Nagetiere versehen. Das Gemüse wird dann abwechselnd mit Zwischenschichten aus Stroh gestapelt, die oberste Gemüselage wird ca. 10 cm hoch mit Stroh abgedeckt, ein maschendrahtbespannter, gut passender Holzdeckel lose aufgelegt und Strohballen auf den Deckel geschichtet (c). Die Strohballen sollten zum Schutz vor Regen und Schnee mit einer Kunststoffplane abgedeckt werden.

▪ Gemüse und Äpfel können auch in einem alten Holzfaß, in Mülleimern aus verzinktem Blech oder z.B. in Abwasserrohren aus Ton mit großem Durchmesser aufbewahrt werden.

▪ Lagerung im Holzfaß: An der Nordseite eines Gebäudes oder an einem anderen trockenen Platz wird eine Grube ausgehoben und das Faß in einem Winkel von 45° so auf eine Schicht Steine gestellt, daß die Faßöffnung mit der Unterkante gerade das Bodenniveau erreicht (d). Das Faß wird mit Gemüse gefüllt, wobei Stroh, Heu oder trockenes Laub dazwischengeschichtet werden, die oberste Schicht bilden Heu oder Stroh. Das Faß wird mit einem Deckel verschlossen, der wiederum mit einer ca. 30 cm dicken Strohschicht isoliert wird. Ein davorgestelltes Brett verhindert das Abrutschen. Neben und über dem Faß wird Erde, ca. 50 cm dick, aufgeschichtet, dann folgt zur Wärmedämmung eine Lage Stroh, die oben und seitlich mit einer dünnen Erdschicht beschwert wird.

▪ Lagerung im Tonrohr: Das oben und unten offene Tonrohr wird senkrecht in die Grube gesetzt, in die zuvor eine Lage Kies und Steine eingebracht wurde. Das Gemüse kann nun entweder direkt auf Stroh aufgestapelt (mit Zwischenschichten aus Stroh), oder in Körben hineingestellt werden (e).

▪ Eine bemerkenswerte Lagermöglichkeit aus dem Land der unbegrenzten Möglichkeiten: Für W.N Woodzell, aus Virginia, USA, dient seit einigen Jahren ein ausrangiertes, gut isoliertes Kühlauto als Freilandkeller. Er ließ ein Loch in einen kleinen Hügel auf seinem Grundstück graben und stellte das Auto so tief es ging, hinein. Durch das Dach des Autos führt ein Entlüftungsrohr, das sorgfältig gegen das Eindringen von Nagetieren usw. gesichert ist. Die Räder sind abmontiert und alle Hohlräume um das Auto herum mit Erde verfüllt. Vor die Flächen, die aus dem Hügel herausragen, stapelte er dicke Steine und isolierte die Doppeltüren und das Dach des Autos zusätzlich mit Dämmmaterial (f).

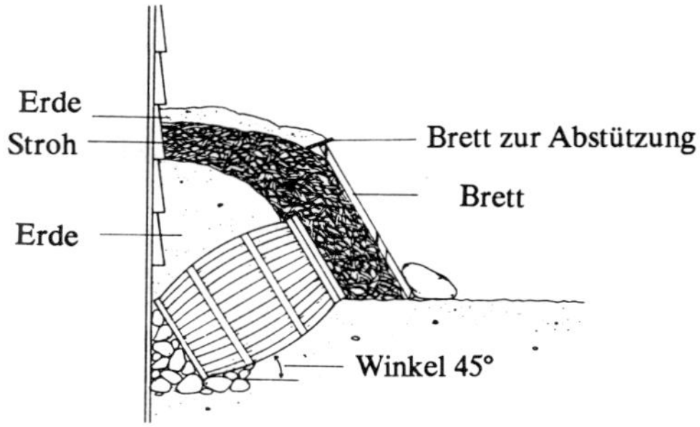

(d) Lagerung im Holzfaß (12)

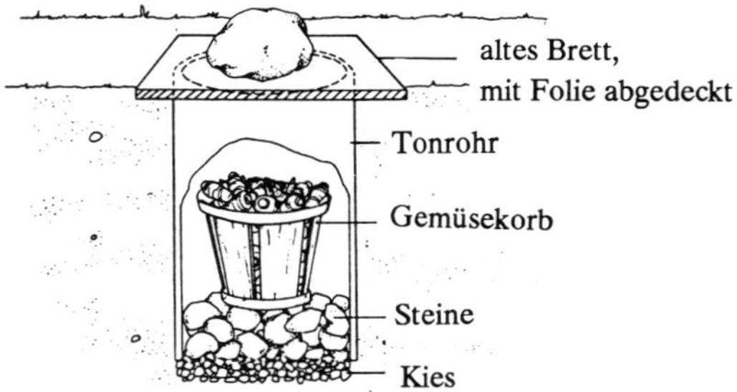

(e) Lagerung im Tonrohr (12)

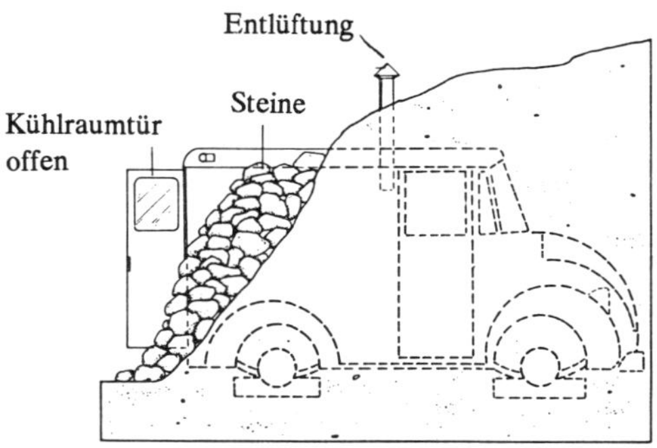

(f) Lagerung im alten Kühlwagen (12)

Abb. 7 Freilandlagerung kleinerer Vorratsmengen

Material	Spez. Gewicht kg/m³	Wärmeleitzahl W/(m K)
Unbewegte Luft	1,29	0, 23 - 0,045
Sägespäne	215	0,070 -0,072
Hobelspäne	140	0,058
Stroh, gebündelt	140 - 160	0,045 - 0,058
Stroh, gepreßt	132	0,058 - 0,087
Schilf	174	0,061
Schilfmatten	266	0,065
Korkplatten	110 - 140	0,042 - 0,046
Glas-/Steinwolle	15 - 120	0,040 - 0,046
Lufttrockenes Holz	500 - 600	0,14 - 0,20
Vollziegelmauerwerk	1600	0,80
Lehmboden, feuchter	-	1,7 - 5,8
Lehm mit Stroh	1500	0,040 - 0,049
Sand, trocken	1600	0,7
Sand, feucht	1800 - 2000	1,0 - 7,5
Erde, trocken	-	0,30
Erdreich, feucht, tonig	1500 - 2000	1,5 - 2,6
Schnee	-	0,23 - 0,70
Eis	900	2,3

Tabelle 4
Wärmeleitzahl und spezifisches Gewicht von hier erwähnten Materialien
Quelle: aus (14), (5)

sollte frei von groben organischen Bestandteilen sein, die die Nahrungsmittel verderben könnten, wenn sie kompostieren. Es ist zu empfehlen, jedes Jahr den Mietenplatz zu wechseln, oder, falls dies nicht möglich sein sollte, die alte Miete sorgfältig zu reinigen und einige Tage auslüften zu lassen, bevor sie neu bestückt und bei Frostgefahr wärmegedämmt wird. Die Feldkeller sollten an einem schattigen, windgeschützten Ort angelegt werden, der am besten etwas Gefälle hat, damit das Wasser gut abfließen kann und am zweckmäßigsten nicht weit vom Haus entfernt ist. Um sich Arbeit zu erleichtern, ist es sinnvoll, nicht für jede Gemüseart eine eigene Miete anzulegen, sondern mehrere Gemüsearten in einer Miete in Längsreihen zusammenzu-

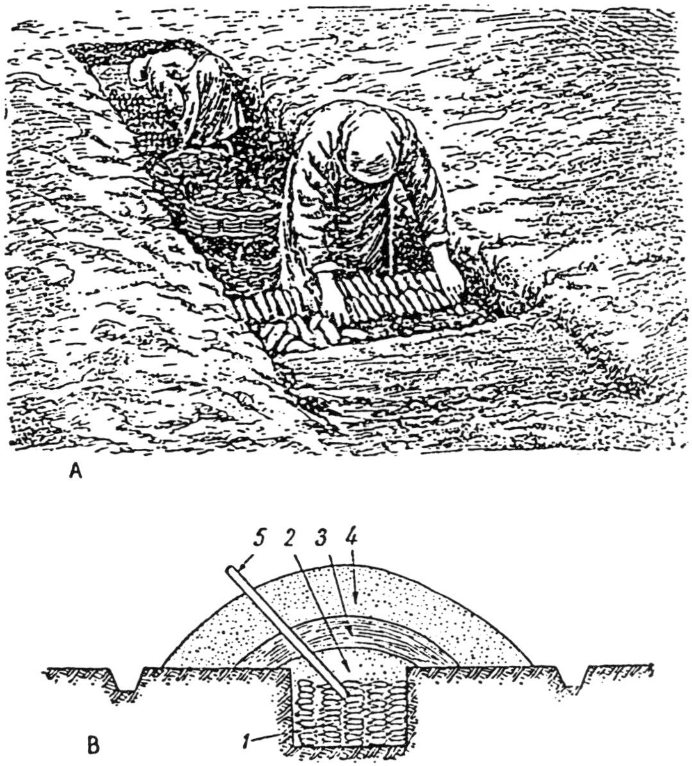

Abb. 8
Das Einlagern von Möhren in Grabenmieten mit Zwischenschichten von Sand und Erde
A) Gesamtansicht, B) Querschnitt: 1. Wurzelgemüse, 2. erste Schicht Erde, 3. Stroh, 4. zweite Schicht Erde, 5. Mietenthermometer
Quelle (5)

lagern. Dann kann jeweils ein Vorrat an verschiedenen Gemüsen entnommen werden, der sich für kürzere Zeit bis zum Verzehr in einem kühlen Raum aufbewahren läßt.
Mieten werden nach dem Füllen nicht sofort wärmegedämmt, sondern erst, wenn Frostgefahr droht, denn vorher sollte das Lagergut gut auskühlen.
Erde allein reicht zumeist nicht als Wärmeschutz aus, allenfalls können mit ihr bei mildem Klima in einer Vertiefung angelegte Gemüsemieten geschützt werden. Oberirdische Mieten sind aufgrund ihrer exponierteren Lage stärker von der Witterung beeinflußt als in der Erde angelegte Vorratslager. Im Vergleich zu Stroh, Rindenmulch usw. bieten Sand und Erde, vor allem, wenn sie feucht sind, keinen guten Wärmeschutz. Sie werden dennoch als Zwischen- oder Abdecklagen eingesetzt, da sie zum einen verhindern, daß das Stroh oder anderes Isoliermaterial weggeweht wird und zum anderen wird vermieden, daß bewegte Luft in die Strohschichten eindringen kann, wodurch deren Wärmedämmung vermindert würde. Bei Mieten für Wurzelgemüse besteht gewöhnlich die erste Abdeckschicht aus Erde oder Sand (siehe Abb. 8 und 13), bei Frostgefahr werden als weitere Schichten Stroh und wiederum Erde aufgetragen.
Anders ist es bei Kartoffelmieten. Da Kartoffeln nach der Einlagerung in starkem Maße zelleigenes Wasser abgeben, und sich deshalb in der oberen Schicht Kondenswasser bildet, wird hier zumeist Stroh als erste Deckschicht aufgetragen, das mit einer dünnen Erdschicht (ca. 5 cm) beschwert wird (siehe Abb. 15 und 18). Auch Kohlmieten werden gewöhnlich zuerst mit Stroh abgedeckt (siehe Abb. 16 und 17).
Als Isolierungsmaterial zur Abdeckung von Feldkellern sind außer Stroh auch Laub, Reisig, getrocknetem Farn usw. geeignet, aber auch Schnee und Stallmist haben eine wärmedämmende Wirkung (siehe Tab. 4). Torf war früher ebenfalls ein häufig eingesetztes Dämmaterial, sollte heute jedoch wegen des Raubbaus in den Torfmooren nicht mehr benutzt werden.

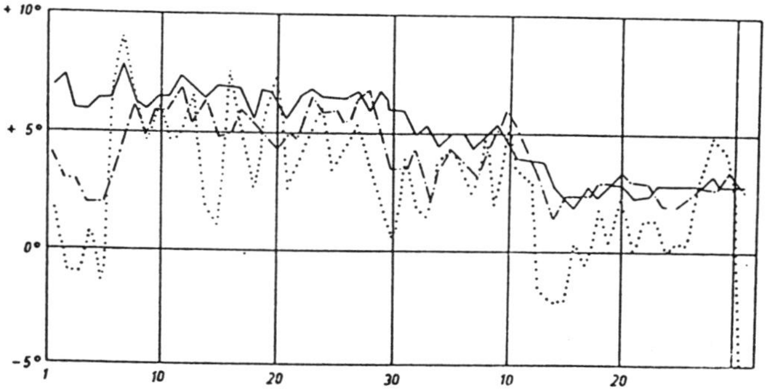

Abb. 9
Temperaturverlauf der Außenluft (.......), der Luft im Lagerraum (-—-), in der Miete (———) Quelle (1)

In Belorußland bedecken die Kolchosbauern ihre Kartoffelmieten zuerst mit Fichtenreisig und dann mit Stroh und Erde. Durch das Fichtenreisig entsteht zum einen eine Luftschicht zwischen Kartoffeln und Stroh, zum anderen halten die Nadeln der Koniferen die Mäuse fern. Die Nadeln sollen außerdem über phytozide Eigenschaften verfügen, wodurch ein geringerer Krankheitsbefall der Kartoffeln und des Gemüses in den oberen Schichten beobachtet wurde (5).
Die Kontrolle der Temperaturverhältnisse in den Mieten ist einfach, wenn ein Rohr bis zur Mitte der Miete mit eingebaut wird (Abb. 8). Mit einem gewöhnlichen Thermometer, das an einem dünnen Stab befestigt wird, läßt sich die Durchschnittstemperatur in der Miete leicht feststellen, indem das Thermometer in das Rohr eingeführt wird. Im Vergleich zum Keller ist das Luftvolumen in den Mieten viel geringer. Durch die großflächige Berührung mit der Oberfläche des gelagerten Gemüses, das sich viel langsamer als Luft erwärmt oder abkühlt, schwankt die Temperatur innerhalb der Mieten weniger als die Temperatur der Außenluft (Abb. 9).

2.1 Erdeinschlag

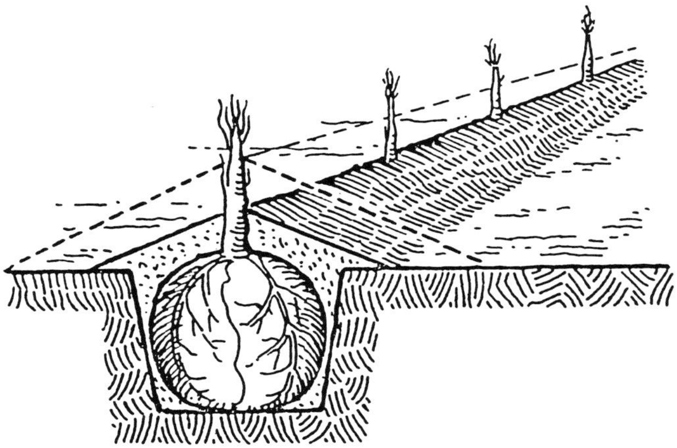

Abb. 10
Einschlagen in Furchen
Quelle (10)

Eine einfache Art der Überwinterung von Kohlarten (außer Blumen- und Grünkohl), Kohlrabi, Zuckerhut, Chinakohl, Endiviensalat usw. bei leichten und trockenen Böden besteht darin, mit dem Spaten schmale Gräben auszuheben (Abb. 10 und 11), die Pflanzen einreihig dicht an dicht mit der Wurzel nach oben einzulegen und so mit Erde zu bedecken, daß nur noch das Wurzelende herausschaut. Um das Lagergut vor Staunässe zu schützen, kann der Boden vor dem Einlegen der Pflanzen mit Sand, Stroh, Rindenmulch o.ä. ausgelegt werden. Wichtig ist, daß die Erdabdeckung in der Mitte erhöht wird, damit Regen gut ablaufen kann. Bei Frostgefahr wird die Vorratsfurche dann mit Stroh, Laub und wiederum Erde abgedeckt.
Eine etwas abgewandelte Konstruktion besteht darin, in einem flachen Graben von 20 bis 30 cm Tiefe Gemüse mit den Wurzeln nach unten einzuschichten (Chinakohl nur eine Schicht, Sellerie bis zu 3 Schichten). Dann wird der Graben mit Stangen, Brettern oder Latten abgedeckt und darauf wird eine Stroh- oder Reisigschicht angebracht. Zwischen der obersten Lage des Erntegutes und der Lattenabdeckung verbleibt ein freier Raum von 8 bis 10 cm zum Belüften (Abb. 12). Erst bei einsetzendem Frostwetter wird eine Erdschicht aufgebracht, und die offenen Enden des Erdeinschlages werden verschlossen.

Abb. 11 (unten)
Einschlag in breiten Gräben
Quelle (10)

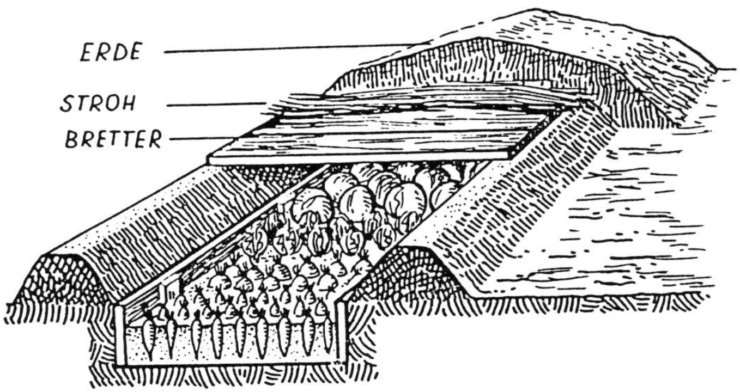

Abb. 12 (rechts)
Erdeinschlag für Porree, winterfest eingedeckt (Angaben in mm)
1 - Erde 100 bis 200 mm; 2 - Stroh 250 mm
Quelle (4)

2.2 Mieten

Als Mieten werden auf der Erde angelegte oder bis ca. 30 cm in den Boden eingelassene wallförmige Haufen bezeichnet, die aus Gemüse bestehen und bei Frostgefahr mit Isoliermaterial wie z.B. Stroh, Rindenmulch, getrocknetem Farn, Laub, Reisig und Erde abgedeckt sind. Um die Mieten so wenig wie möglich der Sonneneinstrahlung auszusetzen, was ihre Temperaturen im Innern unvorteilhaft erhöhen könnte, werden sie, wenn möglich, in Nord-Südrichtung angelegt, d.h., wenn die Sonne im Süden steht, wird nur die schmale Kopfseite beschienen. In Gebieten mit starken, kalten Ostwinden ist es allerdings vorteilhafter, die Mieten in Ost-West-Richtung anzulegen, um dem Wind nicht so viel Angriffsfläche zu bieten, was die Frostgefahr in der Miete erhöhen würde.

Die Vorräte werden bei Bedarf vom Mietenende genommen, das danach wieder gut verschlossen wird. Es ist sinnvoll, bei der Einlagerung diejenigen Gemüsearten an das zu öffnende Mietenende zu legen, die zuerst verbraucht werden sollen.

Es gibt etliche Arten, Mieten anzulegen. Für Wurzelgemüse und wenig empfindliche Kohlarten können sie mit oder ohne Belüftung gebaut werden (Abb. 13). Bei belüfteten

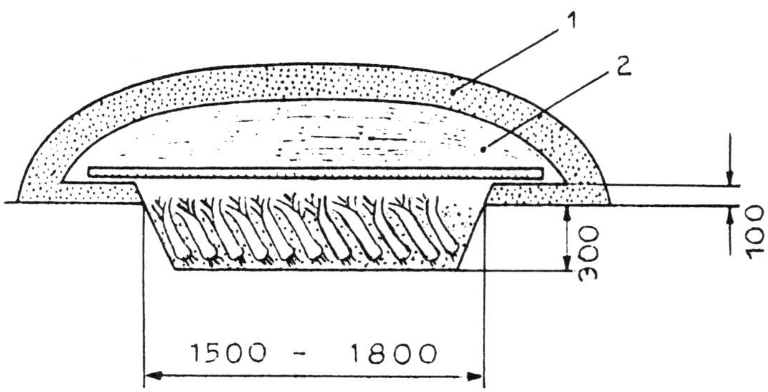

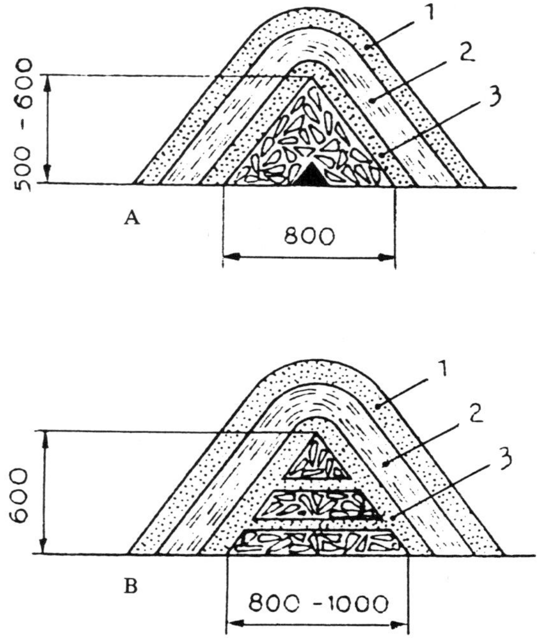

Abb. 13 (oben)
Erd-Stroh-Miete für Wurzelgemüse, winterfest eingedeckt (Angaben in mm)
a - mit dreieckigem Belüftungskanal
b - mit Zwischenschichten von Sand
1 - Erde 100 bis 200 mm
2 - Stroh 200 bis 300 mm
3 - Sand oder Erde 100 mm

Quelle (4)

Mieten wird vor dem Aufschütten des Gemüses in Längsrichtung ein Belüftungskanal aus Dränagerohren (Abb. 14) von etwa 10 cm Durchmesser oder behelfsmäßig aus schräg zusammengestellten Brettern verlegt, der an beiden Seiten aus der Miete herausragt. Diese Luftkanäle bleiben so lange wie möglich zur Abkühlung des Gemüses offen. Erst bei Frosteintritt werden sie mit Stroh o.ä. verschlossen. Oben am höchsten Punkt der Miete wird gewöhnlich in Längsrichtung eine zweite, schräg zusammengenagelte Lüftungsrinne aus Holz angebracht oder auch Strohbündel zur Durchlüftung über die gesamte Mietenlänge gelegt. Bei längeren Mieten werden zudem alle 2 Meter so senkrecht wie möglich noch ca. 15 cm starke Bündel aus Langstroh mittig eingebaut, die den oberen und unteren Belüftungskanal miteinander verbinden. Zur Belüftung dienen in kleineren Mieten auch manchmal vertikal eingelegte Strohbündel oder perforierte Rohre (Abb. 15).
Üblicherweise wird das Gemüse in allen Mietenarten etwa 60 cm hoch so aufgeschichtet, daß der Stapel kegelförmig

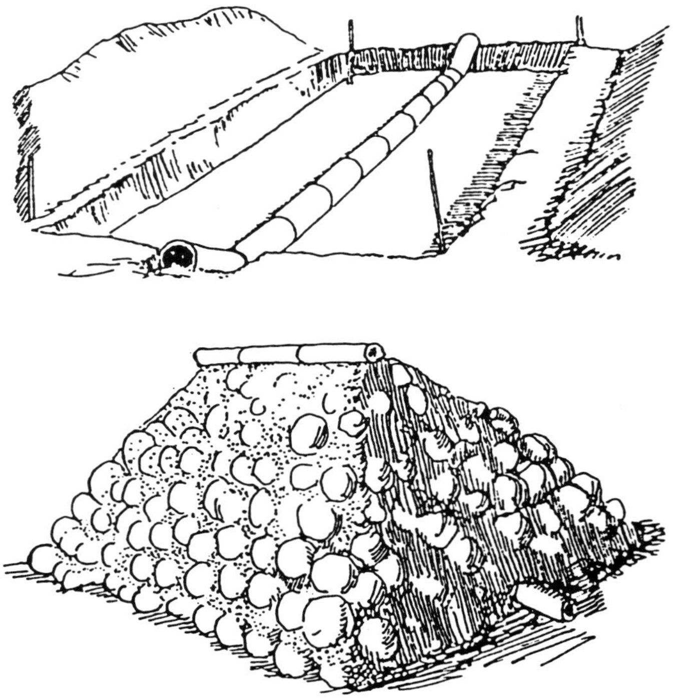

Abb. 14
Anlage einer Kohlmiete
Erdaushub mit Dränrohrlage als Bodenlüftung vor Aufschichten des Kohles Quelle (15)

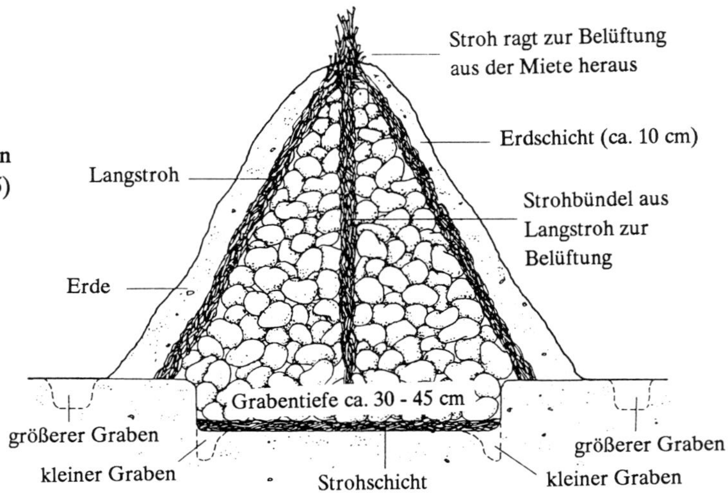

Abb. 15
Belüftung mit Strohbündeln
Quelle (12)

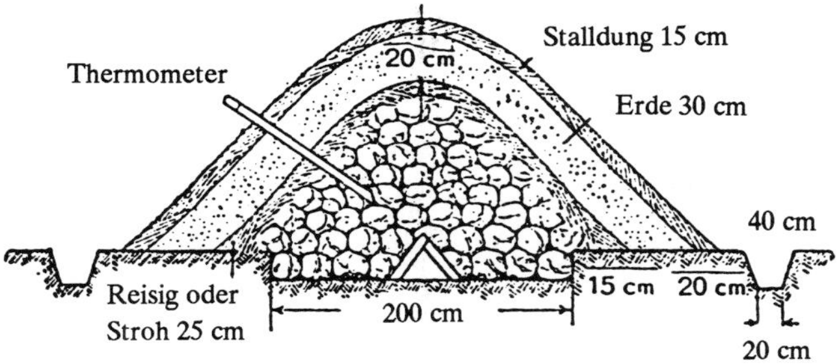

Abb. 16 Querschnitt einer Kohlmiete
Quelle (5)

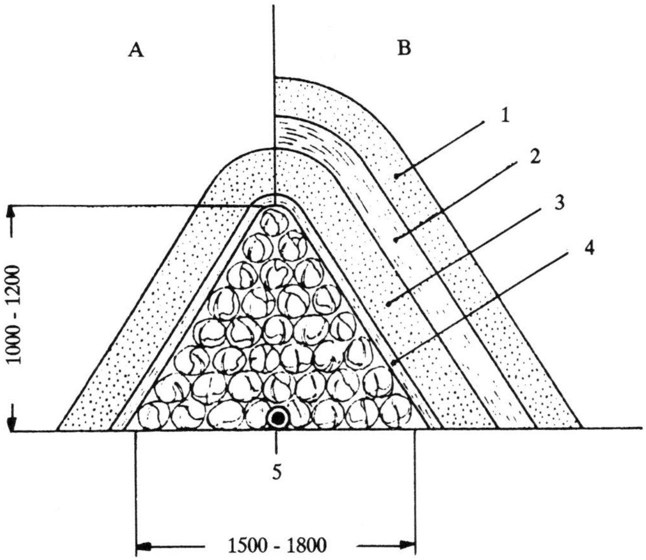

Abb.17
Erd-Stroh-Miete für Kopfkohl (Angaben in mm)
a - für mildere Winter ohne größere Frostperioden
b - für Winter mit längeren und kälteren Frostperioden
1 - Erde 200 mm 3 - Erde 200 bis 300 mm
2 - Stroh 150 mm 4 - Stroh 50 mm Quelle (4)

Abb. 18
A) Querschnitt einer Kartoffelmiete ohne Ventilation,
B) Längsschnitt einer Miete mit Be- und Entlüftungsrohren,
C) Schema der allmählichen Abdeckung der Miete mit Boden- und Firstventilation Quelle (5)

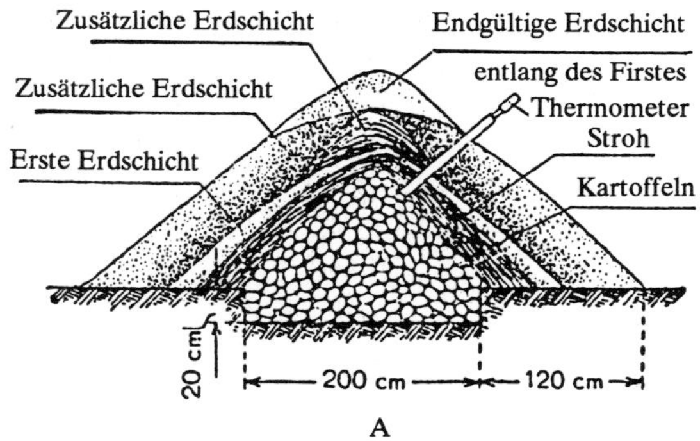

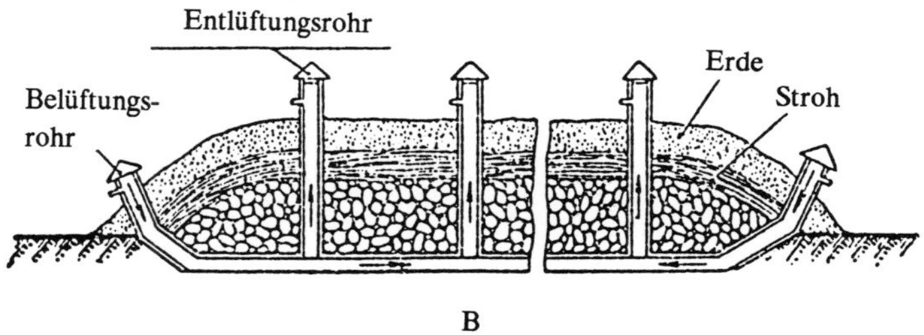

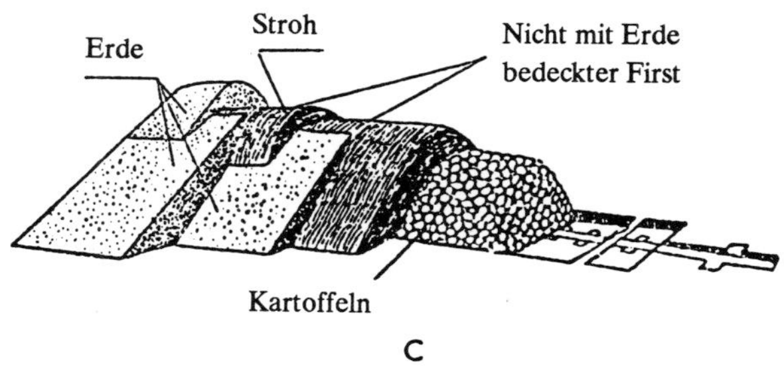

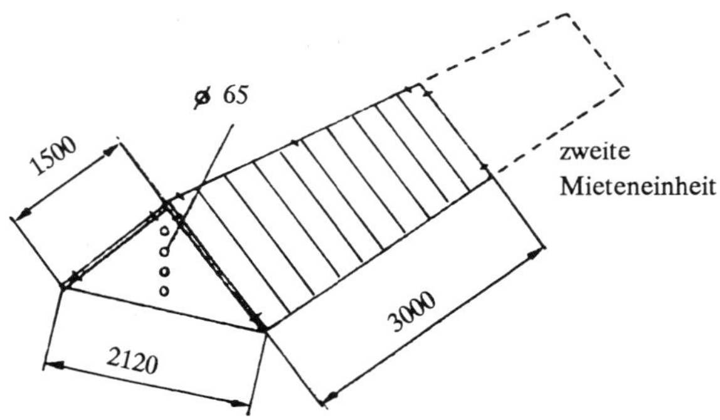

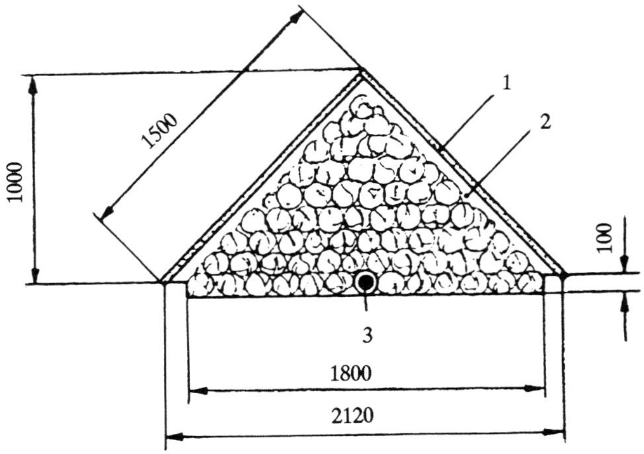

Abb. 19
Technische Miete (Angaben in mm)
1 - Seitenplatten 60 mm
2 - Mindestzwischenraum 50 mm
3 - Belüftungskanal, Dränagerohr 65 mm NW
Quelle (4)

zuläuft. Das *trockene* Gemüse wird dann mit einer Sand- oder Erdschicht ca. 10 cm hoch abgedeckt. Die Erde sollte vorsichtig etwas festgeklopft werden, um das Regenwasser besser abzuleiten. Sinnvoll ist es, um die Miete herum einen schmalen Graben auszuheben und den Erdaushub zur Abdeckung zu verwenden. So wird gewissermaßen eine Regenrinne geschaffen, um zu verhindern, daß sich abfliessendes Wasser am Fuß der Miete staut (siehe Abb. 15 und 16).
Erst wenn sich die Temperatur im Innern der Miete auf ca. +2°C abgekühlt hat, werden Stroh - und weitere Erdschichten je nach Außentemperaturen als Wärmeschutz angebracht (Abb. 17 und 18). Das Stroh wird am besten so geschichtet, daß eindringendes Wasser über die Längsseiten des Mietenwalles wieder abfließen kann.
Im Erwerbsgartenbau werden oft zum Schutz gegen Mäuse vergifteter Weizen z.B. in den Belüftungsrohren der Mieten ausgelegt. Besser ist es, die Freiland-Vorratslager nach allen Seiten mit engmaschichem Draht abzudichten, um Nagetiere fern zu halten. Auch das Abdecken mit Laub von Nußbäumen soll zur Verhinderung von Mäusefraß geeignet sein.

Der Vorteil der Stroh-Erd-Mieten liegt in einer sehr guten Qualitäts- und Vitaminerhaltung des Lagergutes bei richtiger Durchführung, nachteilig ist sicherlich der hohe Aufwand an Handarbeit.
Im Erwerbsgartenbau werden deshalb mitunter auch sogenannte technische Mieten eingesetzt. Bei diesen Mieten wird die Wärmedämmschicht aus 5 cm starken Holzlattenrahmen gebildet, die beidseitig mit Kunststoffolie bespannt sind und dazwischen mit Steinwolle oder einem anderen Isolationsmaterial gefüllt werden (Abb. 19). Die Miete wird über einer 10 cm tiefen Mulde erstellt, indem die beiden Seitenwände dachförmig über den Giebelseiten gegeneinandergestellt und mit Metallhalterungen miteinander verbunden werden. Die Vorteile der technischen Miete im Vergleich zur erd- und strohbedeckten Miete liegen im ge-

ringeren Arbeitsaufwand, nachteilig ist ihr höherer Investitionsaufwand und Schwierigkeiten bei der Regulierung der Luftfeuchtigkeit bei längeren Belüftungspausen (Frostwetter).

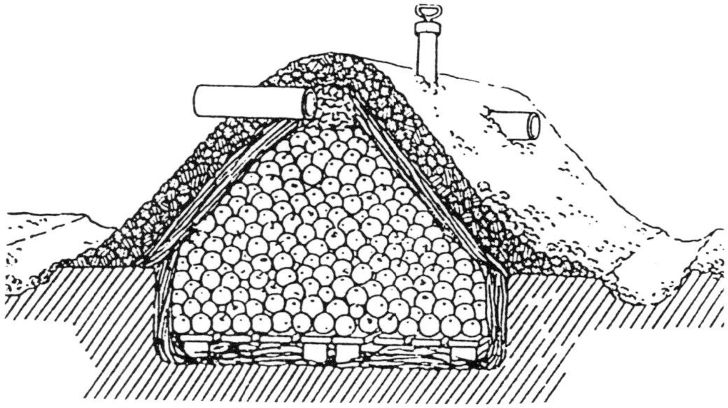

Abb. 20 Querschnitt durch eine Obstmiete Quelle (3)

2.3 Erdkammern und Gemüsehütten

In Erdkammern lagern die Gartenprodukte in 40 bis 100 cm tiefen Gruben mit senkrechten oder abgeschrägten Wänden. Die Erdkammer wird am besten ringsherum mit Maschendraht gegen das Eindringen von Nagetieren gesichert, bevor das Lagergut z.B. in Kisten eingebracht wird, es sei denn, sie ist dicht mit Holz oder Steinen ausgekleidet.
Im Vergleich zu oberirdisch angelegten Mieten erwärmen sich die Erdkammern auch in südlicheren Ländern im Frühjahr weniger schnell, in kälteren Gegenden wird obendrein der Frost abgehalten. Eine Lagerung unter der Erde ist jedoch bei hohem Grundwasserstand und in sehr niederschlagsreichen Gegenden nicht sinnvoll.
Erdkammern werden auf leichten Sandböden mit nach aussen abgeschrägten Wänden errichtet, auf Lehmböden mit senkrechten Wänden. Eine dauerhaftere Lösung ist, die Erdwände durch das Auskleiden mit Ziegeln, Steinen, Schalbrettern oder Stangen vor dem Einstürzen zu schützen (Abb. 21, 22, 23).

Neben Gemüse eignen sich nach *Herhardt* und *Nordmann* (9) auch die lagerfähigen härteren und festfleischigen Apfelsorten für eine Überwinterung in Mieten (siehe Abb. 20) und Erdkammern. Durch die klimatischen Gegebenheiten in den Feldkellern können sie ihr pflückfrisches Aussehen und ihren aromatischen Geschmack bis zum Frühjahr aufrechterhalten.

Abb. 21 Erdkammer mit Natursteinwänden Quelle (16)

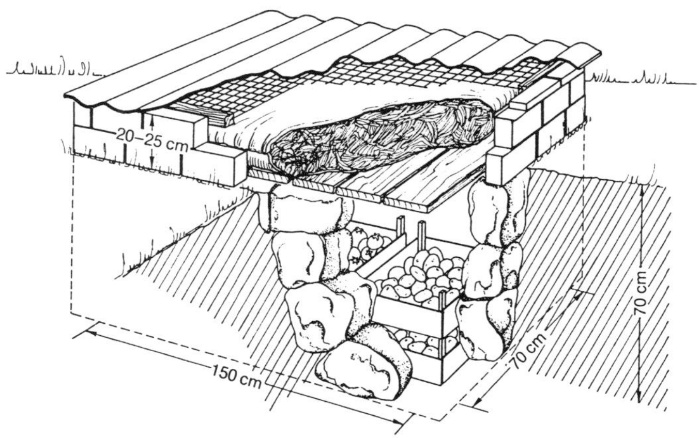

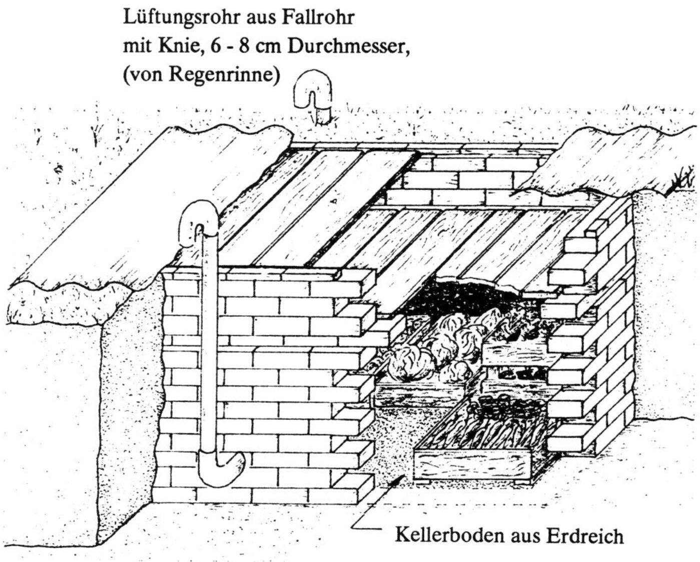

Abb. 22
Gemauerte Erdkammer mit Be- und Entlüftung aus Regenwasser-Rohren
Quelle (18)

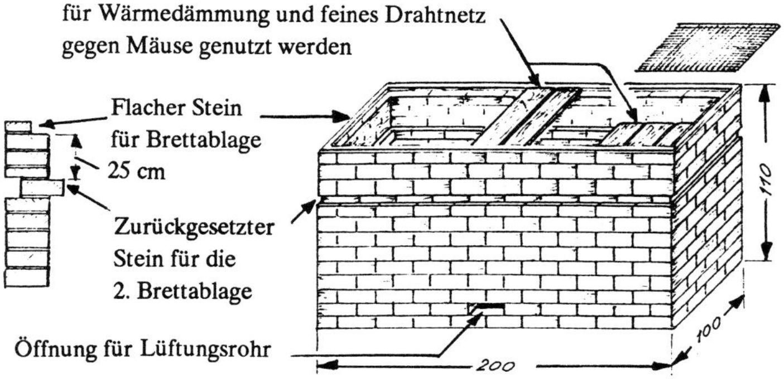

Abb. 23 Baudetails der gemauerten Erdkammer Quelle (18)

Nach dem Ernten werden die Gartenfrüchte zuerst für 2 bis 3 Wochen an einem kühlen und luftigen, vor Witterungseinflüssen geschützten Ort (luftiger Schuppen, Scheune o.ä.) in Kisten oder Horden gestapelt und lose mit Stroh bedeckt. In dieser Zeit kommt der Reifungsprozeß im Obst langsam zur Ruhe, wobei eine beträchtliche Menge an Atmungswärme abgegeben und dabei Zellwasser verdunstet wird. Danach werden die Äpfel nochmals durchgesehen und alle angefaulten oder irgendwie verletzten Früchte aussortiert. Nun kann das Obst entweder lose zwischen Dämmschichten oder bequemer gleich in Kisten 60 bis 80 cm hoch eingelagert werden. Dabei wird die Erdkammer zum Schutz vor Mäusen zuerst mit engmaschigem Drahtgeflecht ausgekleidet. Zur Vermeidung von Staunässe werden die Obstkisten in den Erdkammern am besten auf Holzroste gestellt.
Um die Kisten herum und bei empfindlicheren Apfelsorten auch eventuell zwischen den Apfellagen wurde früher Torfmull eingestreut. Aus ökologischen Gründen sollte heute anstelle von Torf besser Farnkraut, getrocknetes Laub, Rindenmulch oder Nadelholzreisig benutzt werden. Stroh ist erfahrungsgemäß nicht so gut geeignet, da dieses durch die Feuchtigkeit leicht muffig wird und das Obst geschmacklich beeinflußt. Als obere Abdeckung wird ebenfalls Nadelholzreisig, Laub, Farnkraut usw. verwendet. Darauf kann dann, wie bei anderen Mieten auch, Laub, Stroh und Erde geschichtet werden, oder es wird statt der Erde eine dachförmige Abdeckung aus Holz angebracht, um Niederschlagswasser besser ableiten zu können. Bei kleinen Erdkammern genügt auch ein altes, schräg aufgesetztes Türblatt o.ä.. Es empfiehlt sich, die Holzabdeckung außen mit Folie oder wasserundurchlässiger Pappe zu verkleiden.
Zur Entlüftung der Erdkammer können vor dem Einbringen der Obstkisten vertikal, möglichst mittig, ein oder meh-

rere perforierte Rohre (ca. 10 cm Durchmesser) eingesetzt werden, die oben abgedeckt sein müssen, um das Eindringen von Niederschlagswasser zu vermeiden. Früher wurden aus zusammengenagelten Brettern 8 bis 10 cm breite Holzschächte zur Entlüftung in den Erdkammern aufgestellt.
Die Entlüftungsrohre oder Holzschächte ermöglichen es zugleich, die Temperatur in der Erdkammer zu kontrollieren. Dazu wird ein Thermometer an einem Draht befestigt und in die Entlüftungsöffnung eingelassen. Die Temperatur in den Erdkammern ist verhältnismäßig gleichmäßig, eine schnelle Abkühlung bzw. Erwärmung erfolgt nicht. Sinkt die Temperatur bei Frost im Innern der Erdkammer auf +1 bis +2°C, so wird der Entlüftungskanal mit Strohbüscheln verschlossen und die Erdkammer mit zusätzlichen Schichten Laub oder Stroh und Erde abgedeckt. Wird die Erdkammer im Frühjahr entleert oder wird zwischendurch ein größerer Vorrat entnommen, so sollten die Äpfel bis zum Verbrauch an einem kühlen, möglichst dunklen und nicht trockenen Raum aufbewahrt werden.

Ebenfalls recht gute Lagerbedingungen werden durch *Gemüsehütten* geschaffen (Abb. 24). Sie können z.B. folgendermaßen hergestellt werden: An einem trockenen, erhöhten Ort wird das Erdreich in einer Breite von ca. 2 m etwa 80 cm bis 1 m tief ausgeschachtet. Dann werden die Wände der Grube mit etwa 1,5 m hohen Brettern abgestützt, um den Raum zu erhöhen (von außen wird seitlich später ausgegrabene Erde angesetzt). Nun wird eine Dachkonstruktion aus Holzbalken, z.B. Rundhölzern, errichtet und die Dachfläche mit Brettern oder Wellblech verkleidet. Obenauf kommen Laub oder Stroh und Erde, seitlich wird, wie schon erwähnt, die ausgegrabene Erde angesetzt. Eine bessere Wasserdichtigkeit wird erreicht, wenn auf den Brettern zuerst Dachpappe befestigt wird und darauf dann Erde, Laub oder Stroh, und als äußere Abdeckung wieder Erde gehäuft werden. Es ist ratsam, eine stabile Konstruktion zu errichten, denn durch die Bedeckung mit Erde (Grassoden

Abb. 24
Gemüse-Erdhütte — Quelle (15)

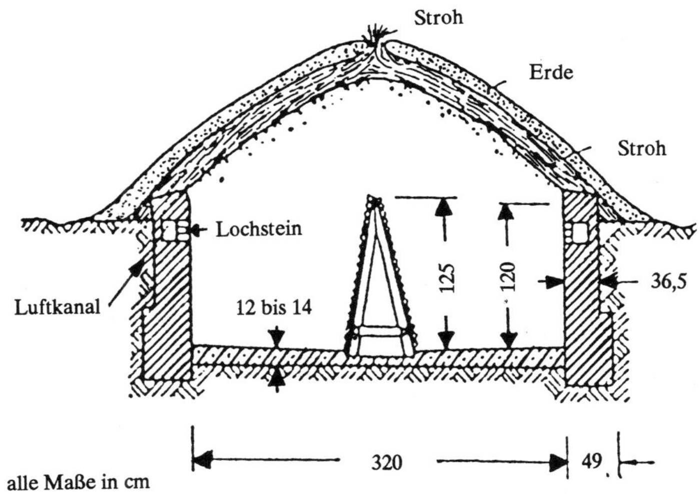

Abb. 25
Querschnitt durch die Wulfsoder Grabenmiete — Quelle (14)

wären auch möglich) kommt einiges an Gewicht zusammen. Auch die Giebelwände werden mit Brettern verkleidet und wärmegedämmt. Die Eingangsöffnung in Form eines Schlupfloches, das mit Stroh oder dergl. verstopft ist, wird zweckmäßig nach Norden gelegt, um eine Erwärmung, besonders im Frühjahr, zu vermeiden.

Abb. 26
Grundriß und Schnitt eines "Torfkellers" aus dem 18. Jahrhunderts
Quelle (19)

Die dauerhafte Ausführung einer Gemüsehütte zeigt z.B. die Konstruktion der »Wulfsoder Grabenmiete«, einer Großmiete zur Kartoffellagerung (Abb. 25). Sie kann als Dauermiete jedes Jahr benutzt werden. Die Lüftung erfolgt zum einen in der Mietenmitte durch den dreieckigen Rost aus Drahtnetz oder Holzlatten, zum anderen sind an den Seiten der Miete Lochsteine angebracht. Die Miete wird vertieft im Boden angelegt, der in diesm Fall betoniert ist. Nach der Kartoffeleinlagerung wird die Miete an den Stirn-

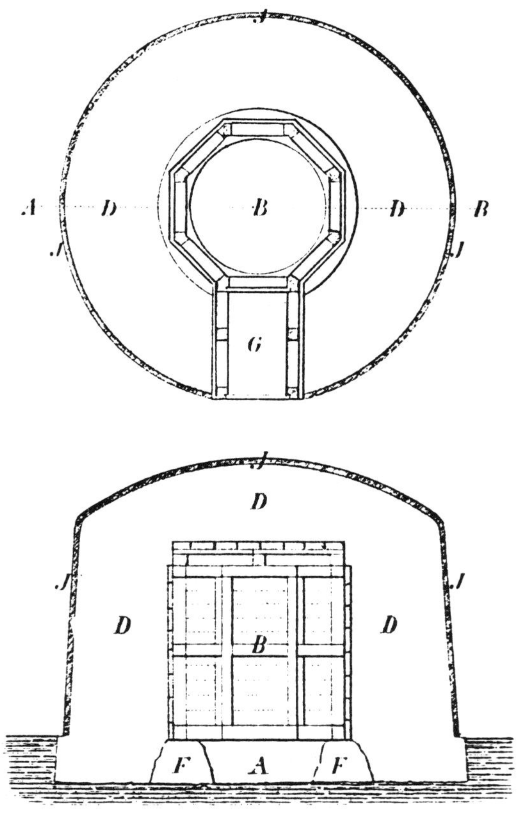

»Torfkeller«

Grundriß und Schnitt eines »Torfkellers«, eine Baukonstruktion aus dem 18. Jahrhundert, die als Alternative vorgeschlagen wurde, wenn die Höhe des Grundwasserspiegels keinen Kellerbau in der Erde zuließ. In einer Tiefe von 60 bis 80 cm wurden kreisförmig große Feldsteine angeordnet, und die Fugen mit kleinen Steinen gut verfüllt. In den Innenraum dieses ringförmigen Fundamentes wurde zur Wärmedämmung Torf eingebracht und auf die Fundamentsteine ein achteckiger hölzener Kasten als Vorratslager gesetzt (Durchmesser ca. 2,5 m, lichte Höhe ca. 3 m). Die Schwellhölzer des Raumes, die auf dem Fundament aufliegen, waren aus Eiche gefertigt, alles übrige Holz bestand aus Kiefer. Auf der Nordseite erhielt der hölzerne Vorratskeller einen 3 m langen, ca. 1,5 m breiten und hohen Zugang mit drei doppelflügeligen Türen. Der hölzerne Kasten und der Gang wurden anschließend an den Seiten und oben mit einer ca. 1,2 m (!) dicken Torf-Schicht wärmegedämmt. Die Torfstücke schichtete man dabei sorgfältig im Verband auf, wobei Torfgrus, mit Wasser verdünnt, als Mörtel diente. Auf diese Torfschichten wurde Erde ca. 90 cm dick aufgeschüttet und gut verdichtet. Auf die Erdschicht wurden Grassoden aufgelegt und darauf schnellwachsendes und möglichst viel schattengebendes Buschwerk gepflanzt.

seiten durch Holzgestelle mit Stroh geschlossen. Die Gemüsehütte wird oben mit mindestens 30 cm verdichtetem Stroh und mit einer etwa 5 cm starken Erdschicht abgedeckt, wobei der First frei von Erde bleibt. Denn hier sammelt sich ein Großteil der Wärme und Feuchtigkeit, die so ungehindert entweichen kann. Als Wetterschutz können z.B. dachförmig zusammengenagelte Bretter darübergelegt werden. Nur bei sehr starkem Frost wird auch der First vorübergehend geschlossen und mit zusätzlicher Wärmedämmung versehen. Der Hauptluftkanal in der Mitte und die Lochsteine in den massiven Seitenwänden werden ebenfalls erst bei Frost mit Stroh abgedichtet.

2.4 Exkurs in die Vergangenheit: Kühlen mit Eis und Schnee

Eismieten sind z.T. auch heute noch in Klimagebieten gebräuchlich, in denen im Winter Eis in großen Mengen zur Verfügung steht. Diese Mieten, angelegt auf einem erhöhten Platz in Nord-Südrichtung, werden für die Lagerung von wenig empfindlichem Gemüse wie z.B. Kopfkohl genutzt. Als Fundament dient eine Schicht festgestampften Schnees, auf der die Kohlköpfe pyramidenförmig etwa 1 m hoch angehäuft werden. Jede Kohlschicht ist mit Schnee bepackt, der festgedrückt wird. Die erste Hüllschicht bildet 50 bis 100 cm festgekneteter Schnee, darauf kommt eine 70 bis 100 cm dicke Isolierschicht aus Stroh, Kartoffelkraut, Schilf, Torf usw. (Abb. 27). Bei anhaltendem Tauwetter wird die ganze Miete auf einmal ausgeräumt.

Eiskeller waren früher in Deutschland nicht nur im gewerblichen Bereich z.B. für die Bierherstellung und -lagerung üblich (Abb. 28,29,30), sondern auch für die private Vorratslagerung. Das dafür nötige Eis erhielt man aus im Winter zugefrorenen Wasserstellen oder durch Vereisung von Wasser mittels Kältemaschinen.
Diese Keller zur Aufbewahrung von Bier, Wein, Fleisch, Gemüse und Obst wurden aus Holz, Bruchsteinen oder

Abb. 27
Das Einlagern von Kohl in eine Schneemiete Quelle (5)

Abb. 28 (folgende Seite)
Grundriß und Schnitt einer Brauereikühlanlage um 1900 mit einer Jahresproduktion von 10.000 hl Bier
A - Längsschnitt durch die Lagerkeller und zugleich Querschnitt durch Gärkeller und Eisraum
B - Querschnitt durch die Lagerkeller und z.T. Längsschnitt durch Gärkeller und Eisraum
C und D - Grundriß der Lager- und Gärkeller und des Eisraumes
Quelle (20)

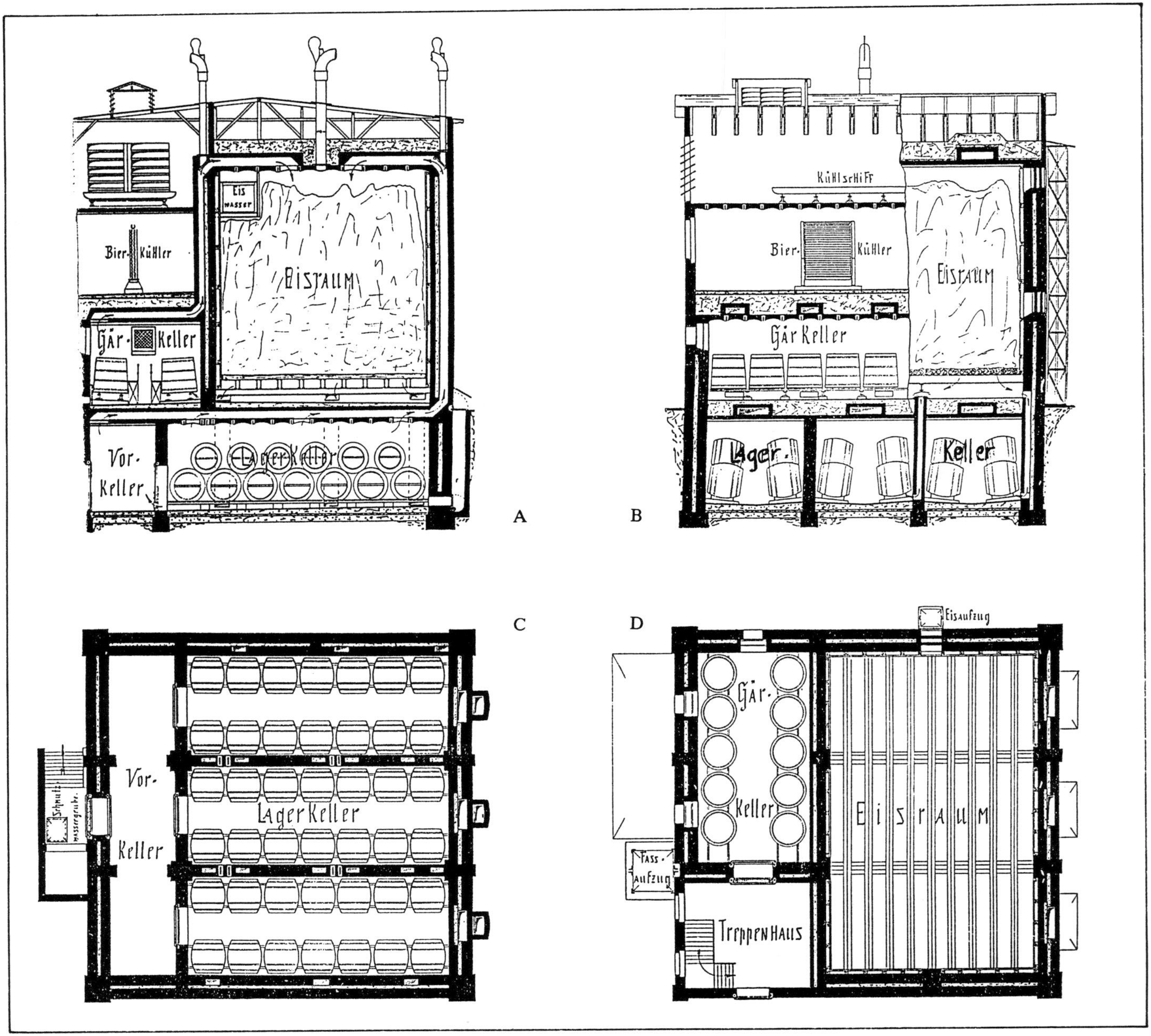
Eis wasser
Bier-Kühler
Eisraum
Gär-Keller
Vor-Keller
Lager Keller
A
Kühlschiff
Bier-Kühler
Eisraum
Gär Keller
Lager Keller
B
C
Vor-Keller
Schmutz-wassergrube
Lager Keller
D
Eisaufzug
Gär-Keller
Eisraum
Fass-aufzug
Treppenhaus

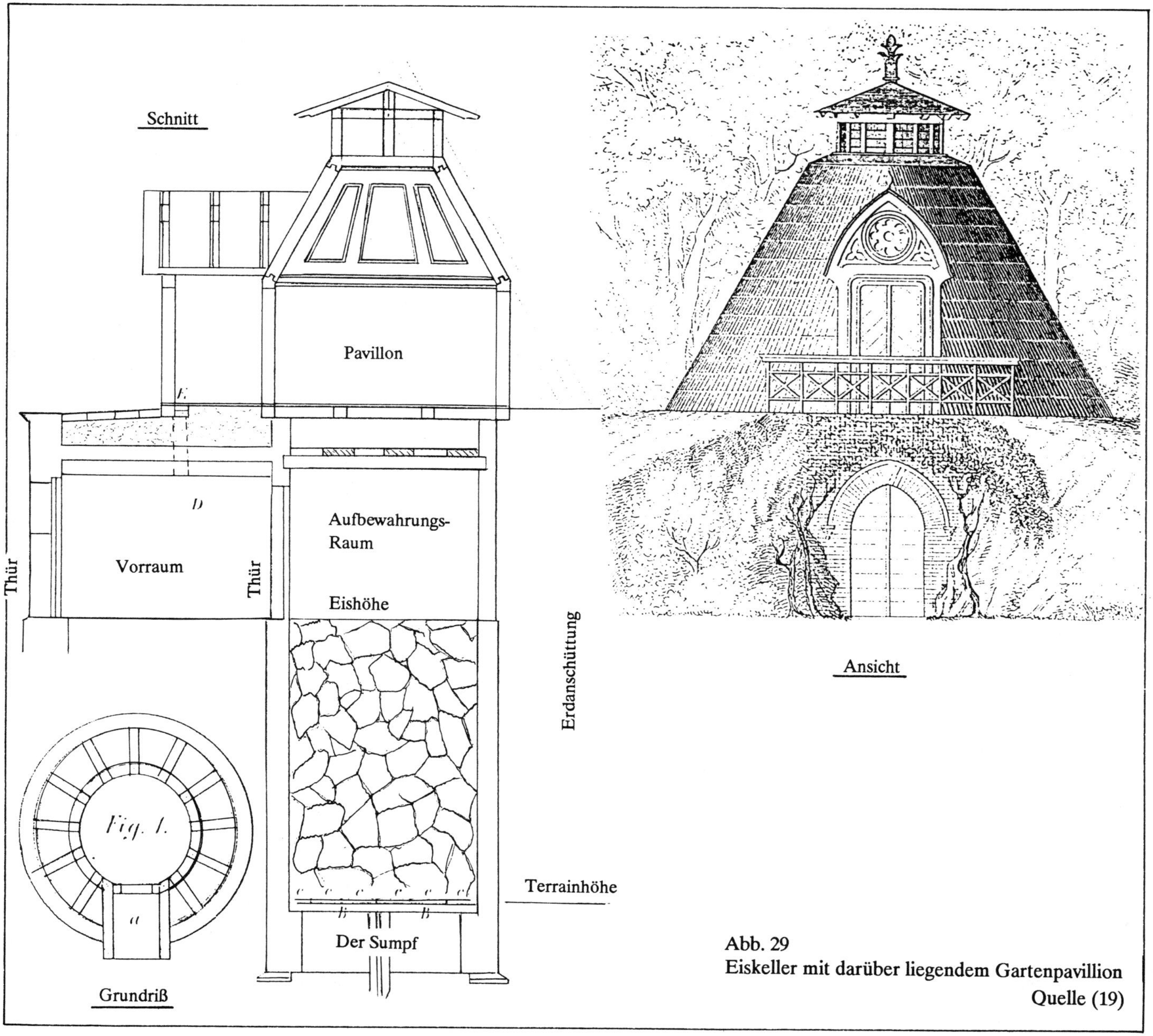

Abb. 29
Eiskeller mit darüber liegendem Gartenpavillion
Quelle (19)

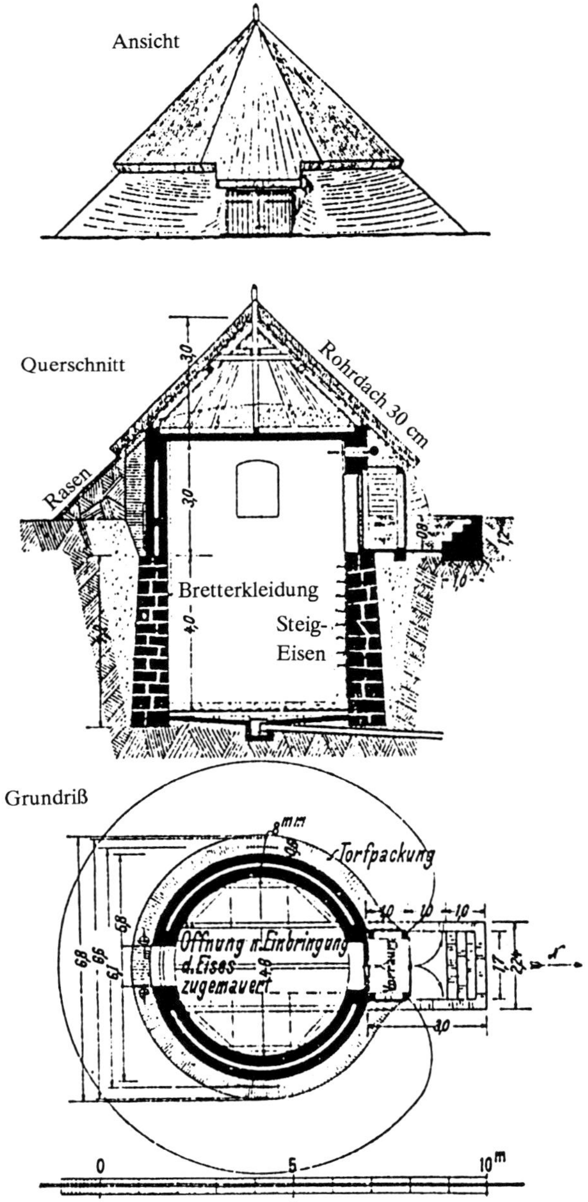

Ziegeln gebaut, zuweilen auch nur aus Erde. Das Mauerwerk war meist mit Moos vermauert, da Moos reichlich vorhanden war, der übliche Kalkmörtel in der Feuchtigkeit des Eiskellers nicht fest werden würde und hydraulischer Mörtel oder Zement zu teuer war. Die Eiskeller wurden bevorzugt in einer Anhöhe gebaut, ansonsten behalf man sich damit, die Keller ebenerdig anzulegen, dick mit Erde zu überschütten und mit schattenspendendem Buschwerk zu bepflanzen. Der Eingang der Keller, mit doppelten Türen, lag im Norden und war mit Bäumen und Buschwerk umgeben. Es wurde darauf geachtet, die Keller nur früh am Morgen oder spät am Abend zu betreten, und die eine Tür geschlossen zu haben, bevor die andere geöffnet wurde, um nicht unnötig Wärme in den Vorratskeller zu bringen. Um viel Volumen bei wenig Oberfläche zu erhalten, hatten die Keller gern die Form eines Kegels oder eines Zylinders. Um den Eisbehälter herum wurde dick mit Stroh, Tannennadeln, Holzspänen, Asche, Flachsschober, Torf, Erde etc. isoliert. Unten in der Eisgrube war eine Senkgrube angelegt, die meist mit einem Abfluß versehen wurde, damit das Eis nicht mit dem geschmolzenen Wasser in Berührung kam. Auf ein Rost aus starken Holzbohlen kam eine handhoch Stroh und darauf wurde dann das Eis in Schichten gelegt. Zwischen die etwa 15 cm hohen Eisschichten streute man Kochsalz, denn das Kochsalz ließ die Eisoberflächen etwas schmelzen, so daß es möglich war, durch Feststampfen der Schichten letztlich einen großen, verdichteten Eisklumpen zu erhalten, der die ganze Grube ausfüllte. Falls kein Eis zu bekommen war, nahm man Schnee (schneelose Winter waren damals noch kein Thema!), den man ebenfalls in ca 15 cm dicken Schichten einbrachte, dazwischen jeweils etwa 25 Pfund Salz einstreute und 12 Eimer Wasser darauf goß, alles feststampfte und dies so lange wiederholte, bis die Grube voll war. Im Frühjahr, wenn die frost-

Abb. 30 Eiskeller aus der Zeit um 1900 Quelle (21)

freien Tage kamen, wurde die Eisgrube oben mit einer ca. 60 cm dicken Strohschicht vor Erwärmung geschützt. Die Nahrungsmittel hingen entweder in dem Luftraum über der Eisgrube oder wurden bevorzugt, weil besser, in größere Holzkästen gelegt, die in das Eis eingelassen waren.

Abb. 29 zeigt einen Eiskeller aus der Zeit vor 1848, über den, wie es häufig der Fall war, ein Gartenpavillon gebaut wurde. Der Eisbehälter selbst hat eine Höhe von ca. 4 m, einen Durchmesser von etwa 3,6 m, und eine Wandstärke um 40 cm. Der Aufbewahrungsraum ist bis zur Decke 2,5 m hoch, über seiner Holzbalkendecke ist ein Luftraum angeordnet, der mit Häcksel, Torf usw. zur Isolierung angefüllt wurde.

Einen halb oberirdisch, halb unterirdisch angelegten Eiskeller aus der Zeit um 1900 zeigt Abb. 30. Er kann etwa 100 m^3 Eis fassen und ist 5 m in die Erde versenkt. Der untere Ring wurde aus Feldsteinen aufgemauert, die Außenwand darüber als zweischaliges Mauerwerk errichtet mit dazwischenliegendem 6 cm breiten Luftraum zur Isolierung. Die Betondecke mit Eisenträger ist 18 cm, das Rohrdach darüber 30 cm stark, der Dachraum wird mit Stroh, Spreu o.ä. angefüllt. Das oberhalb der Erde liegende Mauerwerk ist mit einer 50 cm starken Torfschicht umgeben und mit Erde und Grassoden bedeckt. Der Innenraum ist holzverschalt. Die Einschütt-Tür für das Eis befindet sich auf der an einem Weg liegenden Südseite. Sie wird jedes Mal nach der Füllung des Kellers mit Eis doppelt vermauert und zugeschüttet. Der Zugang liegt, halb in die Erde vertieft, auf der Nordseite und ist mit dick isolierten doppelten Türen verschlossen.

3. Hauskeller und massive Freilandkeller

Hauskeller und massive Freilandkeller sind für die Lagerung von Obst und Gemüse weitaus komfortabler als die Freilandmieten und Erdkammern, die gewöhnlich jedes Jahr neu errichtet werden müssen.
Um niedrige Temperaturen zu gewährleisten, sollten Hauskeller frei von inneren Wärmequellen wie z.B. schlecht isolierten Heizungssträngen usw. sein. Am besten werden Lagerkeller längs der Nordseite eines Gebäudes eingerichtet. Keller, die nach Süden liegen, sind nicht geeignet, wenn z.B. die Sonne durch das Kellerfenster den Raum erwärmt oder wenn Wandflächen, die nicht in der Erde liegen, nur schlecht isoliert sind. Überhaupt müssen alle Flächen des Haus- oder Freilandkellers, die über den Erdboden herausragen, wärmegedämmt werden, nicht nur zum Schutz vor Erwärmung durch die Sonne, sondern auch, weil diese Bauteile frostgefährdet sind.

3.1 Temperaturen im Erdreich

In einem Bericht der Schriftenreihe des Bundesministers für Raumordnung, Bauwesen und Städtebau werden die Temperaturverhältnisse im Erdreich anschaulich beschrieben. Zuweilen scheint in dieser Hinsicht Unsicherheit zu herrschen, so wurden in der vorgefundenen Literatur über Lagerkeller manchmal die Temperaturen schon in geringer Bodentiefe als niedrig und vor allem als gleichbleibend angenommen, was nicht stimmt. Deshalb sollen im folgenden einige Aussagen aus diesem Forschungsauftrag wiedergegeben werden (22).

Die Temperatur des Erdreichs bis zu etwa 20 m Tiefe wird fast ausschließlich durch die klimatischen Verhältnisse an der Erdoberfläche bestimmt. Erst dann bewirkt die Wärme aus dem Erdinnern in Abständen von ca. 30 m eine Erhöhung der Erdreichtemperatur um 1°C. Die mittlere Erdreichtemperatur in einer Tiefe von ca. 20 m entspricht deshalb in etwa der jeweiligen *mittleren Jahrestemperatur* des Klimas an der Oberfläche, die in Deutschland zwischen +8°C und +11°C liegt. Zur Oberfläche hin wird die Erdreichtemperatur in zunehmendem Maße von den jahreszeitlichen und täglichen Schwankungen des Klimas beeinflußt (Abb. 31).
Die Weitergabe der *täglichen* Temperaturschwankungen an der Erdoberfläche wird dabei abhängig von der Art des Bodens mit zunehmender Tiefe verzögert und die Schwankungsbreite der Temperaturen vermindert. Während bei leichtem, trockenen Sandboden die täglichen Temperaturschwankungen erst in einer Tiefe von ca. 50 cm abklingen, ist dies bei den wesentlich feuchteren und schwereren Moorböden schon in einer Tiefe von ca. 20 cm der Fall (Abb. 32).
Die jährlichen Temperaturschwankungen im Erdreich sind in Abb. 33 dargestellt. Aus dieser Abbildung ist auch gut zu ersehen, daß der Temperaturverlauf im Erdreich *phasenverschoben* ist, d.h. je tiefer ein Keller im Erdreich ist, desto zeitverzögerter ist der Einfluß des Oberflächenklimas auf die Temperatur des erdberührten Bauteils. Im Winter ist es also im Vergleich zur Außentemperatur (verhältnismäßig) warm im Keller, im Sommer kühl.

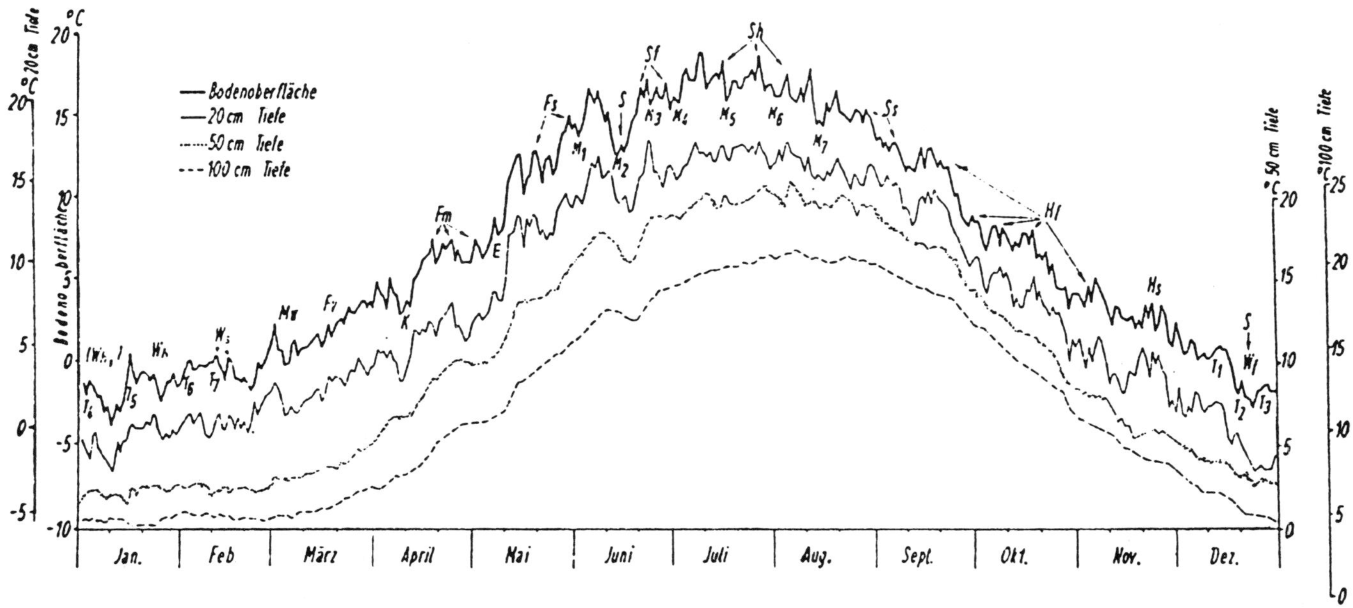

Abb. 31
Zehnjährige Tagesmitteltemperaturen zu Quedlinburg in verschiedener Bodentiefe Quelle (31)

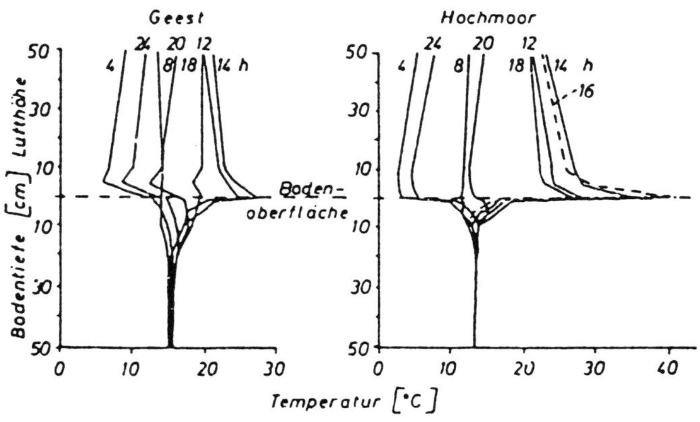

Abb. 32
Linien gleichzeitiger Boden- und Lufttemperatur in und über einem Sandboden und einem Hochmoorboden in Norddeutschland bei einer Hochdruckwetterlage im August Quelle (31)

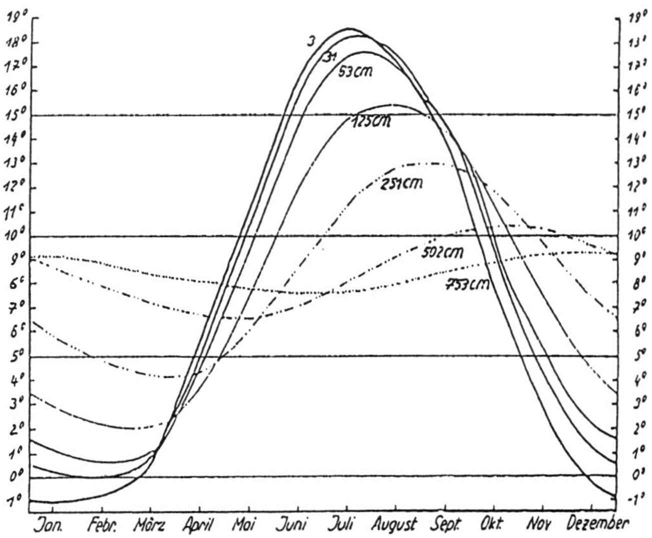

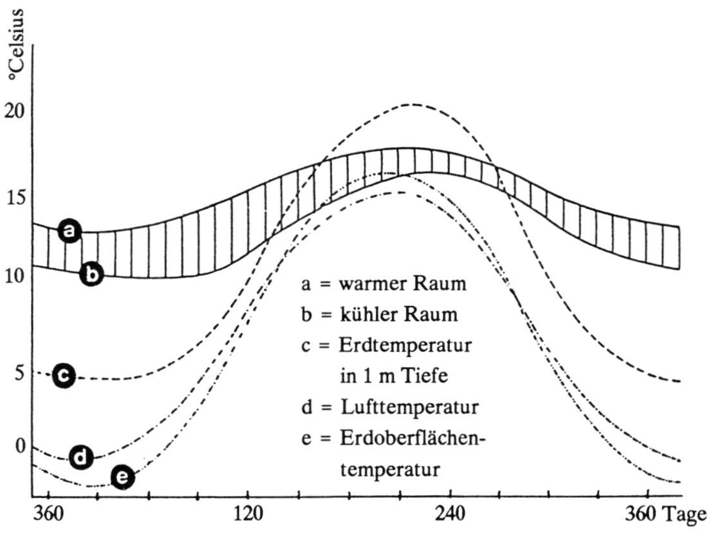

3.2 Temperaturen unbeheizter Kellerräume

Wie aus Abb. 33 zu ersehen ist, schwanken die Erdreichtemperaturen in der für Keller relevanten Tiefe von ca. 2,50 m im Jahresverlauf nicht unerheblich - nämlich zwischen ca. +4°C im März/April und ca. +13°C im August/September. Im folgenden Abschnitt sind einige weitere Aussagen aus der oben angegebenen Studie wiedergegeben:

Bei Aufenthaltsräumen kann von einer Innenlufttemperatur von 20°C bis 22°C ausgegangen werden. Im Vergleich dazu sind die Raumtemperaturen unbeheizter Keller schwerer festzulegen. Sie sind davon abhängig, aus welchen Materialien die Keller gebaut sind und wie tief sie in der Erde liegen, aber auch, ob angrenzende Räume beheizt werden usw.. Allgemein läßt sich sagen, daß die Raumtemperatur nicht beheizter Kellerräume je nach Anteil der beheizten angrenzenden Räume, dem Anteil der vom Erdreich bzw. der Aussenluft begrenzten Oberflächen und dem Grad der Wärmedämmung dieser Flächen zwischen Werten von ca. +10°C bis 18°C schwanken.
Im Rahmen einer Dissertation (27) wurde z.B. für unbeheizte, nur über die angrenzenden (meist darüber liegenden) Räume erwärmte Kellerräume (k-Wert der Deckenkonstruktion 1,43 W/m^2 K) für den Winter (Dezember bis Februar) Lufttemperaturen um 11°C berechnet und für Keller mit beheizten Nebenräumen im Januar 13,5°C gemessen (Abb. 34).

Abb. 33 (links oben)
Jahresgang der Bodentemperatur zu Königsberg Quelle (31)

Abb. 34 (links)
Jahresverlauf der Raumlufttemperaturen von unbeheizten Räumen mit erdberührten Außenflächen Quelle (31)

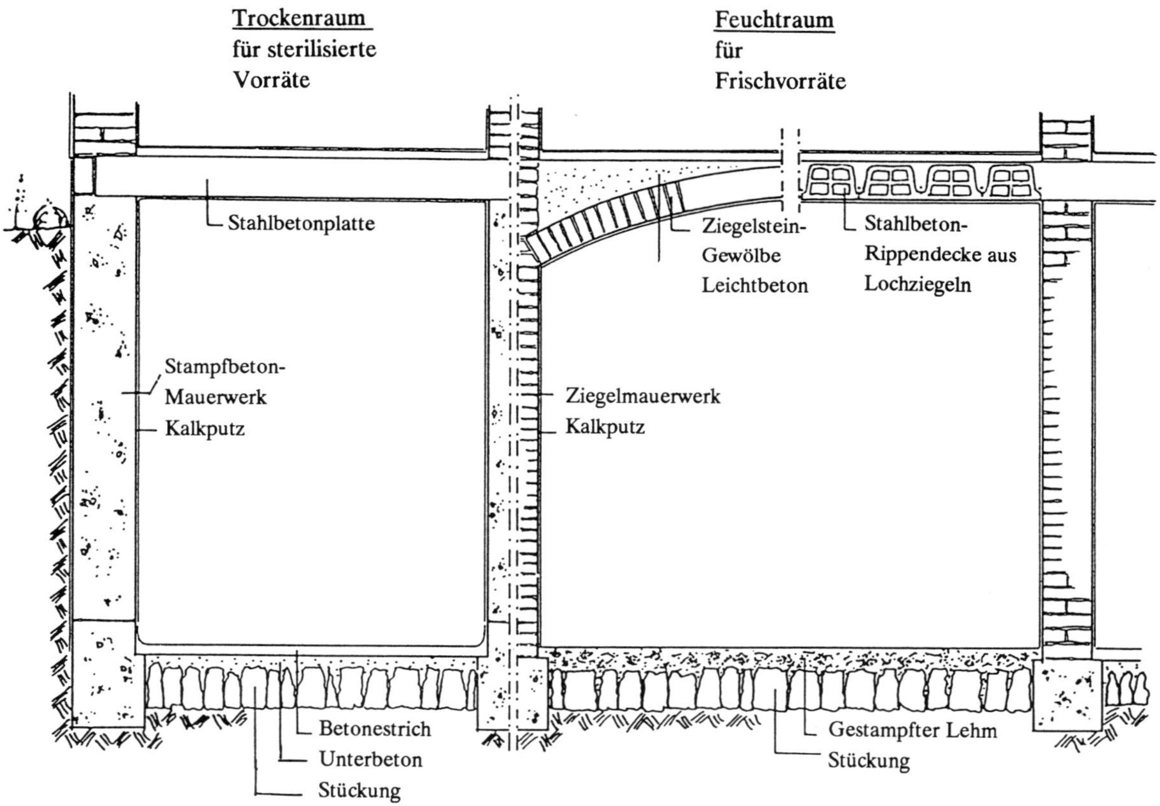

Abb. 35
Unterschiedliche bauliche Ausbildung von Kellern zur Erzielung unterschiedlicher Luftfeuchtigkeiten
Quelle (32)

Im Extremfall bei sehr guter Dämmung der Keller*decke* wird die Lufttemperatur im Keller etwa die Temperatur des angrenzenden Erdreichs erreichen; im umgekehrten Fall bei starker Dämmung der Keller*wände* und des Keller*bodens* wird sich die Lufttemperatur des Kellers der Temperatur der (geheizten) Erdgeschoßräume angleichen.

Wie vertragen sich solche Meßergebnisse nun mit der Forderung, in Vorratskellern sollte die Lufttemperatur möglichst ständig unter 10°C liegen?

Messungen, durchgeführt in verschiedenen Kellern im Raum Stuttgart (28) ergaben folgendes: »... In einem Altbau mit gemauertem, tief liegendem Lehmkeller (Abb. 35) wurden im Winter Temperaturen bis +5°C, im Sommer durchschnittlich +10°C, und nur von Juni bis August Temperaturen um 12°C gemessen. Dagegen waren die Temperaturen in etwas höher liegenden, betonierten bzw. mit Lehmboden versehenen Kellern in neueren Stadthäusern wesentlich größeren Schwankungen unterworfen (Abb. 36). Hier konnten im Winter wohl auch 5°C, im Sommer

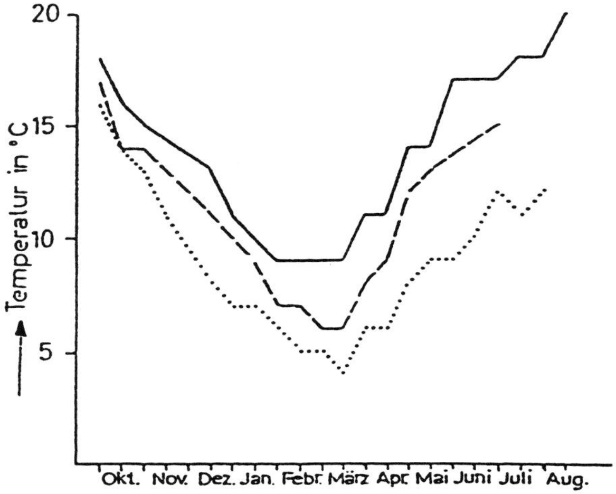

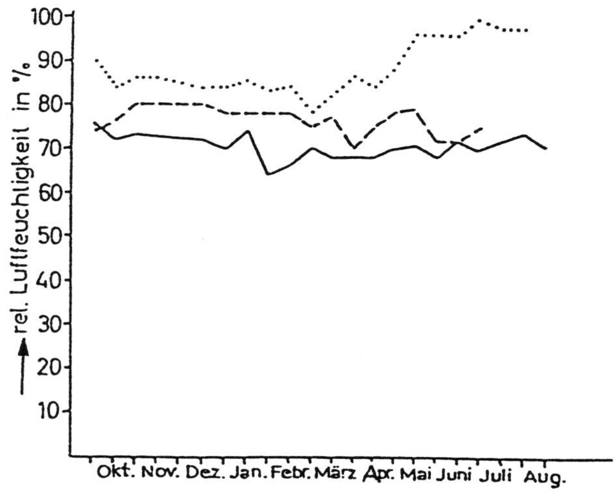

Abb. 36
Temperatur und relative Luftfeuchtigkeit in verschiedenen Kellern
----- höher gelegener Keller, Lehmboden (Stadthaushalt)
—— höher gelegener Keller, betonierter Boden (Stadthaushalt)
..... tiefgemauerter Keller, Lehmboden (Landhaushalt)

Quelle (28)

dagegen bis zu 18°C gemessen werden. Die relative Luftfeuchtigkeit betrug im tiefliegenden Lehmkeller nahezu unverändert 90%, sie fiel in den Wintermonaten etwas unter 90% und lag in den Sommermonaten manchmal bei 92 bis 93%. In betonierten Kellern war die Luftfeuchtigkeit dagegen jeweils ca. 10% niedriger (im Winter bei 65%).«

Das bedeutet, daß der Bodenaufbau (versiegelter oder feuchtigkeitsdurchlässiger Boden), die Wand- und Deckenkonstruktion und die Umgebung des Kellers (geheizte Nebenräume usw.) neben der Tiefe des Kellers im Erdreich sehr entscheidend für seine Eignung als Vorratskeller ist. Wobei im Vergleich zur Kellerdecke und zu den Kellerwänden die Temperatur des Fußbodens die am wenigsten vom Außenklima beeinflußten Schwankungen aufweist.

3.3 Materialien und Bauteile

Im folgenden Kapitel werden Baumaterialien und Baukonstruktionen vorgestellt, die geeignet sind, um im Naturkeller ein gutes Lagerklima zu erzielen.

Dazu vorab einige grundsätzliche Hinweise:

- *Baumaterialien*

  Es wäre kurzsichtig, Naturkeller aus umweltschädigenden Materialien bauen zu wollen. Wie sagte Hoimar von Ditfurth doch so treffend: »Auf lange Sicht kann der Mensch die Umwelt nicht zerstören - sie wird ihm dagegen die Grundlage seiner Lebensbedingungen unter den Füßen wegziehen und sich in fünfhundert Jahren regenerieren«.

  Daher ist es fast überflüssig zu erwähnen, daß im folgenden nur auf Materialien eingegangen wird, die ökologisch vertretbar sind, bzw. zu denen es bisher noch keine umweltfreundlichere Alternative gibt (z.B. für Feuchtigkeitsabdichtungen).

- *Baukonstruktionen*

  Unabhängig von der Nutzung eines Kellers muß die Tragfähigkeit der Kellerwände und der Gründung garantiert sein, da sie die Standsicherheit des Gebäudes gewährleisten. Die Kelleraußenwände müssen zudem dem seitlichen Erddruck standhalten.

- *Baugrube*

  Um bei der Errichtung eines Kellers späteren Ärger zu vermeiden, ist es ratsam, sich *vor* dem Ausheben der Baugrube genaue Informationen über die Beschaffenheit des Bodens (siehe Kap. 3.3.1) und die Höhe des Grundwasserspiegels zu beschaffen. Weiterhin ist zu klären, ob sich Ver- und Entsorgungsorgungsleitungen wie z.B. Wasser- und Abwasser- oder Gasleitungen im Erdreich befinden. Beim Ausschachten der Erde sollte der wertvolle Mutterboden, also die oberste, bis zu 40 cm dicke, humöse Schicht, getrennt gelagert werden, um die darin befindlichen Bodenlebewesen zu erhalten. Die Baugrube wird durch Abböschung gegen Einstürzen gesichert, der Böschungswinkel sollte bei leichten Böden (Sand, Kies) etwa 45°, bei schwereren Böden ca. 60° betragen. Um zur Erstellung der in der Grube liegenden Bauteile genügend Bewegungsfreiraum zu haben, wird zudem ein Arbeitsraum von mindestens 50 cm eingeplant (Abb. 37).

- *Fundament*

  Die Fundamente eines Baues sollten immer in frostsicherer Tiefe liegen (d.h. 0,8 bis 1,2 m unter Geländeoberfläche). Dies ist bei Kellergeschossen in der Regel automatisch gegeben. Untergeordnete Nebengebäude wie Garagen usw. werden zuweilen auch auf nicht frost-

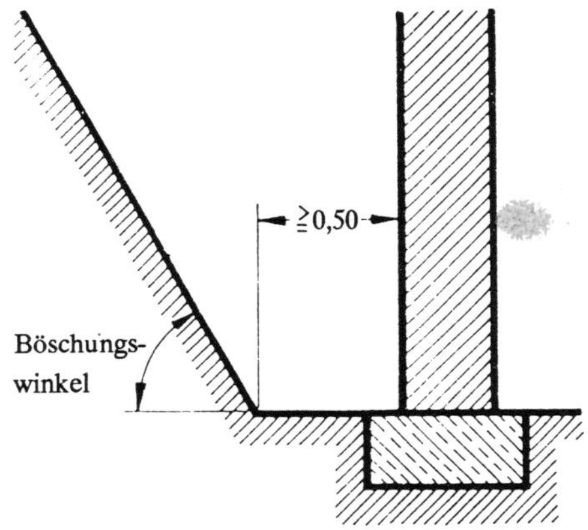

Abb. 37
Arbeitsraum bei abgeböschter Baugrube Quelle (33)

Abb. 38
Frostsicher und nicht frostsicher gegründete Fundamentplatte
Quelle (24)

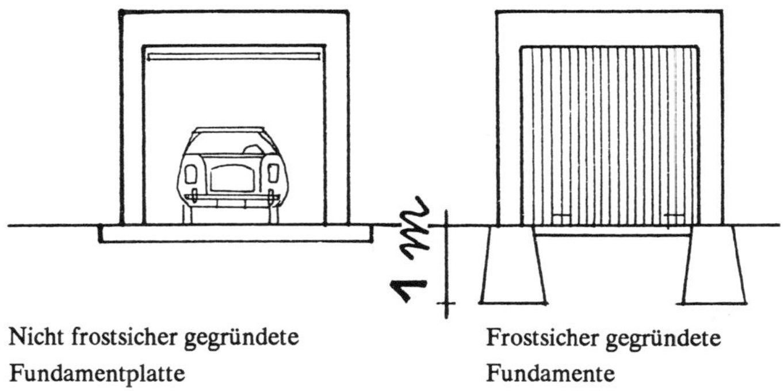

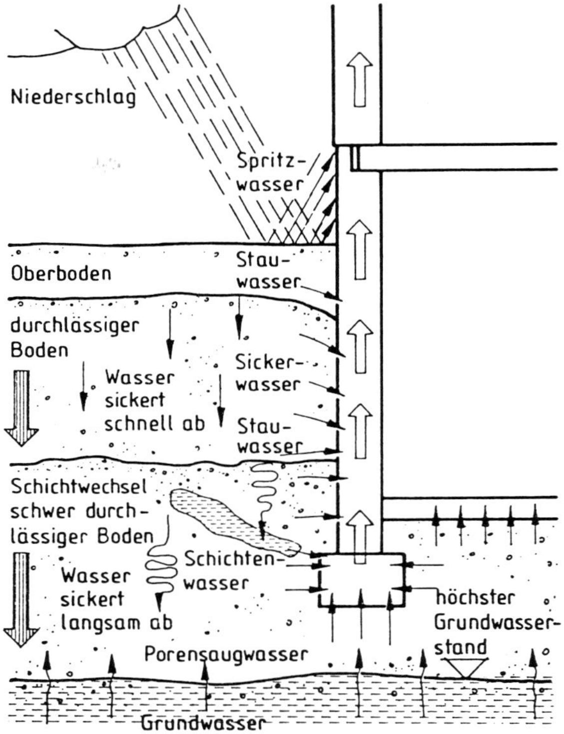

Abb. 39
Abdichtungen gegen Bodenfeuchtigkeit Quelle (33)

sicher gegründete Fundamentplatten gesetzt (Abb. 38). Nimmt man ein gewisses Schadensrisiko in Kauf, so vereinfacht die flache Gründung natürlich die Arbeit nicht unerheblich, vor allem wenn ein kleiner Freilandkeller z.B. wegen eines hohen Grundwasserspiegels nur zum Teil in der Erde liegen soll. Im Hinblick auf eine gute Kühlung sind größere Tiefen allerdings wünschenswert.

3.3.1 Feuchtigkeitsschutz erdberührter Bauteile

Bauteile im Erdreich sind verschiedenen Feuchtigkeitseinwirkungen ausgesetzt (Abb. 39). Je mehr die Bauteile im Erdreich von Feuchtigkeitseinwirkungen beansprucht werden, desto aufwendiger muß ihre Abdichtung sein. Prinzipiell lassen sich folgende Beanspruchungsgruppen unterscheiden:

- Bodenfeuchtigeit und nichtstauendes Sickerwasser,
- kurzzeitig in geringen Mengen stauendes Sickerwasser,
- langanhaltend in größeren Mengen stauendes Sickerwasser,
- Grundwasser

Die Boden- und Wasserverhältnisse am Bauplatz des Kellers zu kennen, ist also notwendig. Amtliche Informationen über Grundwasserstände und Bodenqualitäten können über das zuständige Bauamt oder über das staatliche Amt für Wasserwirtschaft erfahren werden. So wird sich herausstellen, ob *nichtbindige Böden* (Kies, und Sand) oder *bindige Böden* (Ton, Lehm, Mergel) vorliegen.
Nur bei nichtbindigen Böden sind die Bauteile im Erdreich durch Stauwasser ungefährdet, da hier das Niederschlag-

wasser senkrecht versickern kann (Abb. 40). Bei den häufiger anzutreffenden bindigen Böden und bei Hanglagen muß immer angenommen werden, daß sich zumindest kurzzeitig Wasser an den erdberührten Bauteilen staut (Abb. 41). Hier ist in jedem Fall eine Dränage (siehe unten) erforderlich.

Bei Beanspruchungen durch langanhaltend in größeren Mengen stauendes Sickerwasser und bei hohem Grundwasserstand sollte der Bau eines tief in der Erde liegenden Naturkellers besser vergessen werden.

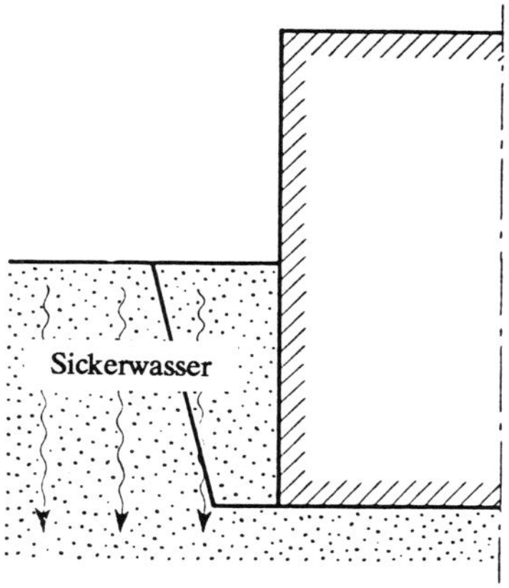

Abb. 40
Versickerndes Wasser in nichtbindigem Boden Quelle (35)

Horizontale und vertikale Feuchtigkeitssperren

Naturkeller sollen eine hohe Luftfeuchtigkeit haben. Dennoch müssen beim Kellerbau Vorkehrungen gegen das Eindringen von Feuchtigkeit getroffen werden. Geschieht dies nicht, sind bei *Hauskellern* auf Dauer schwerwiegende Schäden, insbesondere durch aufsteigende Feuchtigkeit in darüberliegende Wohngeschosse, zu erwarten. Bei nicht überbauten *Freilandkellern* kann bei guten Bodenverhältnissen (kein hoher Grundwasserstand, kein Hangwasser) auf horizontale und vertikale Bauwerksabdichtungen verzichtet werden, nicht jedoch auf ein funktionsfähiges Dränagesystem.
Nur bei wirklich gut durchlässigen Böden wie Kies und Sand kann ggf. auch auf die Dränage verzichtet werden, sofern kein Grundwasser ansteht.

Die senkrechte Abdichtung der Kelleraußenwände gegen nichtdrückendes Wasser kann bei Ziegelmauerwerk z.B. mit einem 2 cm starkem, gut haftendem Ausgleichsputz der Gruppe III (ein Teil Zement, 3 bis 4 Anteile Sand) erfolgen, der alle Unebenheiten ausgleicht. Damit in die waagerecht verlaufende Arbeitsfuge zwischen Außenwand und

Abb. 41
Stauwasserbildung vor der Kellerwand bei bindigem Boden
Quelle (35)

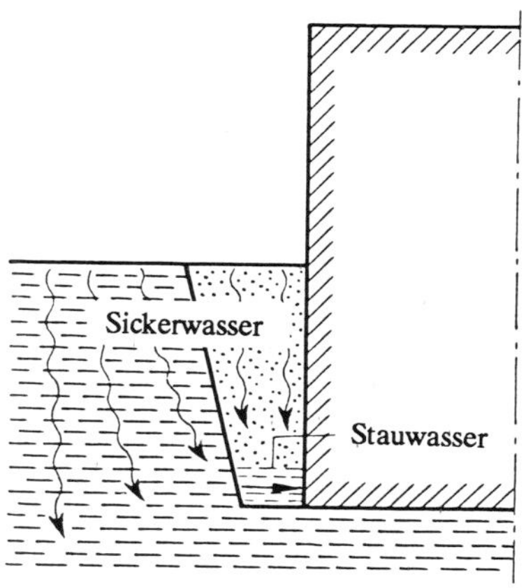

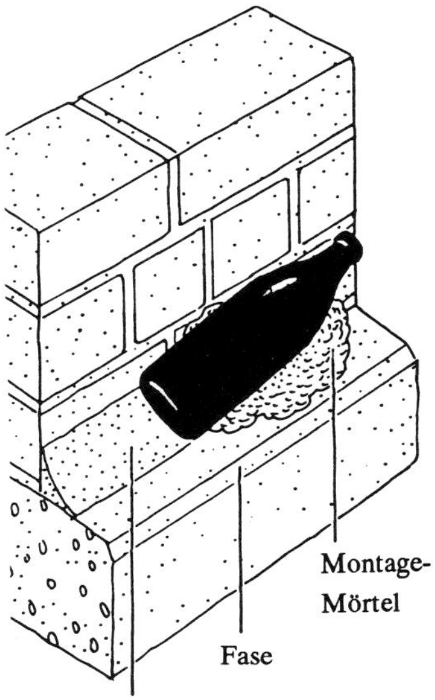

Abb. 42
Anformen der Hohlkehle mit Hilfe einer Flasche
Quelle (36)

Fundamentvorsprung kein Wasser eindringt, wird hier mit Sperrmörtel eine Hohlkehle gezogen. Auf diese Weise wird das andrängende Wasser nach unten abgeführt. Sperrmörtel ist ein Mörtel der Gruppe III, dem z.B. Wasserglas als Dichtungsmittel zugegeben wird. Zur Ausbildung der Hohlkehle ist als Werkzeug z.B. eine Flasche nützlich (Abb. 42). Nach Aufbringen des Putzes wird eine nur wenige Millimeter dicke mineralische Dichtungsschlämmschicht oder mehrmals eine bituminöse Dichtungsanstrichschicht aufgebracht (z.B. 4 x Steinkohleteerpechlösung oder Bitumenemulsion 3 x kalt).
Dichtschlämmen und Bitumenanstriche sind zwar wasser- aber nicht dampfundurchlässig. So kann Wasserdampf aus dem dauerfeuchten Erdreich durch das Mauerwerk des Kellers hindurchdiffundieren, an der Oberfläche der Innenwand verdunsten und dadurch das Bauteil kühl halten.
Zum Schutz der senkrechten Abdichtung vor mechanischer Beanspruchung und Beschädigung bei Verfüllarbeiten und

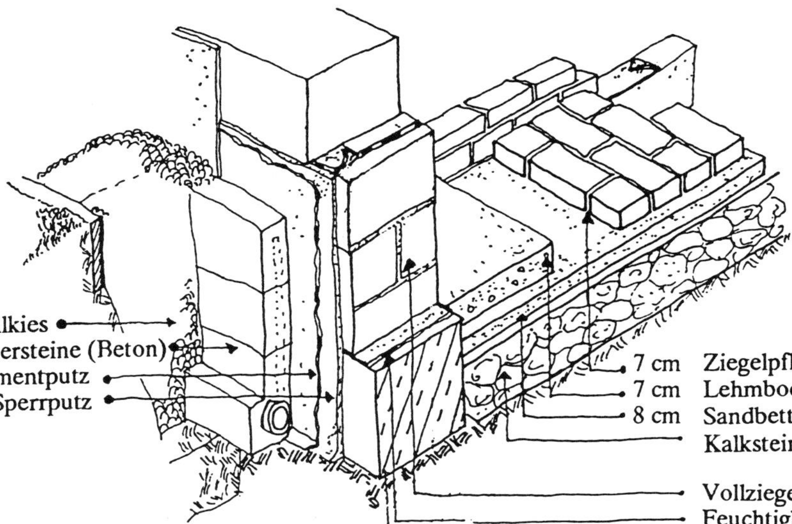

Abb. 43
Filtersteine aus Beton zum Schutz der erdberührten Wand
Quelle (37)

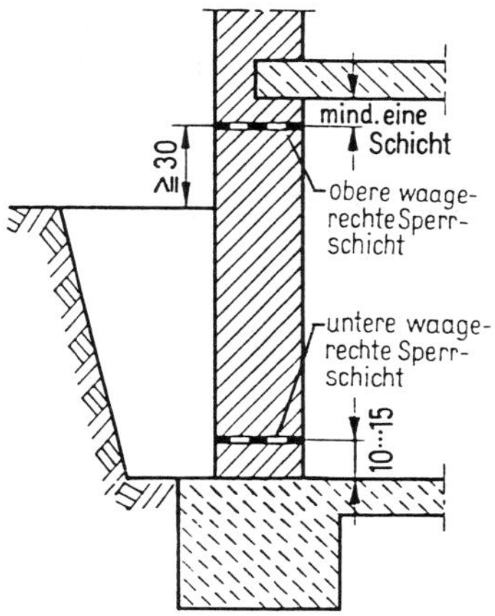

Abb. 44
Lage der unteren und oberen waagerechten Sperrschicht
Quelle (35)

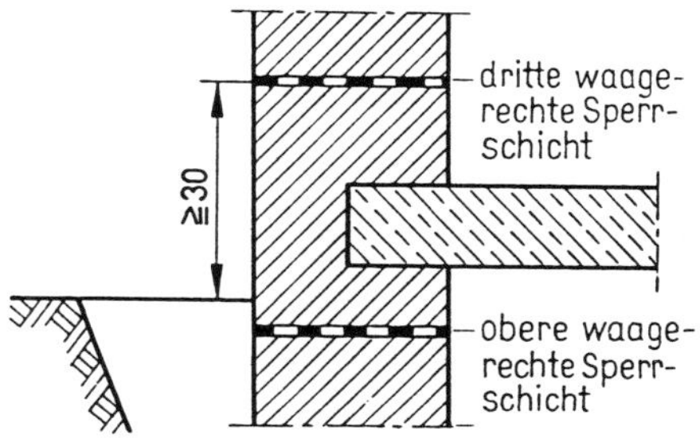

Abb. 45
Dritte Sperrschicht in der Erdgeschoßwand Quelle (35)

auch, um einen raschen Wasserabfluß zu ermöglichen, ist es sinnvoll, z.B. Bitumenwellplatten oder - solider, aber teurer - Filtersteine aus Ton oder Beton lose vor die abgedichtete Wand zu stellen (Abb. 43).
Die waagerechten Abdichtungen in Wänden sollen den kapillaren Aufstieg des Wassers verhindern. Nach den Regeln der Baukunst sind bei Kellerwänden unter Aufenthaltsräumen mindestens zwei horizontale Abdichtungen vorzusehen, nämlich 10 bis 15 cm über dem Kellerfußboden und ca. 5 cm unterhalb der Kellerdecke bzw. 30 cm über der Geländeoberkante (Abb. 44). Eine dritte Sperrschicht ist nötig, wenn die Kellerdecke nur wenig über der Erdoberfläche liegt (Abb. 45). Als Sperrschicht eignen sich beiderseits besandete Bitumen- oder Teerdachbahnen, deren rauhe Oberfläche eine gute Haftung am Lagerfugenmörtel ermöglicht. Die Dichtungsbahnen werden am besten zweilagig aufgebracht, mit versetzten Stößen (mindestens 10 cm lose Überlappung). Sie dürfen nicht durch Unebenheiten beschädigt werden, oder hohl aufliegen, weshalb vor dem Verlegen die Mauerschicht mit Zementmörtel abgeglichen wird.

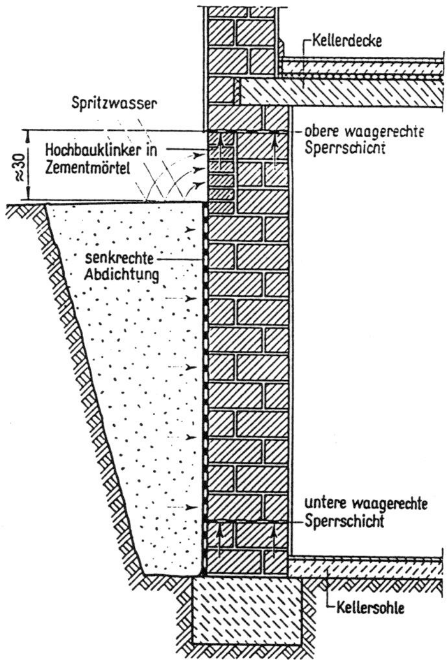

Abb. 46
Schnitt durch eine Kelleraußenwand mit Sperrschichten
Quelle (35)

Dränage

In jedem Falle wichtig sowohl für Haus- als auch für Freilandkeller ist schon bei *kurzzeitig stauendem Sickerwasser* eine wirksame Dränage. Denn bei lang anhaltenden Niederschlägen kann sich Wasser im Erdreich, vor allem im Bereich der verfüllten Baugrube stauen und gegen die Kellerwand drücken. Eine Dränage sorgt dafür, daß das Wasser rings um die Fundamente möglichst schnell wieder abfließen kann (Abb. 48 und 49).

»Dränagen sollen jegliche Form der Stauwasserbildung vor Bauteilen vermeiden. Sie sind dann notwendig, wenn die Bauteile im Erdreich selbst nicht gegen eine Beanspruchung durch Stauwasser geschützt sind.

"Man legt unter der Kellersohle einen 12 bis 15 Zoll (31,38 bis 39,22 Centim) starken, dicht und fest gestampften Thonschlag (a in Fig. 125), und auf diesen eine 6 Zoll (15,69 Centim.) starke Betonschicht b, aus Kieselsteinen, Ziegelstücken, Kalk und Cement, welche mit einer doppelten Lage von Dachsteinen (Flachwerke, Bieberschwänze) von denen die Nasen vorher abgeschlagen wurden, in Cement abgedeckt wird.

Bei bedeutendem Druck des Grundwassers empfiehlt es sich statt der Dachsteine zwei Schichten Mauerziegel zu wählen und in der Form eines umgekehrten Gewölbes c, auf der Kellersohle flachseitig, mit wechselnden Fugen zu verlegen. Eine hochkantige Verlegung der Steine empfiehlt sich hier nicht, weil diese zu viel Fugen darbietet.

Die Umfassungswände werden durch das Hinterstampfen eines ca. 1 Fuß (0,31 Meter) starken Thonschlages wasserdicht gemacht; die Mauern selbst werden in Cement aufgeführt und in derselben, unterhalb der Kellersohle eine horizontale Isolirschicht e von Asphalt gelegt.

Zur Abhaltung der Feuchtigkeit von den Umfassungswänden dient auch die in Fig. 129 angedeutete Construction. Man legt in der ganzen Länge der Kellermauern einen überwölbten Kanal an, dessen muldenförmige Sohle unter der Kellersohle liegt. Die Sohle des Kanals erhält ein Gefälle von 1 : 100.

Die Anlage einer, durch die Umfassungsmauern gehenden horizontalen Isolirschicht f bleibt aber auch bei dieser Construction unerläßlich."

Fig. 125.

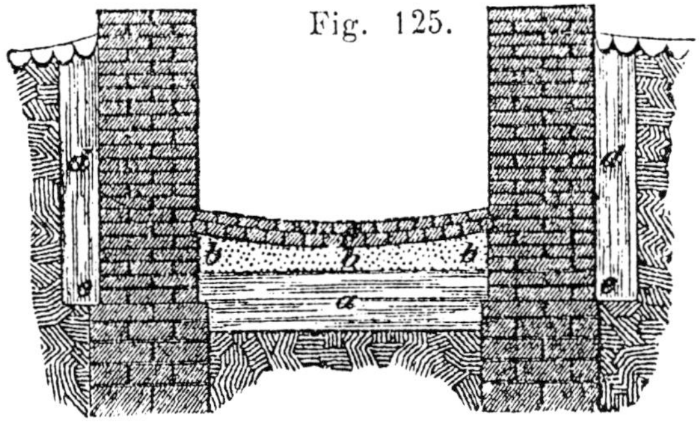

Fig. 129.

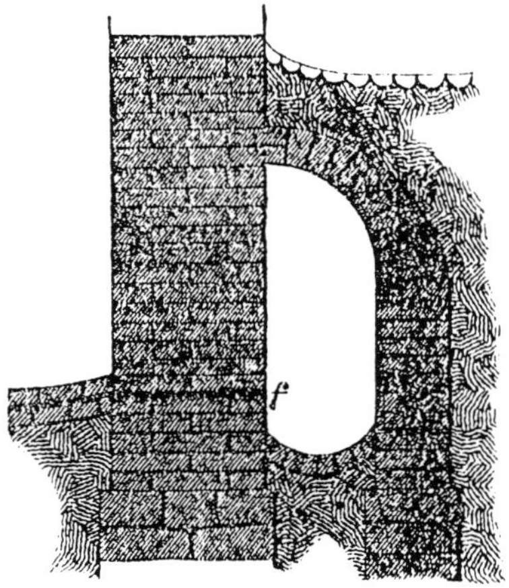

Die Ringdränage, wichtigstes Funktionselement im Dränsystem, ist eine Rohrleitung, die in der Regel das gesamte Gebäude im Gründungsbereich lückenlos ringförmig umschließt und insbesondere das vor Bauteilen sich ansammelnde und stauende Wasser und ggf. das aus vertikalen Sickerschichten oder das aus Flächendränagen unter der Bodenplatte ihr zugeleitete Wasser aufnimmt und in stetigem Gefälle der Vorflut zuleitet. Dieser bedeutsame Stellenwert steht der offensichtlich häufig bestehenden Vorstellung entgegen, daß jedes »irgendwie« in das Erdreich gelegte Rohr bereits eine funktionsfähige Dränleitung darstellt«. (23)
Dränrohre haben gewöhnlich einen Durchmesser von 80 oder 100 mm und werden aus Ton, Beton oder als geschlitzte Kunststoffschläuche angeboten. Das Dränrohr darf mit seinem Scheitel an der höchsten Stelle nicht über der Oberkante des Fundamentes geführt, und mit seinem Tiefpunkt nicht unterhalb des Fundamentes liegen, denn sonst könnte ja das Fundament unterspült werden (Abb. 50). An den Knickpunkten der Dränage - also an den Ecken - werden zur Kontrolle und Reinigung senkrechte Rohre eingebaut, deren obere Rohröffnung durch handelsübliche Abdeckkappen verschlossen werden. So kann das Dränagesystem mit einem Gartenschlauch durchgespült und eingeschwemmte Ablagerungen entfernt werden. Wichtig ist, daß das gesamte Dränsystem mit mindestens 1% Gefälle der Regenwasser-Kanalisation oder einem nicht zu nahe gelegenen Sickerschacht zugeleitet wird. Der Sickerschacht besteht

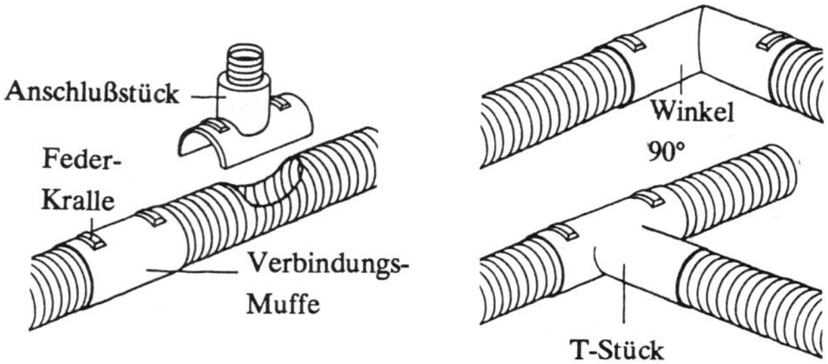

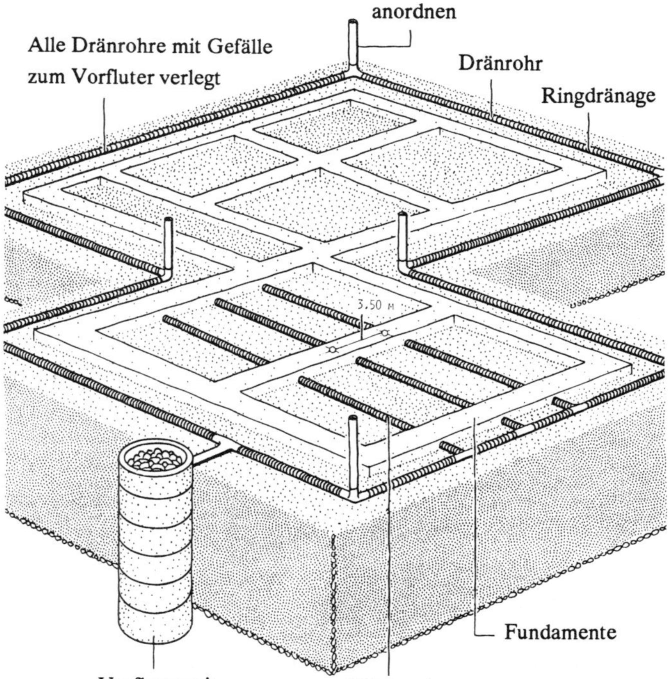

Abb. 47 (linke Seite)
Schutz der Kellerwände vor Feuchtigkeit im 19. Jahrhundert
Quelle (38)

Abb. 48 (rechts oben)
Verbindungen der Dränagerohre Quelle (36)

Abb. 49 (rechts unten)
Dränagesystem Quelle (36)

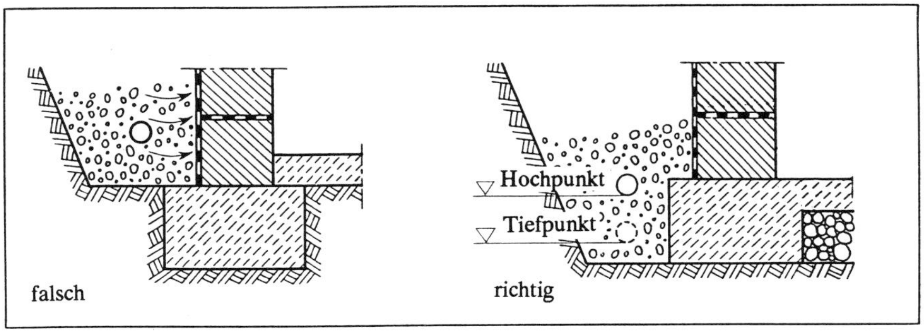

Abb. 50
Höhenlage der Ringdränage und Sickerschicht
Quelle (35)

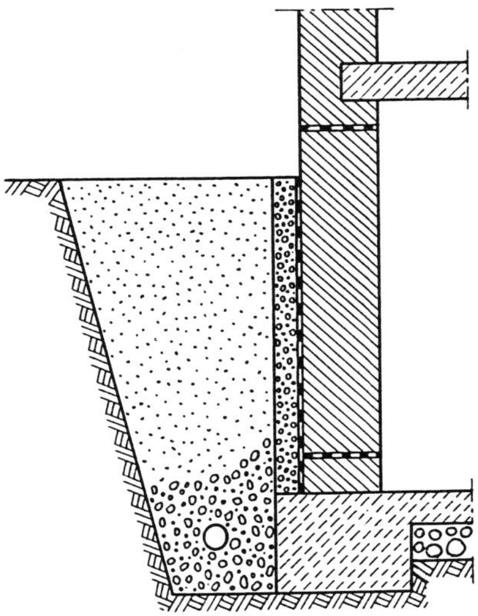

Abb. 51
Schutz der Kellerwand gegen Stauwasser durch Ringdränage und Sickerschichten Quelle (35)

aus Betonringen und hat Anschluß an das Sammelrohr der Dränageringleitung. Er wird mit einer Grobkiesschicht gefüllt, durch die das Dränagewasser in den Boden versickert. Ist ein Teich auf dem Grundstück vorhanden oder geplant, kann das Dränagesammelrohr natürlich auch in ihn münden (siehe auch Baubeschreibungen Kap. 5.2 und 5.4).
Die Dränrohre werden allseits in eine filterstabile Sickerschicht aus Grobkies eingebettet (Abb. 51). Die Sickerschicht (Dränschicht) als wichtiger Teil des Dränsystems nimmt das im verfüllten Arbeitsraum anfallende Wasser flächig auf und führt es senkrecht nach unten dem Dränrohr zu. Wird nicht der gesamte Arbeitsraum bis zum Dränrohr mit wasserdurchlässigem Kies gefüllt, so sollte zumindest eine ca. 20 bis 35 cm dicke Kiesschicht vor der im Erdreich liegenden Außenwand hochgeführt werden. Damit bei sehr lockeren, sandigen oder tonigen Böden keine Bodenfeinteile durch die Grobkiespackung in die Dränleitung eingeschwemmt werden, ist es sinnvoll, um das Dränrohr zusätzlich eine Feinkiesschicht (Betonierkies, ggf. auch Ziegelsplitt) oder eine dünne Filtermatte aus Kunststoffvlies bzw. - besser - aus unverrottbarem Kokosrollfilz zu legen, die das Versanden der Rohre verhindern.

3.3.2 Außenwand

Für den Kellerbau sind nur bestimmte Baustoffe zulässig. So dürfen für die Außenwände des Kellergeschosses und des Sockels bis zu 50 cm über Erdgleiche nur Mauerwerk aus Steinen (Vollsteine, Hohlblocksteine, Lochsteine) mit Druckfestigkeiten ≥ 10 N/mm² mit den Mörtelgruppen II, IIa oder III verwendet werden, soll nicht Beton zum Einsatz kommen.
Erdberührte Kelleraußenwände müssen dem seitlichen Erddruck standhalten. Ist der Erddruck, der auf die Kelleraußenwände wirkt, gering, können die nach DIN 1053 angegebenen Mindestwanddicken für gemauerte Außenwände eingesetzt werden (Abb. 52).

Abb. 52
Mindestdicken gemauerter Kelleraußenwände
Quelle (33)

Höhe des Erdreichs¹) 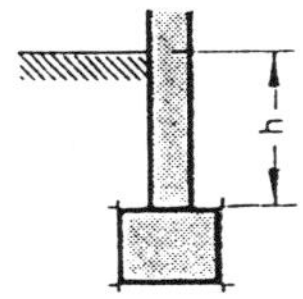	Mindestdicke der Kelleraußenwand
1,00 m – 1,35 m	24 cm
1,40 m – 1,75 m	30 cm
2,00 m – 2,50 m	36,5 cm

¹) Die erste Höhe ist bei Wänden mit einem Wandgewicht bis zu 50 kN/m nicht zu überschreiten.

Die Kellerwand

"Die Kellerwand ist von sekundärer, jedoch nicht unwichtiger Bedeutung für das gesunde Kellerklima. Die Kellerwand beginnt unten als Fundament, auch Bankett genannt. Das je nach Hausgröße breite Bankett kann, wie seit Jahrtausenden erprobt, auf festem Untergrund in Bruchstein gemauert und teils gegossen werden, wobei nur hydraulischer Kalk verwandt wird, kein Zement. Bei weichem Untergrund ist heute der armierte Beton üblich, auch als Sicherheit gegen Senkungen und Mauerrisse. Man armiere nur, wenn und soweit notwendig. Der Einfluß solchen Fundamentbetons auf das Haus wird bisher als nicht bedeutend angesehen.
Die Innenwände des Kellers sollen aus normal oder hart gebranntem Ziegel bestehen, zementfrei vermauert, mit oder ohne zementfreien Kalkverputz. Die Außenwand soll ebenfalls aus Ziegeln bestehen, zumindest inseitig. Je nach Erddruck muß diese Kellerwand 50 bis 100 cm stark sein. Bei hohem Arbeitslohn ist solch ein Mauerwerk teuer. Wenn kein Erddruck besteht wie in felsigem Gestein, dann kann die Mauer 40 cm stark sein. Andernfalls besteht noch die Möglichkeit, außen eine armierte Betonwand von 20 cm zu setzen und innen eine Ziegelschicht zu mauern, die von 5 bis 6 cm Vormauerstärke bis zu normaler tragender Mauerstärke reichen kann. Dann kann der Keller nach innen atmen. Das ist eine vollwertige Atmung, sofern das Kellerfenster stets zumindest ein wenig geöffnet bleibt. Nach außen muß eine nur aus Ziegeln und eventuell etwas Bruchsteinen bestehende Außenwand gut mit Asphalt und dergl. gegen Nässe isoliert werden. Außerdem können mit Vorteil außen große Formsteine aus Ton oder anderem Material lose vorgesetzt werden, welche die asphaltierte bzw. bituminierte Außenwand trocken halten und verhindern, daß spitze Steine die Isolierung durchbohren und bei einem Wasserstau wie infolge der Verstopfung einer Drainage die Kellerwand durchfeuchten. Wenn der Keller stärker feucht ist, sollen hart gebrannte Ziegel verwandt werden. Die Lebensqualität des Kellerklimas ist normalerweise größer, wenn die Wände nicht verputzt werden, sondern nur sauber verfugt. Denn der Kulturstein Ziegel ist biologisch hochwertiger als der übliche Kalkputz." Quelle (39)

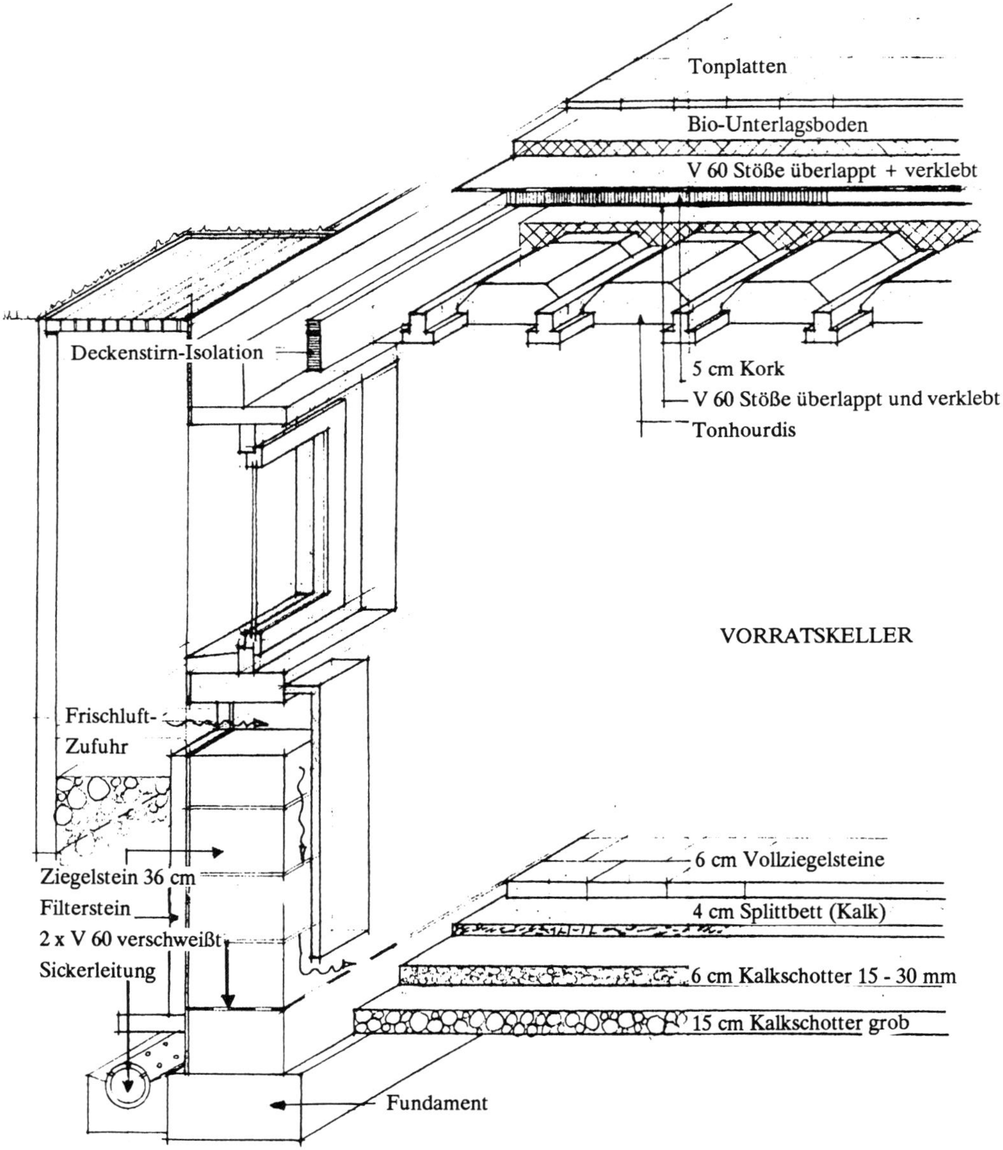

Abb. 53
Konstruktion des Feuchtkellers in einem Wohn- und Geschäftshaus in der Schweiz, Baujahr 1983
Quelle (40)

Die heute üblichen Feuchtigkeitssperren zum Schutz der Außenwand werden erst seit Beginn des 20. Jahrhunderts eingesetzt. Früher waren die Kellerwände und das Sockelmauerwerk der Gebäude oftmals aus Natur- und Feldsteinen errichtet, im norddeutschen Raum und bei Stadthäusern auch aus Ziegelsteinen, die mit Kalkmörtel verfugt waren. Im Mauerwerk aufsteigende Bodenfeuchtigkeit wurde an angrenzende Räume weitergeleitet, bzw. im Sockelmauerwerk durch Verdunstung freigegeben. Die Diffusionsfähigkeit des Sockelmauerwerks und der Luftaustausch im Keller genügten wohl meist, um die Feuchteschäden nicht übermäßig groß werden zu lassen. Allerdings, und das ist der wichtige Punkt, wurde in der Regel bei problematischen Böden zum einen auf einen Keller verzichtet und zum anderen waren die Anforderungen an Kellerräume wie an ebenerdige Wirtschaftsräume weitaus geringer als es heute üblich ist. Die Wohnebene lag mindestens 1 m über dem Gelände und erdberührte Räume dienten meist nur untergeordneten Zwecken. Heute soll das Kellergeschoß einen unbeheizten, dauerkühlen und feuchten Vorratsraum aufnehmen, daneben liegt vielleicht ein beheizbarer Hobbyraum, der trocken sein muß und die ebenfalls im Keller untergebrachte alte Zentralheizungsanlage mit schlechtem Wirkungsgrad sorgt für eine zusätzliche Erwärmung im Kellergeschoß.

Bauphysikalisch ist es also wichtig, die an den Vorratskeller anschließenden Bauteile durch Trennschichten vor unerwünschter Feuchtigkeit zu schützen. Dies läßt sich z.B. erreichen, indem die Trennwände zweischalig errichtet werden, mit einer inneren Schale aus einem gut wasseraufnehmenden und -abgebenden Stein, z.B. aus Vollziegel (1.800 kg/m^3). So kann die kapillar eindringende Feuchtigkeit an der Wandinnenseite verdunsten und den Raum dadurch kühl halten (siehe Baubeschreibung Kap. 5.1). Dichtere Steine wie z.B. Kalksandstein oder Betonsteine sind hierfür weniger gut geeignet. Nach einem Versuch von *König* (24) war Ziegelstein in der Lage, innerhalb 1 Stunde 350 g (13%) Wasser aufzunehmen, Kalksandstein (gleiches Maß, jedoch höherem Gewicht) 270 g Wasser (7,4%) und Betonstein trotz größerem Volumen nur 90 g (2,4%). Abb. 53 zeigt den Aufbau des Feuchtkellers eines neugebauten Wohnhauses in der Schweiz.

3.3.3 Fußboden

Der Boden ist in der Regel diejenige Schicht, die dem Naturkeller seine erforderliche Feuchtigkeit zuführt. Bei einer der traditionellen Konstruktionen des Kellerbodens, bei dem Bodenaufbau ohne Abdichtungsmaßnahmen, konnte Wasser problemlos kapillar eindringen und dadurch zur Erhöhung der Luftfeuchtigkeit im Keller beitragen.

Möglicher Konstruktionsaufbau:

- Bleibt das Grundwasser mit Sicherheit deutlich unter dem Aushubniveau und ist der Boden trocken, so kann einfach eine gestampfte Lehmschicht auf den gewachsenen Boden aufgebracht werden (Abb. 54 a).
  Die Qualität des gestampften Lehmbodens soll nach alten Erfahrungswerten durch Zugabe von Salz (es zieht das Wasser an) sowie von Rosmarin, Johanniskraut und Wacholder verbessert werden.
  Alternativ zu Lehm können auch Ziegelvollsteine als Flach- oder Rollschicht (Abb. 54 b, c, d) bzw. Steinplatten in Sandbett verlegt werden. Diese Bodenausführung ist durchlässiger als der Lehmboden. Der Boden kann mit der Zeit ziemlich uneben werden, da er sich unterschiedlich setzt. Eine auf Dauer ebenere Bodenfläche wird erzielt, wenn die Ziegel statt in Sand in Mörtel verlegt sind.

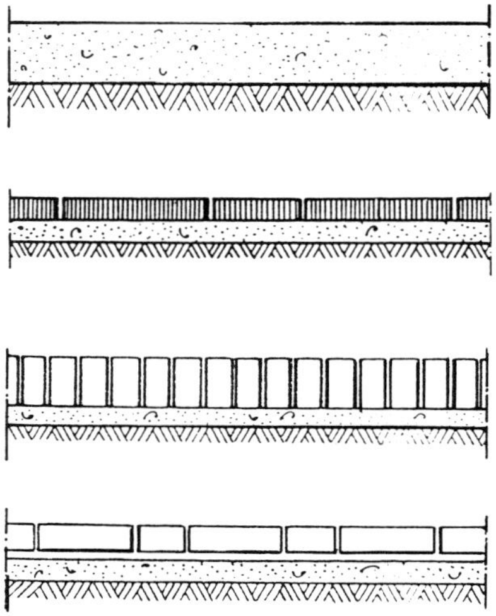

Abb. 54
Günstige Fußbodenaufbauten für Feuchtkeller Quelle (41)

- Ist der Grundwasserstand zwar mit Sicherheit deutlich unter dem Aushubniveau, aber die Bodenfeuchtigkeit zu hoch, wird auf den gewachsenen Boden besser erst eine Packlage (Körnung vorteilhaft 10 - 12 mm) aus Kalk- oder Quarzschotter als kapillarbrechende Schicht eingebracht. Diese grobkörnigen Schüttungen können aufgrund der eingeschlossenen Hohlräume das kapillare Aufsteigen von Bodenfeuchtigkeit verhindern, d.h. Bodenfeuchtigkeit gelangt nur in Dampfform in den Keller. Die Stärke der Schicht sollte, je nach Feuchtigkeitsandrang, etwa 15 bis 30 cm betragen. Wird darauf gestampfter Lehm aufgebracht, so empfiehlt es sich, um der Lehmschicht eine bessere Festigkeit zu geben, zwischen Schotter und Lehm eine Trennlage z.B. aus Ölpapier einzubringen, oder eine 3 - 5 cm dicke Ausgleichsschicht aus Feinkies oder Grobsand vorzusehen, die mit Handstampfern verdichtet wird.

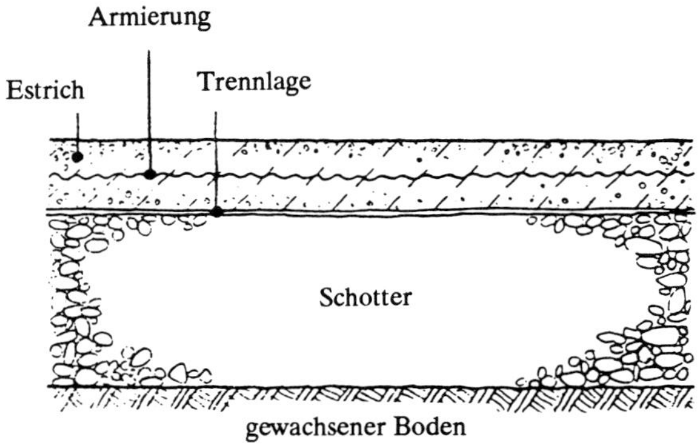

Abb. 55
Traßkalkestrich auf Dränageschotter Quelle (43)

Ist ein kühles, aber relativ trockenes Raumklima erwünscht (z.B. für einen Weinkeller), bietet sich ein Fußbodenaufbau mit einem 8 bis 12 cm starkem Traßkalkestrich an (Abb. 55). Traßkalkestrich oder »Biobeton« wird aus einem Teil hochhydraulischem Traßkalk und drei Teilen Sand und Kies (Korngröße bis 8 mm) hergestellt. Anders als der Ziegelboden im Sandbett bildet dieser Belag eine glatte, waagerechte Schicht. Traßkalkestrich ist allerdings erst nach 6 bis 8 Wochen belastbar. Eine höhere Festigkeit des Bodens wird durch die Zugabe von Zement erreicht bzw. durch eine Armierung mit Stahlmatten.

Bei *Neubauten* wird die Bodenplatte dort ausgespart, wo der Naturkeller seinen Platz finden soll. Der Fußboden soll hier außerdem mindestens 50 cm tiefer liegen als die Oberkante Fußboden der anderen Kellerräume, damit eine kalte Luftschicht in der Vertiefung entsteht (siehe auch Baubeschreibung in Kap. 5.3).

Der Kellerboden

"Der gesunde Keller hat einen Naturboden. Denn der Boden ist der wichtigste Teil des Kellers! Der Odem der Erde soll in den Keller dringen können und von dort her das ganze Haus durchatmen...Der Aufbau des Kellerbodens richtet sich nach der biologischen Verwendung des jeweiligen Kellerraumes und nach dem Untergrund. Eine Nässe des Untergrundes soll abgehalten werden. Nur die lebendige Feuchte mit ihrer lebendigen Kühle soll aufsteigen....In einem Raum mit lebensqualifizierten Erzeugnissen wie Nahrungsmitteln, Getränken usw. kann auf dem gewachsenen Boden mit Quarzsand egalisiert werden. Auf den Sand können weiterhin betretbare und befahrbare Tonplatten lose gelegt werden oder in ein ca. 10 cm dickes zementfreies Kalkmörtelbett - mit hydraulischem Kalk! - eingelegt und verfugt werden. Auf einen gewachsenen, weichen Untergrund mit Lehm oder einen harten mit granitischen Gesteinen kann ein Packlager aus Kalkstein kommen, darüber Sand oder Kalkmörtel. Dieser verringert den Durchgang der natürlichen Feuchte etwas und gleicht die Strahlung von Lehm und Granit aus.

Ein hoch lebensqualifizierter Boden besteht aus Stampflehm, dem Weizen- und Roggenstroh, auch als Häcksel beigemischt wird sowie Salz (Meersalz, im Küstengebiet Heringslake), Heilpflanzen wie Rosmarin, Johanneskraut, Wacholder und bei Nichtvegetariern zuweilen auch Tierblut wie Ochsenblut. Solch ein Boden bewahrt und verbessert das Raumklima und alles darin besonders wirksam. Er wird nach alter Bauernerfahrung auch als Dielenboden und Stallboden hergestellt. Er bewahrt vor Seuchen und anderen Infektionen, Mensch und Tier!" *Quelle (39)*

Der »Odem der Erde«, über den Palm in seinem Buch »Das gesunde Haus« (39) so anschaulich schreibt, ist leider nicht immer nur gut. Abhängig von der Art der eingesetzten Baustoffe, aber vor allem auch durch die Wahl des Fußbodenaufbaus, kann in Kellerräume aus dem Erdreich das radioaktive Edelgas Radon eindringen, das bei hohen Raumluftkonzentrationen eine Krankheitsursache vor allem für Lungenkrebs ist (siehe Zeitungsartikel Seite 52). Wer in einer Gegend lebt, in der die Radon-Belastung überdurchschnittlich hoch ist, der sollte seinen Kellerfußboden doch besser betonieren (Abb. 57).

Zur Erhöhung der Luftfeuchtigkeit empfiehlt es sich in diesem Fall, auf dem Betonfußboden Ziegelvollsteine im Sandbett zu verlegen, die ab und zu mit Wasser befeuchtet werden.

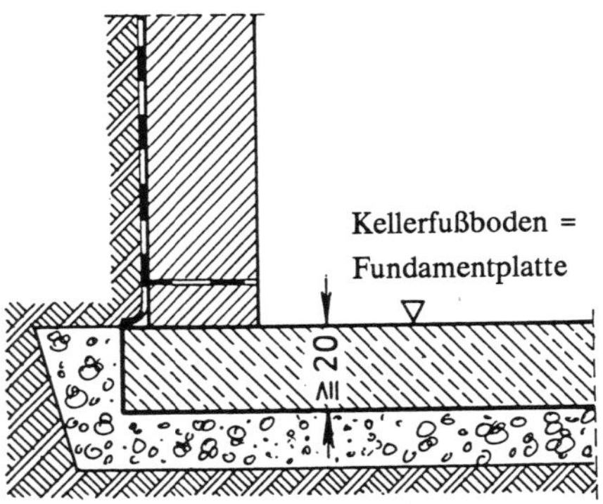

Abb. 57 Betonfußboden Quelle (34)

Einsatzgebiet	Material	Preis
		DM/m³
Sauberkeitsschicht unter Fundament	* Kalksteinschotter	40,-
	* Quarzsteinschotter	35,-
Fundamente und Kellerwände	* Natursteinmauer	---
	* Ziegelmauerwerk (mind. 30 cm)	50,-
	* Klinkermauerwerk (mind. 30 cm)	70,-
	* Kalksandstein (mind. 30 cm)	40,-
	* Beton (mind. 30 cm)	40,-
		DM/40 kg
Bindemittel für Beton	* Traßkalk	10,-
	* Traßzement	10,-
	* Zement	9,-
Zuschlagstoffe für Beton	* Kalksteinkies	40,-
	* Ziegelsplitt	50,-
	* Blähton	60,-
	* Quarzsteinkies	35,-
		DM/lfm
Drainageschicht (Stärke 30 cm)	* Lehmpackung und Kies	10,-
	* Quarzsteinschotter	15,-
	* Bitumenwellpappe	9,-
	* Porenbetonstein	18,-
Drainagerohr (DN 100)	* Tonrohr	2,-
	* Kunststoffrohr	3,50
	* Betonrohr	8,50

Einsatzgebiet	Material	Preis
		DM/m²
Sperrschicht außen	* Zementgebundene Dichtungsschlämme (nur bei Mauerwerk)	6,-
	* Kaltbitumenanstrich	4,50
	* Kaltbitumenspachtelung	9,-
Sperrschicht für Mauerwerk	* Bitumenpappe, 500er	4,-
Sperrschicht für Kellerboden	* Bitumendachbahn, 500er	6,50
	* Zementgebundene Dichtungsschlämme	8,-
Putz außen und innen, Keller	* Hydraulischer Kalk	6,-
	* Zementputz (bei Beton)	6,50
Dämmschicht im Keller Basis: 10 cm Dicke, Gruppe 040	* Schilfrohrmatten	28,-
	* Kokosplatten	42,-
	* Korkplatten	38,-
	* Holzwollplatten, magnesitgeb.	45,-
	* Blähton	30,-
	* Perlite	45,-
Dämmschicht außen	* geschlossenzellige Kunststoffplatten	42,-
Bodenbelag im Keller	* Vollziegelplatten in Sandbett	33,-
	* Ziegelplatten in Traßkalk	36,-
	* Traßkalkestrich	14,-
	* Zementestrich	12,-

Tab. 5 Mögliche Materialien für den Kellerbau und ihre Kosten (Stand 1989) Quelle (37)

Betonplatten im Keller gegen Radon

"Vor der Strahlung des radioaktiven Edelgases Radon in Häusern haben Wissenschaftler bei einer internationalen Tagung in Birkenfeld gewarnt. Jeder Hausbesitzer sollte die Radon-Strahlung messen lassen, sagte der Münchner Strahlenforscher Eckhard Krüger am Rande der Tagung "Niedrigdosis Strahlung und Gesundheit". Nur in Häusern mit Betonboden brauchen keine gefährlichen Radon-Strahlungen befürchtet zu werden. Radon gilt als Krankheitsverursacher vor allem für Lungenkrebs.

Erhöhte Radonwerte treten auf bei hohem Uran-Radium-gehalt des Erdbodens, in Gebieten mit früherer Vulkantätigkeit oder durch Verwendung von Schlacke und Bimsstein im Hausbau. Die Radonbelastung kann, so Wissenschaftler auf der Tagung, gesenkt werden, indem vor allem der Kellerboden

mit massiven Betonplatten abgedichtet werde. Außerdem soll viel gelüftet werden.
In einigen Gebieten der Bundesrepublik Deutschland ist die Radon-Belastung nach einer Studie des Biophysikers Gert Keller (Homburg/Saar) überdurchschnittlich hoch. So seien in Wohnungen in Ellweiler/Hunsrück und Döttingen/Eifel Radon-Konzentrationen von teilweise 1000 Becquerel (ein Becquerel = ein Atomzerfall pro Sekunde) pro Kubikmeter gemessen worden. Der Durchschnitt im Bundesgebiet liege bei 40 Becquerel pro Quadratmeter, sagte er. Als Grenzwert gelten bundesweit 250 Becquerel pro Kubikmeter Raumluft. In Ellweiler wies nach Darstellung des Wissenschaftlers sogar jedes zehnte Haus eine Radon-Belastung von mehr als 1000 Becquerel pro Kubikmeter auf. Keller führt diese "Konzentrationen wie im Uranbergwerk" auf den hohen Uran-Radium-Gehalt des Erdbodens sowie auf frühere Vulkantätigkeit in diesem Gebiet zurück.
Der Strahlenforscher Krüger sieht in der Verwendung von Schlacke und Bimsstein beim Hausbau eine zusätzliche Ursache für die Radon-Strahlung. Bei einer Untersuchung in der nicht strahlenbelastete Münchner Ebene seien in mehreren Häusern hohe Radon-Werte entdeckt worden, sagte Krüger. Dies könne nur auf die Baustoffe zurückgeführt werden."
Aus: Frankfurter Rundschau, Dezember 1989

Abb. 56
Alter Keller mit Natursteinboden (Stadtmuseum Gerlingen bei Stuttgart)

3.3.4 Kellerdecke

Die Decke bildet den oberen Abschluß eines Raumes und trägt zur Aussteifung des Baukörpers bei.
Die Kellerdecken der Bürgerhäuser des 17. bis 19. Jahrhunderts wurden, auch aus Brandschutzgründen, zumeist als massive, gewölbte Decken hergestellt, während für die anderen Geschosse Holzbalkendecken üblich waren. Auch heute sind nach der Bundesbauordnung die tragenden Teile

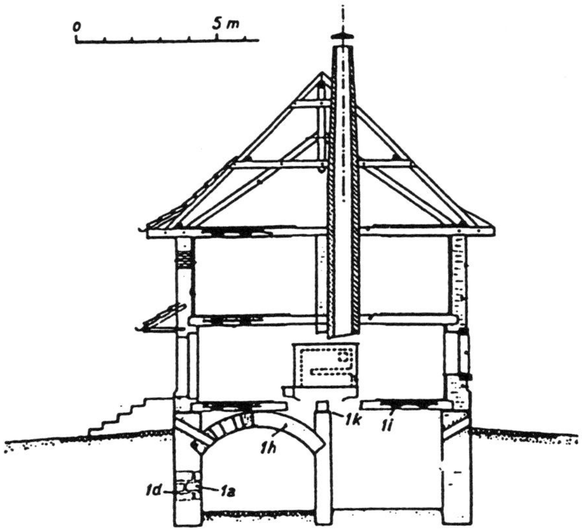

Der ältere Massivbau

Diese Abbildung zeigt schematisch einen Wohnbau für normale bürgerliche Verhältnisse, wie man ihn vor 100 und 200 Jahren erstellte und wie er auch heute noch anzutreffen ist:

1 a Die Keller-Außenwände sind aus Kalkquadern gemauert und haben rund 1 m Dicke.

1 b Die Parterre-Wände sind ebenfalls in Kalkquadern oder auch in roten Ziegelsteinen gemauert und sind etwa 70 bis 75 cm stark.

1 c Die Wände im ersten Stock sind meist in roten Ziegelsteinen erstellt und haben 55 cm bis hinab zu 40 cm Dicke.

1 d Als Mörtel für das Vermauern der Kalkquader und Ziegelsteine kam durchweg eine Mischung von Kalk, Weißkalk, Tuffmehl (Süßwasserkalk) und etwas Sand zur Verwendung.

1 h Der Weinkeller wurde damals gewölbt und in Kalkquadern gemauert. Der Boden wurde, der schweren Fässer wegen, mit einer Steinpflasterung versehen.

1 i Der Kartoffel- und Gemüsekeller erhielt in der Regel eine Decke aus Rundhölzern mit einem schweren Blindboden, Schieb- oder Schrägboden. Der Naturboden blieb erhalten oder bekam einen Stampflehmbelag.

1 k In der Übergangszone von der Kellermauer zum Holzwerk des Erdgeschosses finden wir immer eine gute, dicke und fette Dachpappelage durchgezogen, um eventuell aufsteigende Feuchtigkeit vom Holzwerk und vom oberen Bau fernzuhalten.

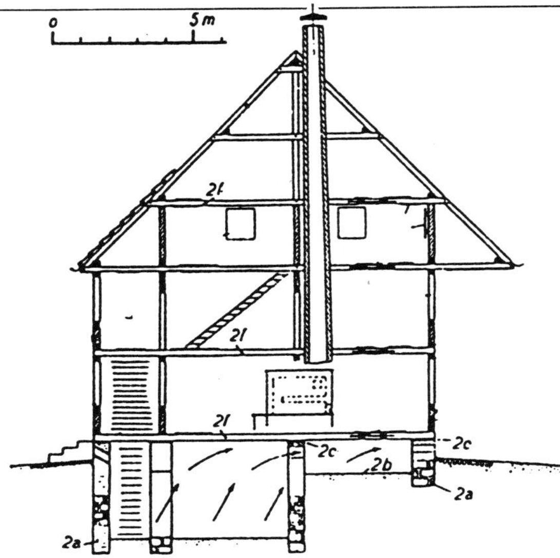

Der ältere Leichtbau

In früheren Zeiten baute man je nach Landesgegend auch anders und hatte das Bestreben, leichtere und billigere Wohnstätten zu errichten. Für ländliche Verhältnisse wie auch für Gebirgsgegenden und sogar Städte erhielt der Holzbau große Bedeutung. In gewissen Gegenden kam mehr der Riegelbau oder Fachwerkbau zur Geltung. Die Abbildung zeigt einen solchen Riegelbau mit äußerer Schindelabdeckung, wie sie sich an Bauten, die sehr dem Wind und Wetter ausgesetzt sind, seit Jahrhunderten bewährt hat.

2 a Die Kellerwände bestehen aus Kalkquadern oder sonstigen Felsgesteinen und sind 60 - 80 cm stark. Dieses alte Mauerwerk ist natürlich mit Kalk gemauert.

2 b Aus Sparsamkeitsgründen wurden nicht alle Kellerräume ausgehoben, aber man ließ dennoch genügend Raum für Luftzirkulation, so daß das Gebälk und der Blindboden der Parterreräume gegen Feuchtigkeit, muffige Luft usw. geschützt waren. Solche Lufträume müssen soweit zugänglich sein, daß man immer kontrollieren kann, ob sich darin etwa Wasser ansammelt, sich am Holz Pilze ansetzen, usw. Die Luft muß im Sommer und Winter zirkulieren können.

2 c In der Übergangszone vom Kellermauerwerk zum Holzwerk des Parterres finden wir auch hier eine gute, dicke und fette Dachpappe- oder Bitumenlage als Schutz gegen eventuell aufsteigende Feuchtigkeit und als Trennschicht beim Materialübergang von Stein zu Holz.

Abb. 58 Quelle (44)

von Decken über dem Kellergeschoß grundsätzlich nichtbrennbar auszuführen, wobei Ausnahmen jedoch möglich sind.
Ein weiterer Grund für die Ausführung der Kellerdecke als Massivdecke lag darin, daß bei der Lage der Decke unterhalb oder nur etwas oberhalb des Geländeniveaus mit dem Auftreten von Nässe zu rechnen war, zumal die Kellerdecke ja in der Regel Räume mit unterschiedlichen Innentemperaturen trennt. Durch die Temperaturdifferenzen zwischen beheiztem Erdgeschoß und kühlem Kellergeschoß kommt es leicht zu Schwitzwasser, das sich an der Decke niederschlägt. Obendrein kann im Sommer bei warmer Witterung an den kühlen Wänden leicht Tauwasser entstehen, wenn durch Lüftung feuchte, warme Luft in den Keller eindringt. Eine Holzbalkendecke ist dadurch prinzipiell schadensanfälliger (Schimmelpilze, Hausschwammgefahr) als eine Massivdecke. Dennoch gab es auch früher Gebäude, bei denen die Decken über dem Vorratskeller in Holz als tragender Konstruktion ausgeführt waren (Abb. 58).
Bei Freilandkellern ist die Entscheidung zugunsten einer Holzbalkendecke auch darin begründet, daß sie einfach und preiswert selbst zu bauen ist (vgl. Baubeschreibung in Kap. 5.2).
Bei überbauten Naturkellern sind Massivdecken, am besten aus gut feuchtigkeitsspeichernden und -abgebenden Ziegelsteinen vorzuziehen.

Gewölbedecken sind die älteste Form massiver Decken. Sie bilden zusammen mit den Gebäudemauern ein festes Gefüge (Abb. 59 und 60). Der Umgang mit Gewölben erfordert allerdings einiges an Erfahrung und Verständnis für die statischen Verhältnisse, denn sie sind nur für die Aufnahme

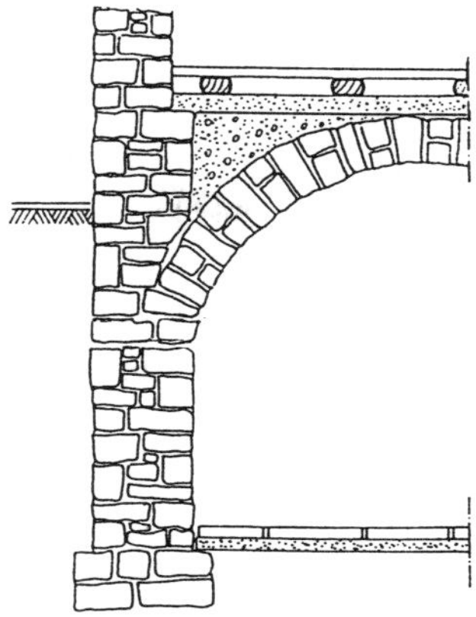

Abb. 59
Alter Gewölbekeller aus Bruchsteinen ohne Sperrschichten gegen Feuchtigkeit im aufgehenden Mauerwerk

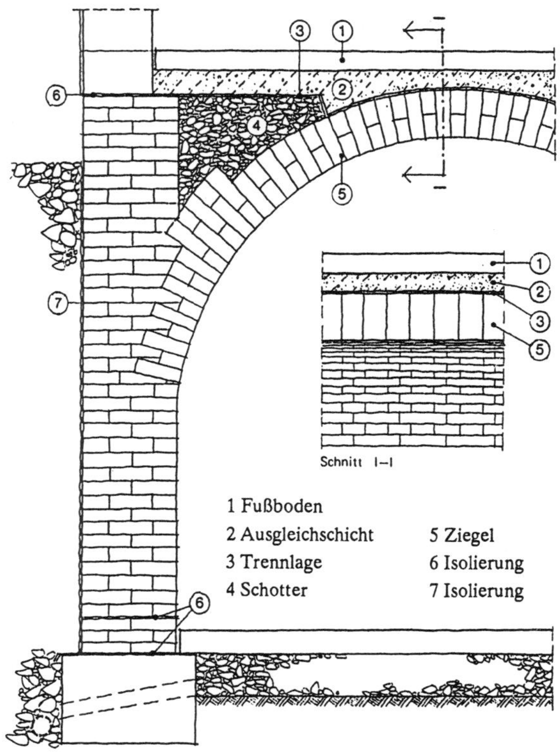

Abb. 60
Gewölbekeller aus Ziegelsteinen. Mit waagerechten Sperrschichten im aufgehenden Mauerwerk, senkrechter Wandabdichtung und Dränage Quelle (45)

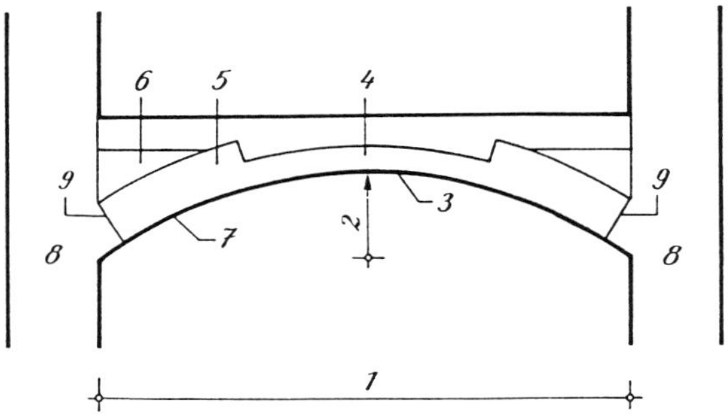

Benennung von Gewölbeteilen:
1 Spannweite; 2 Pfeil, Pfeilhöhe, Stich; 3 Scheitel; 4 Rücken;
5 Verstärkung; 6 Zwickel; 7 Leibung; 8 Widerlager; 9 Kämpferfuge

Tonnengewölbe
1 halbkreisförmiges Tonnengewölbe; 2 segmentförmiges, sogenanntes gedrücktes Tonnengewölbe; 3 preußische Kappe; 4 Wölblinie

Abb. 61 Quelle (46)

von Druckkräften ausgelegt. Hauskeller erhielten als Decke meist ein Gewölbe mit zylindrischer Wölbfläche (Tonnengewölbe) bzw. ein Kappengewölbe, das eine bessere Ausnutzung der Raumhöhe zuließ (Abb. 61). Zum Bau dieser flachen Gewölbedecken, die durch Träger in kleine Bögen unterteilt waren, wurden Voll- oder Hohlziegel, Schwemmsteine und andere poröse Steine verwendet. Auch heute werden gewölbte Kappendecken gerne für den Bau von Naturkellern eingesetzt (vgl. Abb. 62 und die Baubeschreibungen in Kap. 5.1 und 5.5).

»Die einzelnen Bögen dieser Decke sollten aus statischen Gründen eine Spannweite von 1,5 m nicht überschreiten. Das Grundkonzept besteht aus statisch bemessenen Stahlträgern, welche auf die tragenden Wände gelegt werden. Zwischen ihnen wird eine gewölbte Holzschalung eingebaut und darauf erfolgt die Vermauerung von 11^5 cm Vollziegelmauerwerk. Das Widerlager des Bogenmauerwerkes ist die Innenkante des Auflagermauerwerkes, welches abzuschrägen ist (Abb. 63).
Die Fixierung des Steines am Bogenscheitel dient der Festlegung der Bogenhälften und der keilförmigen Mörtelfugen.

Die Kellerdecke

"Die Kellerdecke ist mehr für das ganze Haus wichtig, aber auch als harmonischer Gegenpol zum Kellerboden. Wie es seit Jahrtausenden erprobt ist, kann die Decke aus kräftigen Balken (25 x 25-30, bis zum Verhältnis 3 : 5) bestehen. Sie müssen mit Holzteer gut heiß imprägniert werden vor dem Einbau und an ihrem Auflager, das über Bodenniveau liegen soll, rund herum gegen das Mauerwerk mit einer asphaltierten Zwischenlage gegen Nässe isoliert sein. .... Es kann auch eine Ziegelsteindecke gewählt werden. Diese besteht aus schmalen, aber stabilen mit Eisen armierten Betonbalken, zwischen denen mittragende Spezialziegel liegen, Hourdis genannt. Die Balken tragen unterseitig Ziegelschuhe. Diese Balken sollen in Nordsüdrichtung liegen, wie sich auch natürlicherweise die Magnetnadel legt. Also nicht quer zu diesem Lebensstrom der Erde legen! Eine Abweichung bis ca. 15 Grad von der Richtung der örtlichen Magnetnadel (!) ist unbedenklich.
Die Kellerdecke sollte mit ihrer Unterseite nicht hoch über der Erdgleiche liegen, da sonst Unruhe in den Keller kommt und der Keller den Übertage-Charakter erhält, der nicht kellergerecht ist." *Quelle (39)*

Für die Festigkeit des Mauerverbandes ist Mörtel der Gruppe 3 (ein Anteil Zement, vier Anteile Sand) notwendig. Sofort nach Vermauerung des letzten Steines kann die Holzschalung entfernt und für den nächsten Bogen aufgebaut werden. Autoritäre Poliere vergangener Zeit verlangten dann vom Maurer, sich auf die Gewölbespitze zu stellen, um die Tragfähigkeit seines Mauerwerkes unter Beweis zu stellen.« (24)

Nicht ganz so stilvoll, aber in der Regel preiswerter als Gewölbedecken sind *ebene Massivdecken*. Die große Zahl der möglichen Formen kann in zwei Gruppen unterteilt werden, in Platten- bzw. Balkendecken. Zu den Plattendecken gehört z.B. die sehr verbreitete Stahlbetondecke. Als Decke für einen Naturkeller besser geeignet sind allerdings Balkendecken mit gut feuchtigkeitsausgleichender Ziegelfüllung, wobei die Balken, die die Last auf die Wände übertragen, aus stahlarmierten Betonträgern oder aus Profilstahlträgern bestehen. Die Zwischenräume können mit Ziegelhohlsteinen oder -platten ausgefüllt werden (Abb. 64). Die Deckenunterseite im Keller kann roh bleiben oder einen Sumpfkalkmörtelputz bzw. einen Anstrich aus Sumpfkalk zur Desinfektion erhalten. Ziegeldecken sind in verschiedenen Ausführungen möglich und für Verkehrslasten bis zu 500 kp/m² zulässig.

Wärmedämmung: Damit der kühle Keller nicht Kälte in den darüberliegenden Wohnbereich bringt und damit - umgekehrt - nicht Wärme aus dem geheizten Erdgeschoß in den Kellerraum eindringt, muß die Decke wärmegedämmt werden. Durch einen ausreichenden Wärmeschutz wird außerdem vermieden, daß sich im Sommer Kondenswasser unter der Decke bildet. Bei den alten Gebäuden, in denen die Kellerdecke als Gewölbe oder als Kappendecke ausgeführt

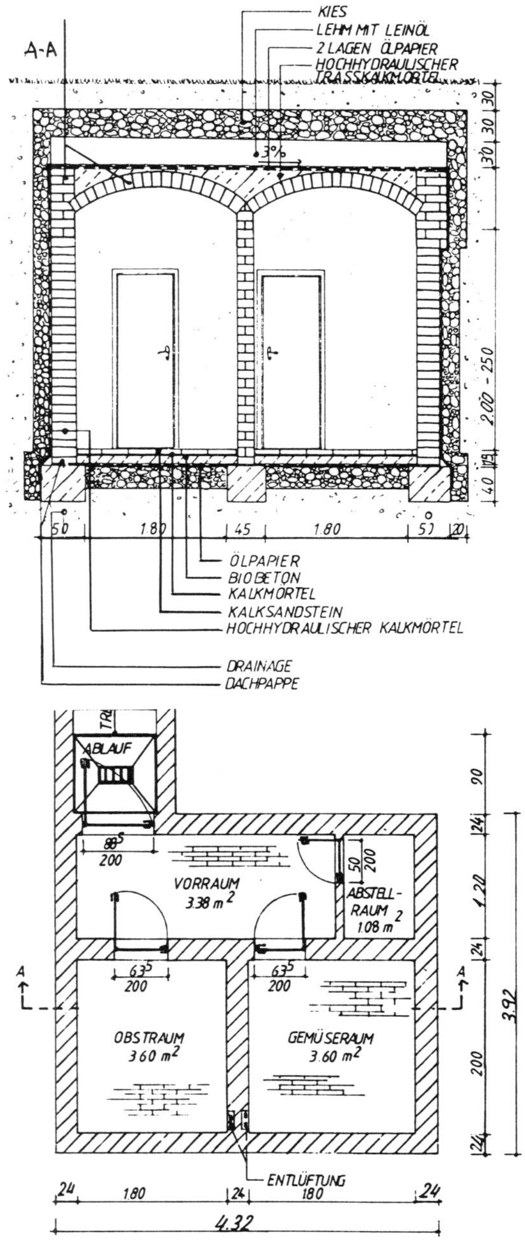

Abb. 62
Grundriß und Schnitt eines Obst- und Gemüsekellers

Quelle (47)

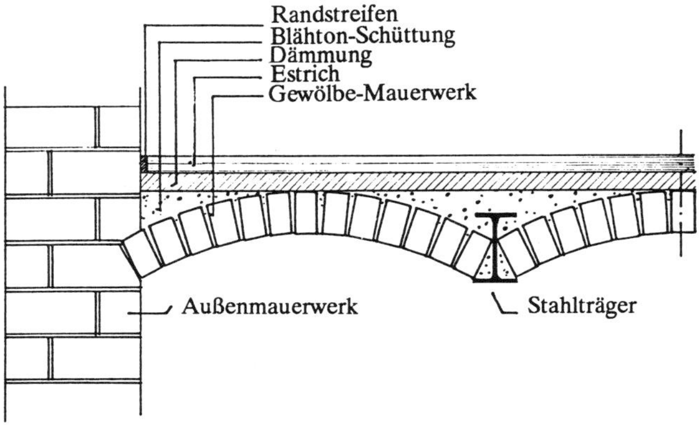

Abb. 63
Zum Wohnbereich wärmegedämmte Gewölbedecke

Quelle (24)

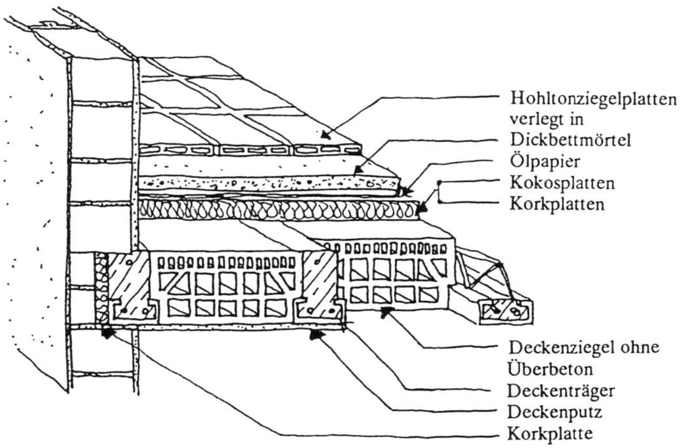

Abb. 64
Ziegelhohlkörperdecke

Quelle (37)

war, wurde die Wärmedämmung fast ausschließlich von der Sand- oder Schlackenfüllung erbracht. Diese Decken er reichten höchstens einen k-Wert von 0,7 - 0,9 W/m²K (25). Kellerdecken aus Ortbeton oder Decken aus Ziegel- oder Bimsbeton-Hohlkörpern wurden bevorzugt in diesem Jahrhundert eingebaut. Ihr k-Wert liegt im Vergleich zu den älteren Deckenkonstruktionen etwas höher, die Dämmfähigkeit dieser Decken ist also schlechter.

Heute schreibt die Wärmeschutzverordnung für Kellerdekken von Neubauten einen Wärmedurchgangskoeffizienten $k \leq 0{,}55\ W/m^2\ K$ vor, bei der baulichen Änderung bestehender Gebäude ist $k \leq 0{,}70\ W/m^2\ K$ gefordert (vgl. Seite 59: Was ist ein k-Wert?). Bei der nachträglichen Dämmung von Kellerdecken sollte die Dämmstoffdicke (Dämmstoffgruppe 040) mindestens 4 cm betragen (Tab. 6), bei neugebauten Massivdecken ist eine Dämmschicht von mindestens 8 cm sinnvoll. Als Dämmstoffe geeignet sind z. B. Holzwolleleichtbauplatten, Kork, Mineralfasern, und (weniger umweltfreundlich) Schaumkunststoffe. Die Platten können unter der Decke direkt angeklebt, bzw. gedübelt oder mit einer Lattenkonstruktion befestigt werden. Bei der kellerseitigen Wärmedämmung geht allerdings für den Naturkeller die massive Decke als Feuchtigkeitsspeicher verloren. Dampfsperren sind in der Regel nicht notwendig, da der Dämmstoff auf der *kalten* Seite der Decke angebracht ist.

Generell ist es allerdings günstiger, wenn die Wärmedämmschicht nicht an der unteren Seite der Kellerdecke angebracht ist, sondern über der Tragdecke, denn bei der Zusatzdämmung unter der Decke wird es nicht ausbleiben, daß durch die ungedämmten Ränder der Kellerdecke Wärmebrücken im Bereich der Wandauflager entstehen (Abb. 65). Bei Neubauten wird deshalb die Wärmedämmschicht über der Rohdecke angeordnet und dort, wo die Decke in die Wand einbindet ebenfalls gedämmt (siehe Abb. 64). Es ist zu beachten, daß die Dämmung bei einer Dicke von

Was ist ein k-Wert?

Das Wärme- oder Kälteschutzvermögen eines Raumes ist abhängig von der Dimensionierung und der Wärmedämmfähigkeit der raumumschließenden Bauteile. Die Wärmedämmfähigkeit ist das Vermögen eines Baustoffes, den Durchgang von Wärme (oder Kälte) von der einen zur anderen Seite einzuschränken. Der Wärmedurchgang durch die den Raum umschließenden Wände und Decken und damit der Wärmeeinfall, ist in erster Linie von der Wärmeleitfähigkeit der verwendeten Bau- und Isolierstoffe und deren Stärke abhängig. Die Wärmeleitzahl k eines Stoffes gibt an, welche Wärmemenge (gemessen in Watt) in einer Stunde durch eine 1 m² große Fläche eines Baustoffes von 1 m Dicke hindurchgeht, wenn das Temperaturgefälle in Richtung des Wärmestromes 1 Kelvin (= 1°C) beträgt. Je kleiner die Wärmeleitfähigkeit eines Stoffes ist, desto besser ist sein Dämmvermögen. In der folgenden Tabelle sind für die wichtigsten Bau- und Wärmedämmstoffe die Wärmeleitzahlen aufgeführt.

Der Wärmedurchgangskoeffizient k (in W/m²K) gibt nun den Wärmestrom an, der durch 1 m² eines Bauteils mit gegebener Dicke hindurchfließt, wenn die Temperaturdifferenz der angrenzenden Luftschichten 1 K beträgt. Der k-Wert ist also außer von der Art des Baustoffes (bzw. seiner Wärmeleitzahl) auch von dessen Schichtdicke abhängig. Bei mehrschichtigen Bauteilen müssen die einzelnen Schichten entsprechend ihrer Dicke berücksichtigt werden. Sind die k-Werte der einzelnen Bauteile und die zugehörigen Flächen ermittelt und die Temperaturdifferenzen zwischen innen und außen bekannt, können die Wärme- bzw. Kälteströme in bzw. aus dem Kellerraum ermittelt werden.

Materialkennwerte Material	ρ kg/m³	λ W/mK	c Wh/kg K
Bindiger Boden, naturfeucht		2,1	
Sand, Kies	1800-2000	0,7	0,222
Massivlehm	1800	0,9	0,277
Strohlehm	1200	0,59	0,277
Sandstein	2400	2,1	0,258
Ziegel 1,2	1200	0,50	0,255
Ziegel 1,4	1400	0,58	0,255
Ziegel 1,8	1800	0,81	0,255
Ziegelhourdis	750	0,43	0,255
Ziegelsplittbeton	1600	0,87	0,255
Stahlbeton	2500	2,10	0,267
Ziegelgewölbe	1800	0,81	0,255
Ziegelfertigdecke	1440	0,72	0,264
Stahlbetondecke	2400	2,1	0,277

Materialkennwerte Material	ρ kg/m³	λ W/mK	c Wh/kg K
Holzweichfaserplatte	250	0,05	0,500
Holzwolleleichtbaupl.	400	0,093	0,530
Schilfrohr	225	0,055	0,333
Korkplatten	80	0,045	0,444
Schaumglas	120	0,045	0,305
Polystyrol, extrud.	30	0,034	0,416
PU-Hartschaum	30-80	0,030-	0,416
Mineralwolle	100	0,040	0,222
Blähperlite	90	0,055	0,278
Blähton	500	0,12-	0,250
stehende Luftschicht		0,27	

ρ = spez. Dichte, λ = Wärmeleitfähigkeit,
c = spez. Wärmespeicherkapazität

Aufbau der Kellerdecke	Dämmschichtdicke cm	Mittlerer k-Wert W/m²K	Mindest-k-Wert DIN 4108 W/m²K
Beton-Kappendecke zwischen I-Trägern, zusätzliche Dämmung auf der Unterseite	0	1,59	0,81
	5	0,53	
	7	0,43	
	10	0,32	
Stahlbetonplatte, zusätzliche Dämmung auf der Unterseite	0	1,39	0,81
	5	0,51	
	7	0,41	
	10	0,31	

Tab. 6
Verbesserung des Wärmeschutzes bei Kellerdecken

8 cm in 2 Lagen verlegt wird, wobei die obere Lage eine ausreichende Druckfestigkeit aufweisen sollte, damit in den darüberliegenden Schichten keine Risse entstehen. Zugleich übernimmt die obere Lage den Trittschallschutz.

3.3.5 Dachkonstruktionen für Freilandkeller

Während die Decken von Kellerräumen unter beheizten Räumen wie beschrieben mindestens nach der Wärmeschutzverordnung gedämmt sein sollten, gibt es für Freilandkeller keine Vorschriften. Wird der Freilandkeller nicht mit einem unbeheizten Nebengebäude wie z.B. Scheune, Garage oder Werkstatt überbaut, müssen hier, anders als bei der Kellerdecke, zudem noch Maßnahmen zur Abdichtung und gegen die unerwünschte Erwärmung bzw. Ab-

Abb. 65
Wärmebrücken
Quelle (7)

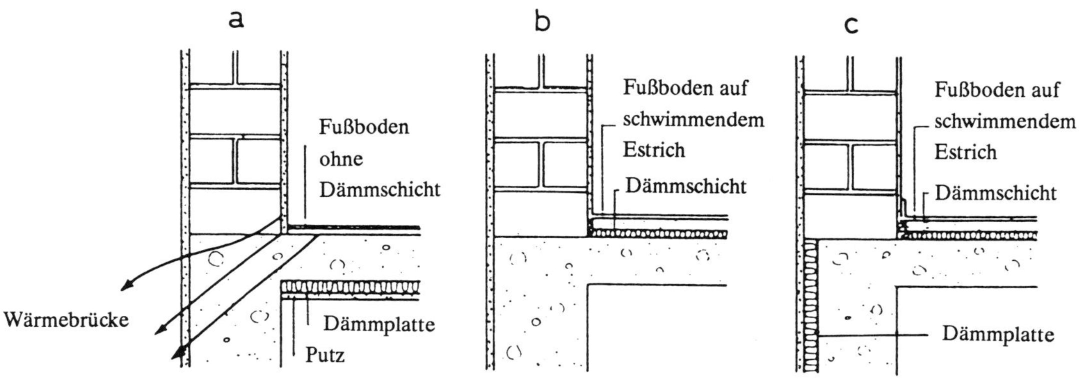

Massivbetonplatten als Kellerdecken
a: untenliegende Dämmschicht: Wärmebrückenwirkung an Decke und Wand in Bodennähe
b: obenliegende Dämmschicht: nur bei extrem tiefen Temperaturen geringe Wärmebrückenwirkung
c: obenliegende Dämmschicht und Dämmplatte außenseitig am Betonsockel: keine Wärmebrückenwirkung

kühlung der Decke durch den Einfluß der Außenwitterung getroffen werden. Die Abbildungen 66 bis 69 zeigen einige bewährte Ausführungen von Freilandkellern. Bei den Beispielen aus Finnland ist zu sehen, wie sorgfältig dort auf eine gute Wärmedämmschicht der Decke geachtet wird.

Als Dach für Freilandkeller können alle üblichen Dachkonstruktionen und Eindeckungsmaterialien verwendet werden, wenn auf eine ausreichende Wärmedämmung der Kellerdecke nach außen geachtet wird. Besonders gut geeignet und zudem optisch reizvoll ist ein Erdhügel- oder Grasdach (siehe Umschlagfoto). Daher wird im folgenden verstärkt auf diese Konstruktion eingegangen.

Das Grasdach hat durch seine Erdschicht und durch die in den Pflanzen enthaltene Feuchtigkeit eine hohe Wärmespeicherkapazität und wirkt dadurch klimaausgleichend. So wurden auf unbegrünten Dachflächen bei starker Sonneneinstrahlung Temperaturen bis 50°C gemessen, während die Temperatur unter der Dachvegetation eines Grasdaches zwischen 15 und 20°C blieb (Abb. 70).

Dachtragwerk

Als tragende Konstruktion für ein Grasdach werden in der Regel flachgeneigte Sparren-, Pfetten- oder Pultdächer gewählt (Abb. 71). Ausführungen mit gewölbter Decke sind natürlich auch möglich (siehe Abb. 62). Zu bedenken ist, daß die Dachkonstruktion statisch so bemessen werden muß, daß sie außer der schweren Erdschicht auch noch Schneelasten, Verkehrslasten usw. auffangen kann. Das traditionelle skandinavische Grasdach hatte z.B. ein Eigengewicht von über 250 kg/m² (29). Es bestand aus dem dachtragenden Dachstuhl und der darauf befestigten Dachschalung aus unbesäumten Bretterbohlen mit aufliegenden Birkenschindeln als Feuchtigkeitsschutz und einer etwa 20

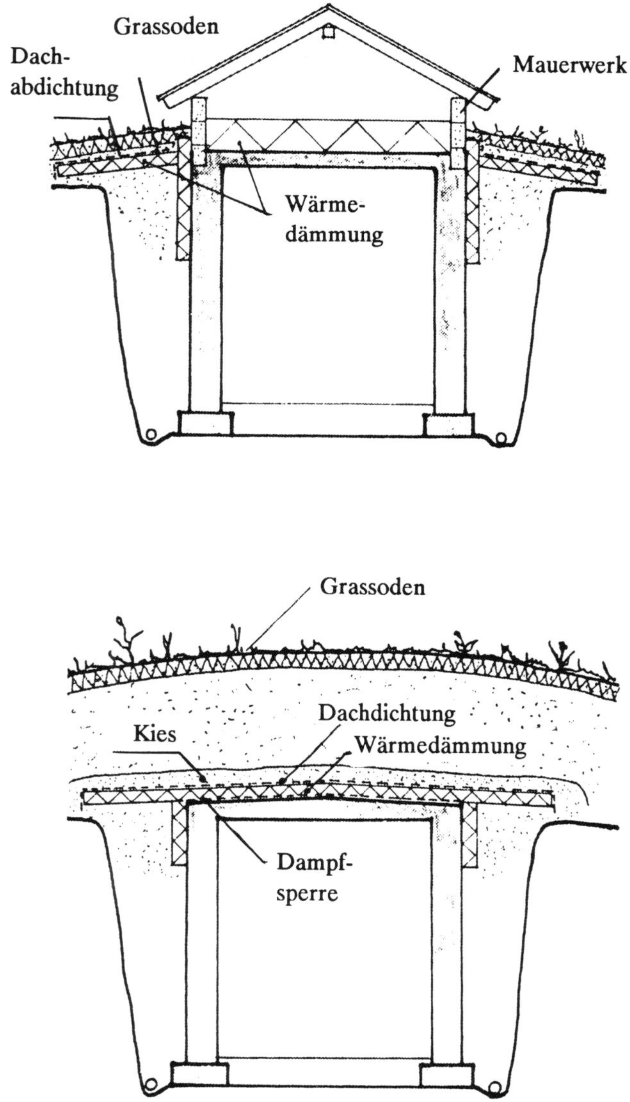

Abb. 66
Finnische Freilandkeller aus Beton, sorgfältig wärmegedämmt
Quelle (49)

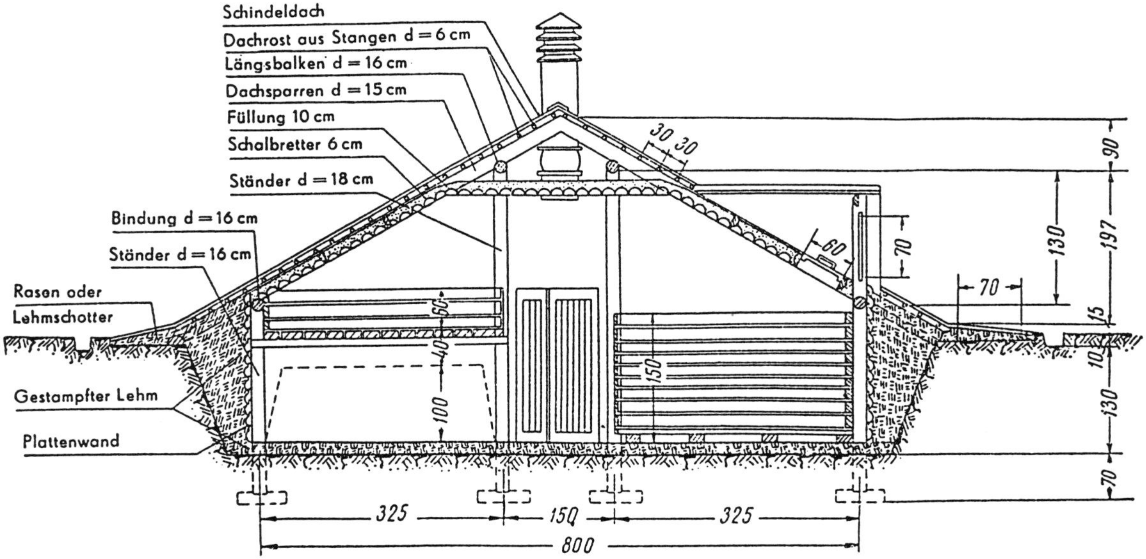

Abb. 67
Querschnitt eines Großspeichers für Kartoffeln und Wurzelgemüse (UDSSR)
Quelle (5)

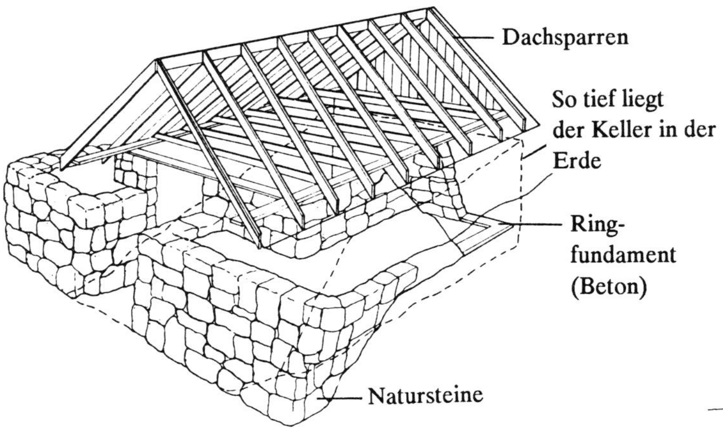

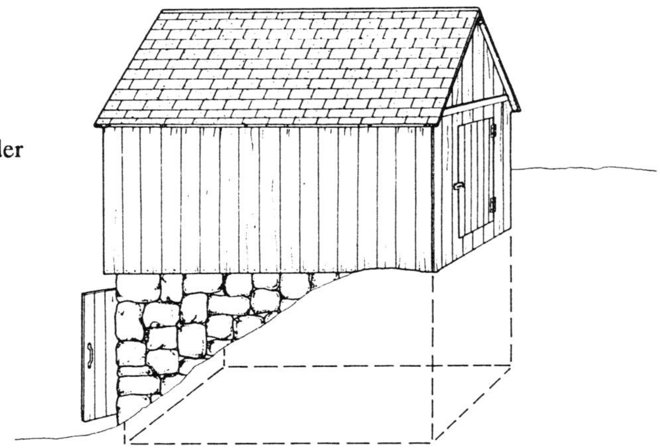

Abb. 68
Natursteinkeller mit Sparrendach (USA) Quelle (12)

Abb. 69
Natursteinkeller unter einer kleinen Scheune (USA) Quelle (12)

cm dicken Grassodenschicht (Abb. 72). Die Flächenbelastung läßt sich reduzieren, wenn die Grassodenschicht nicht so dick gewählt wird, oder - noch wirksamer - wenn statt Erde spezielle Dachsubstrate z.B. aus Rindenschrot, Tongranulaten und Lava usw. eingesetzt werden. Je dünner und leichter die Vegetationsschicht auf dem Dach allerdings ist, umso weniger gut ist auch ihre klimaausgleichende Funktion. Deshalb ist es in der Regel günstiger, die Dachtragkonstruktion so stabil auszuwählen, daß sie eine 20 bis 30 cm dicke Vegetationsschicht (also eine ständige Last zwischen 250 und 500 kp/m^2, je nach Aufbau) gefahrlos aufnehmen kann (Tab. 7). Als Richtwert kann z.B. bei einer (schon gewichtsreduzierten) Mischung aus 40 Vol.-% Gartenerde, 40 Vol.-% Sand 0/2 und 20 Vol.-% Rindenkompost ein Gewicht von 14 bis 18 kg/m^2 je cm Dicke angenommen werden (26).
Die Mindestneigung der Dachfläche sollte 5° betragen, die maximale Dachneigung nicht mehr als 45°. Ist das Dach zu flach, kann Regenwasser nicht schnell genug abfließen, ist es zu steil, rutscht die Grassodenschicht zu leicht ab.
Übersteigt die Dachneigung ca. 20°, ist es sinnvoll, zusätzliche Stützkonstruktionen für die Grassoden anzubringen. Dazu kann z.B. ein Lattengerüst lose über den Dachfirst gehängt werden, das die Soden am Abrutschen hindert. Die Dachlatten, nicht imprägniert, verrotten zwar mit der Zeit, bis dahin halten sich die Grassoden durch ihre Durchwurzelung jedoch von selbst.

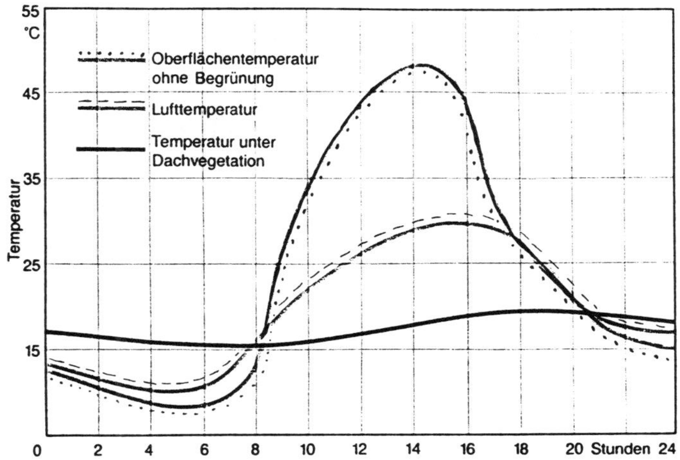

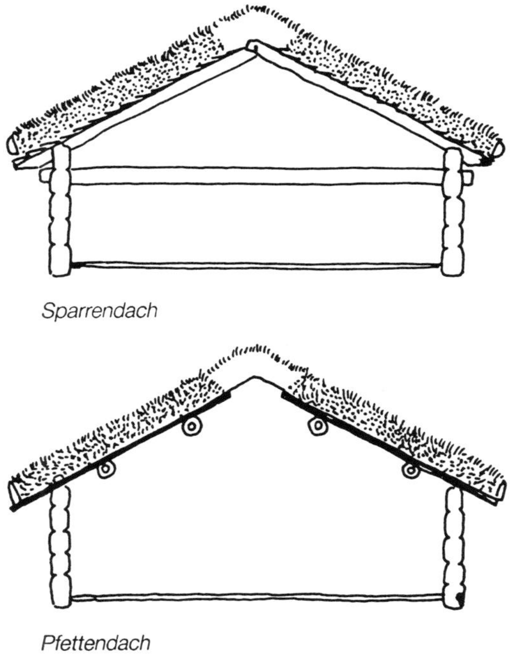

Abb. 70 oben
Temperaturen begrünter und unbegrünter Dachoberflächen
Quelle (26)

Abb. 71 unten
Sparrendach und Pfettendach

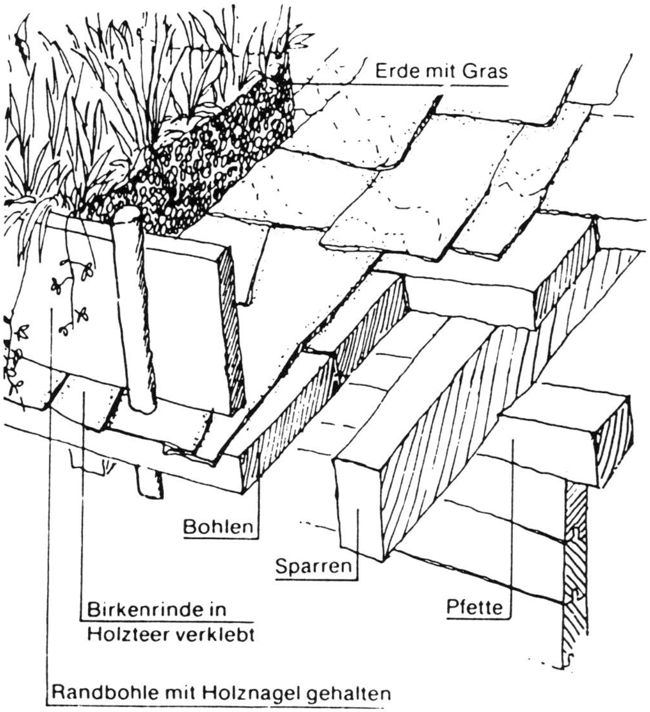

Abb. 72
Aufbau eines traditionellen Grasdaches (Skandinavien)
Quelle (50)

Dachaufbau

Grundsächlich werden zwei Dachaufbauten unterschieden und zwar das einschalige, unbelüftete Warmdach und das zweischalige, belüftete Kaltdach (Abb. 73).

Beim *Warmdach* ist die Dachhaut in direktem Kontakt mit der Wärmedämmung. Um Kondensationserscheinungen in der Wärmedämmung zu verhindern, ist deshalb in der Regel eine Dampfsperre nötig.
Abb. 74 zeigt ein Warmdach (Flachdach) mit Vegetationsschicht. Bei Dächern mit geringer Dachneigung wie dem Flachdach, ist es wichtig, Dränschichten etc. für eine zuverlässige Wasserableitung vorzusehen.

Der übliche Warmdachaufbau besteht aus der

- Tragkonstruktion (Betondecke, Sparrenlage mit Holzschalung usw.)
- Trenn- und Ausgleichsschicht
- Dampfsperre
- Wärmedämmschicht
- Dampfdruckausgleichsschicht oder Trennschicht
- Dachdichtung und Wurzelschutzschicht
- Vegetationsschicht und Begrünung

Wie zu ersehen ist, haben Warmdächer einen aus vielen Schichten bestehenden Aufbau, die sorgfältig zu verlegen sind, soll es nicht zu Feuchteschäden kommen. Ein weiterer Nachteil ist, daß die Dachdichtung in jedem Falle auch Schutz gegen Durchwurzelung bieten muß, was mit Bitumenpappe nicht erreicht werden kann.

Eine einfachere Variante des Warmdaches, die sich für erdumhüllte Freilandkeller eignet, ist das *Umkehrdach* (Abb. 75). Hier sind die Schichten reduziert, die Dachdämmung wird über der Dachdichtung verlegt. Der Schichtaufbau von innen nach außen:

- Tragkonstruktion (Betondecke, Sparrenlage mit Holzschalung)
- Dachdichtung
- Wärmedämmschicht
- Vegetationsschicht und Begrünung.

Bei sehr flachen Dachneigungen ist es auch hier sinnvoll, oberhalb der Wärmedämmschicht zusätzlich eine Dränschicht (mindestens 3 bis 5 cm) aus Kies oder, leichter, Tongranulat, einzubringen, um Staunässe zu vermeiden. Ein Filtervlies (Kokosfilz, Geovlies usw.) zwischen Dränschicht und Erdsubstrat bzw. zwischen Erdsubstrat und Dämmplatten verhindert, daß feine Erdteile eingeschwemmt werden. Bei dieser Konstruktion sind als Dämmstoff nur feuchtigkeitsunempfindliche, formbeständige und unverrottbare Platten geeignet, die recht teuer (Schaumglas) oder nicht sehr umweltfreundlich sind (geschlossenzellige, möglichst ohne FCKW geschäumte Polystyrol-Hartschaumplatten).

Wie aus Abbildung 73 zu ersehen ist, liegt beim *Kaltdach* zwischen Dämm- und Dichtungsschicht ein Luftraum, der an den Dachrändern von außen be- und entlüftet wird. Durch

Baustoff/ Vegetationsschicht	Flächenbelastung je cm Schichtdicke kp/m²	kN/m²
Oberboden	16 - 20	0,16 - 0,20
Sande	20 - 22	0,20 - 0,22
Kiessande	20 - 22	0,20 - 0,22
Kiese	16 - 18	0,16 - 0,18
Lava-Sande	20 - 21	0,20 - 0,21
Lava-Kiessande	18 - 19	0,18 - 0,19
Lava-Kiese	12 - 13	0,12 - 0,13
Bims-Sande	8 - 10	0,08 - 0,10
Bims-Kiessande	7 - 11	0,07 - 0,11
Bims-Kiese	7 - 8	0,07 - 0,08
Blähton-Sande	11 - 13	0,11 - 0,13
Blähton-Kiese	5 - 10	0,05 - 0,10
Rindenkompost	11 - 12	0,11 - 0,12
Einheitserde	6 - 8	0,06 - 0,08
Verbesserter Oberboden (Oberbodenanteil ca. 50 Vol-%)	13 - 15	0,13 - 0,15
Rasen (regennaß)	5	0,05
Niedrige Stauden und Gehölze (belaubt)	10	0,10

Tab. 7 (oben)
Flächenbelastung durch Baustoffe und durch Vegetation
Quelle (51)

Abb. 73 (unten)
Warm- und Kaltdach
Quelle (7)

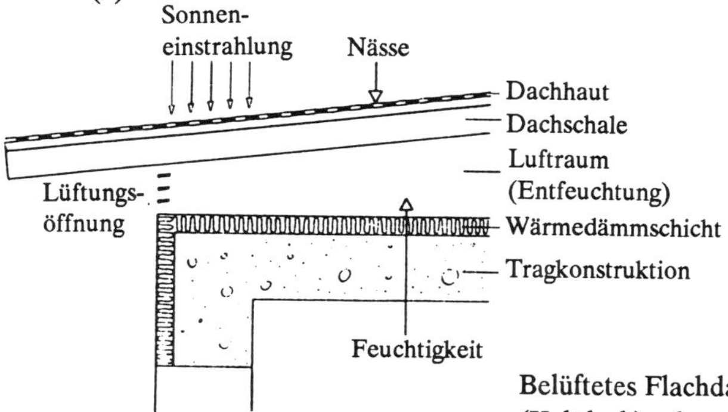

Belüftetes Flachdach (Kaltdach) schematisch

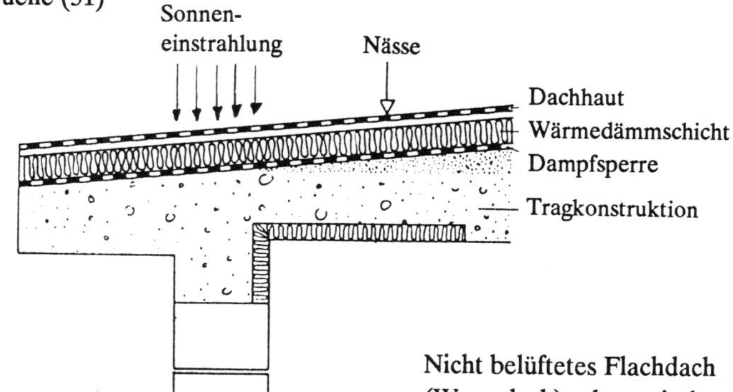

Nicht belüftetes Flachdach (Warmdach) schematisch

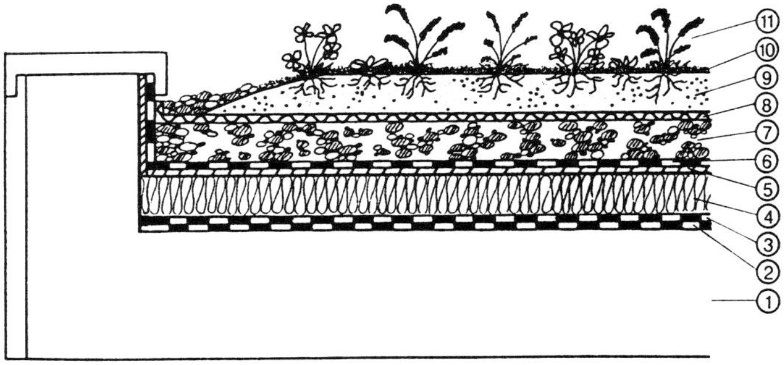

1. Tragkonstruktion
2. Trennschicht
3. Dampfsperre
4. Wärmedämmung
5. Dachdichtung
6. Wurzelschutz
7. Dränschicht
8. Filterschicht
9. Vegetationsschicht
10. Abdeckung
11. Vegetation

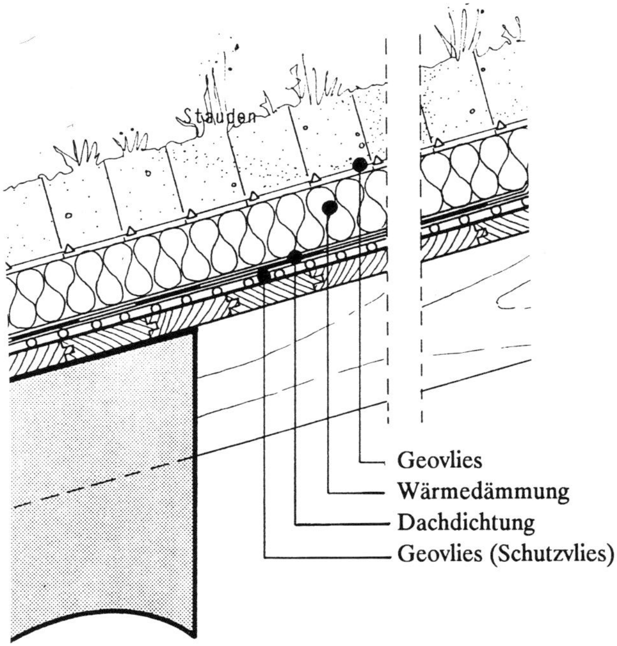

diese Luftzirkulation wird der diffundierende Wasserdampf in der Wärmedämmung abgeführt:

Aufbau des Kaltdaches mit Begrünung :

- Tragkonstruktion (Betondecke, Sparrenlage mit Holzschalung)
- Wärmedämmung
- Luftschicht
- Holzschalung
- Dachabdichtung
- Vegetationsschicht und Begrünung

Da bei dem hinterlüfteten Dach die Wärmedämmschicht nicht auf Druck beansprucht wird, sind dampfdurchlässige Dämmstoffe der Klasse W (nicht druckbeansprucht) z.B. aus Mineralwolle, Kokoswolle usw. einsetzbar. So kann Wasserdampf auch von unten durch die Dachschalung und durch den (diffusionsfähigen) Dämmstoff hindurch in der darüberliegenden Luftschicht nach draußen abgeführt werden.
Das Kaltdach ist bauphysikalisch unproblematischer als das Warmdach, wenn sichergestellt wird, daß der belüftete Zwischenraum ausreichend groß gewählt wird (in der Regel mindestens 4 cm an jeder Stelle). Im Dachraum sind deshalb an zwei gegenüberliegenden Dachseiten Öffnungen (zur Seite oder nach oben) anzubringen, die einen freien Lüftungsquerschnitt gewährleisten. Als Dachabdichtung kann auf spezielle Wurzelschutzbahnen verzichtet werden, wenn bei Durchwurzelung der Abdichtung die eindringende Feuchtigkeit im Luftzwischenraum abgeführt werden kann (siehe unten).

Abb. 74 (links oben) Schema Gründach (Warmdach) Quelle (26)

Abb. 75 (links) Gründach als Umkehrdach Quelle (29)

Dachdichtung

Beim traditionellen Grasdach wurden zum Schutz vor durchsickernder Feuchtigkeit bis zu 16 Lagen (!) getrockeneter, flacher Birkenrinde als Abdichtung unter der Sodenschicht verwendet. Die Rinde wurde lose überlappend verlegt und dann durch Grassoden beschwert. Als Ersatz für die Birkenrinde werden heute Dachabdichtungen aus Bitumenpappe, bituminierten Wellplatten, deren Trägerschicht aus Faserstoffen wie z.B. Zellulose und Holzschliff besteht, oder aus speziell für diesen Einsatz entwickelte gewebeverstärkte Kunststoffbahnen verwendet.

Abdichtungen aus überlappenden Bitumenpappbahnen und bituminierten Wellplatten gelten als nicht durchwurzelungsfest. Wird das Dach als Kaltdach (siehe oben) mit Hinterlüftung ausgeführt, so kann allerdings dennoch eine Abdichtung aus Bitumenbahnen schadensfrei eingesetzt werden, wenn die durch die Durchwurzelung eingeführte Feuchtigkeit in der luftabführenden Zwischenschicht verdunstet, ohne daß die Dachschalung ständig durchfeuchtet wird. Beim Dachaufbau ohne Hinterlüftung (Warmdach, Umkehrdach, siehe oben) ist dagegen eine Abdichtung aus wurzelfestem Kunststoff ratsam. Da bei rauhem Untergrund zum Schutz der Kunststoffbahn oft zuvor eine Trennlage aus Bitumenpappe verlegt wird, sollte diese Kunststoffbahn auch bitumenbeständig sein.
Die meisten der auf dem Markt erhältlichen wurzelfesten und humussäureresistenten Abdichtungen bestehen aus dem durch seine Umweltproblematik zunehmend in Verruf gekommenen Kunststoff PVC. Es gibt jedoch auch geeignete Noppenfolie aus dem umweltverträglicheren Kunststoff Polyäthylen (PE), die schon seit vielen Jahren auch zum Schutz von Grundmauern gegen Wasser eingesetzt wird (Markenname z.B. »Platon« der Firma Rosemeier in 4973, Vlotho).
Wurzelschutzbahnen sind im Handel teilweise bis zu einer Breite von 8 m erhältlich, bzw. die Bahnen können auch vorgefertigt in der für das jeweilige Dach notwendigen Größe geliefert werden, so daß die Abdichtung nahtlos verlegt werden kann. Die Wurzelschutzbahn sollte seitlich bis zur Oberkante der Vegetationsschicht hochgezogen werden.

Die Dichtigkeit des Grasdaches ist in der Regel da am stärksten gefährdet, wo die Dachhaut z.B. für das Entlüftungsrohr durchstoßen werden muß. Es verlangt gute Baukenntnisse, diese Durchbrüche konstruktiv so auszuführen, daß sie nicht über kurz oder lang Feuchtigkeitsschäden nach sich ziehen. Wer kein Risiko eingehen möchte, dem sei empfohlen, das Entlüftungsrohr z.B. an der dem Zuluftrohr gegenüberliegenden Giebelseite hindurchzuführen.

Wärmedämmung

Bis vor einigen Jahren wurde zuweilen die Meinung vertreten, Grasdächer könnten durch ihre Substratschicht und die Bepflanzung eine so hohe Dämmwirkung erzielen, daß zusätzliche Dämmaßnahmen nicht nötig seien. Inwischen ist erwiesen, daß dies so nicht stimmt, deshalb sollten auch Grasdächer von Freilandkellern wärmegedämmt werden, um Kondensationsprobleme zu vermeiden.

An das Material für die Dämmschicht bei *belüfteten* Grasdächern (Kaltdach) werden keine besonderen Anforderungen gestellt, solange der Dämmstoff dampfdiffusionsfähig ist und durch die Konstruktion vor Durchfeuchtung geschützt wird. Es können also Platten und Matten aus Mineralwolle oder Kokos eingesetzt, aber auch Dämmstoffe aus Kork, Schilfrohr und Stroh verwendet werden.

Beim *Umkehrdach*, bei dem die Wärmedämmung oberhalb der Dachhaut liegt, sind nur feuchtigkeitsunempfindliche,

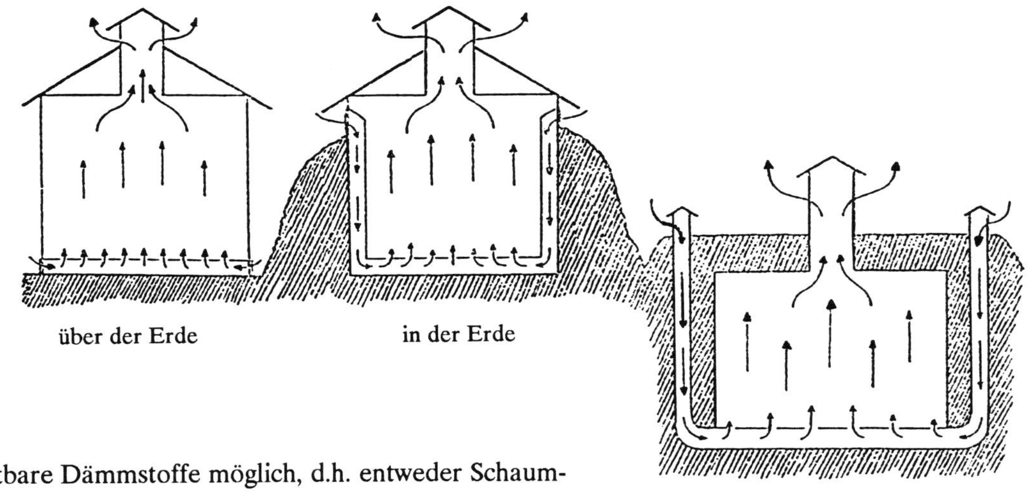

Abb. 77
Frischluftlager
Quelle (52)

unverrottbare Dämmstoffe möglich, d.h. entweder Schaumglas- oder Hartschaumplatten. Schaumglas, das aus aufgeschäumtem Naturstein besteht, ist ökologisch verträglich, wenn auch sehr teuer. Es ist wasser- und wasserdampfdicht, chemisch beständig und weist eine hohe Druckfestigkeit auf. Hartschaumplatten aus extrudiertem Polystyrol (Markenname z.B. »Styrodur«, »Roofmate«), Polyurethanschaum (PUR) usw. sind zwar preiswerter, aber tragen, wenn sie Bestandteile wie z.B. Fluorchlorkohlenwasserstoff (FCKW) enthalten, zur Veränderung des Weltklimas bei.

Für *Warmdächer*, deren Wärmedämmung unter der Abdichtung liegt, und die deshalb nicht feuchtigkeitsbeständig sein muß, sind außer Kork auch druckbeanspruchbare Mineralfaserdämmstoffe mit dem Kennzeichen »WD« geeignet.

Die Dicke der Wärmedämmschicht sollte mindestens 10 cm betragen, bei hinterlüfteten Dächern empfiehlt es sich, die Dämmstärke etwa 25% größer zu wählen als beim Warmdach. Wenn möglich sollte die Wärmedämmschicht bis über den oberen Teil der Außenwand reichen und auch horizontal in das Erdreich hineinverlängert werden (sogenannte horizontale Perimeterdämmung, siehe auch Abb. 66).

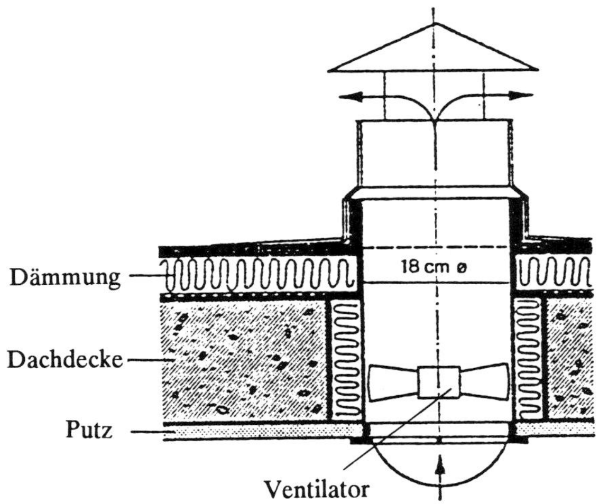

Abb. 78 Abluftrohr mit Ventilator Quelle (53)

3.4 Bauliche Maßnahmen zur Luftkühlung

Durch die Be- und Entlüftung werden im Vorratskeller sowohl die Wärme- als auch die Feuchtigkeitsverhältnisse beeinflußt. In der Regel soll kalte Luft von außen zu- und Warmluft aus dem Keller abgeführt werden. Außerdem können durch die Zufuhr von Frischluft auch die gasförmigen Stoffwechselprodukte entfernt werden, die auf Obst und Gemüse reifebeschleunigend wirken.

Landwirtschaftliche Vorratslager sind in drei Kategorien eingeteilt. Sie unterscheiden sich durch die Art der Kühlung und damit durch ihre bauliche Beschaffenheit und ihren apparativen Aufwand:

- *Frischluftlager*
  Im Frischluftlager wird kalte Außenluft zum Abkühlen und Frischhalten den pflanzlichen Produkten zugeführt. Diese Art der Kühlung wird durch den natürlichen Auftrieb der Warmluft bei gleichzeitigem Nachströmen von Kaltluft erreicht. Im Prinzip können dabei zwei Belüftungsarten unterschieden werden, die Schwerkraftbelüftung und die Zwangsbelüftung. Im ersten Fall, bei der Schwerkraftbelüftung, die auch freie Lüftung genannt wird, ensteht die Luftbewegung einzig durch den natürlichen Auftrieb der Warmluft. Dabei ist kein apparativer Aufwand erforderlich und es wird keine Energie verbraucht (Abb. 77). Bei der Zwangsbelüftung wird die Luft hauptsächlich durch einen Ventilator bewegt (Abb. 78).
- *Maschinengekühltes Lager*
  Die Temperatur des Lagerraumes wird hier mit Kühlaggregaten unabhängig von der Witterung auf einem für das Lagergut optimalen Wert gehalten (Abb. 79).
- *»CA - Lager«*
  Auch im CA-Lager (CA= controlled atmosphere, siehe auch Kap. 1.3) werden die Temperaturen durch Kälte-

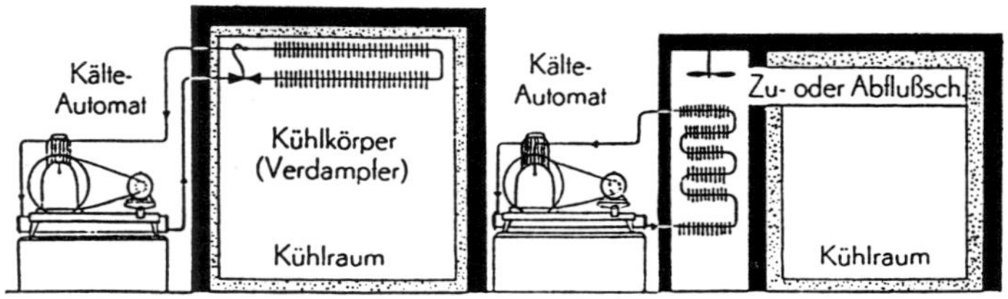

Abb. 79
Apparative Ausstattungsmöglichkeit maschinengekühlter Lager
Quelle (52)

Abb. 80
Anteil verkaufsfähiger Früchte der Sorte "Boskoop" in Abhängigkeit vom Lagerverfahren
Quelle (4)

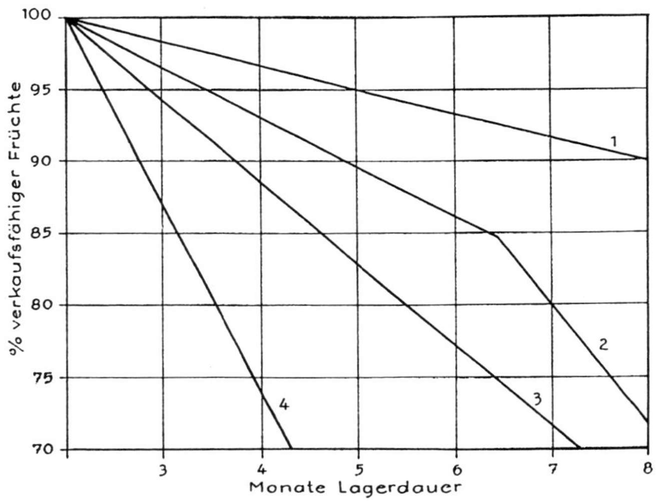

1 Gaslager
2 Kühllager + Wäsche
3 Kühllager
4 Normallager

		Frischluftkühlung 1	2	3	4
Steuerungsmöglichkeiten im Lagerraum	Verbindung mit der Außenluft	Ununterbrochen außer bei Frost			nicht bei extremen Temperaturen
	Temperatursenkung bzw. -steuerung	Luftaustausch durch Schacht an der Decke	Luftaustausch durch Deckenventilator mit Handsteuerung	Deckenventilator mit Steuerung durch Differentialthermostat	Deckenventilator und Ventilator an der Luftwäsche
	Luftbewegung im Raum	Natürlicher Warmluftanstieg	Ventilator	Ventilator	Ventilator
	Luftbefeuchtung durch	Außenluft oder Bodenbefeuchtung von Hand	Außenluft oder Bodenbefeuchtung von Hand	Außenluft oder Bodenbefeuchtung von Hand	Außenluft oder Luftwäsche
	Aromastoffbeseitigung durch	Luftaustausch	Luftaustausch	Luftaustausch	Luftaustausch und Luftwäsche
Beeinflussung der Lagerfaktoren bei verschiedenen Außenbedingungen	Bewegung der Lagerluft	⊖	O	O/• [2]	•
	Reinigung der Lagerluft	⊖	O	O/• [1]	•/•• [1]
	Lagertemperatur:				
	Einlagerung warm	⊖⊖	⊖	⊖	⊖/O
	Einlagerung kühl	⊖	O	O	O/• [1]
	in warmen Wintern	⊖⊖	⊖	⊖	⊖
	kühlen Wintern	O	O	•	•
	Luftfeuchte bei:				
	trockenem Herbst	⊖⊖	⊖	⊖	O/• [1]
	feuchtem Winter	O/• [1]	•/•• [1]	•/•• [1]	••
	feuchtem Frühjahr	O	O	•	••
	Aromastoffbeseitigung				
	bei Einlagerung	⊖	O	O	•
	im Winter	⊖/O [1]	O/• [1]	O/• [1]	•/•• [1]
Einfluß auf die Frucht	Relative Lagerdauer	⊖⊖/⊖ [1]	⊖/O [1]	⊖/O [1]	O
	Fruchtwelke	⊖⊖/O [1]	⊖/O [1]	⊖/O [1]	•/•• [1]
	Schalenbräune	⊖	O	O/• [1]	••
	Fäulnisbefall	⊖⊖/O [1]	⊖/O [1]	⊖/O [1]	O/• [1]

Zeichenerklärung

Einfluß auf die Lagerfähigkeit:

- ••• sehr günstig
- •• günstig
- • ziemlich günstig
- O befriedigend
- ⊖ ziemlich ungünstig
- ⊖⊖ ungünstig

1) Je nach Verhältnissen bzw. Aggregat unteischiedlich
2) Je nach Sorte unterschiedlich

Abb. 81 a Beeinflussung der Lagerfaktoren und Lagerfähigkeit durch verschiedene Lagerverfahren Quelle (52)

		Frischluft- und Hilfsmaschinen-Kühlung		Maschinenkühlung		CA-Lagerung
		5	6	7	8	9
Steuerungsmöglichkeiten im Lagerraum	Verbindung mit der Außenluft	ununterbrochen außer bei Frost	nicht bei extremen Temperaturen	täglich kurzfristig	keine Verbindung erforderlich	hermetisch unterbrochen
	Temperatursenkung bzw. -steuerung	wahlweise durch Luftaustausch oder Raumverdampfer mit Hand- oder automatischer Steuerung		Raumverdampfer mit automatischer Steuerung		
	Luftbewegung im Raum	Deckenventilator, Ventilator im Raumverdampfer	Ventilator im Abzug, Raumverdampfer, Luftwäsche	Ventilator im Raumverdampfer	Ventilator im Raumverdampfer und Luftwäsche	Raumventilator
	Luftbefeuchtung durch	Außenluft oder Bodenbefeuchtung von Hand	feuchte Außenluft oder Luftwäsche	Raumverdampfer	Raumverdampfer und Luftwäsche	Nicht erforderlich
	Aromastoffbeseitigung durch	laufenden, kurzfristigen Luftaustausch	Luftaustausch oder Luftwäsche	laufenden, kurzfristigen Luftaustausch	Luftwäsche	Aroma- und Gasabscheider
Beeinflussung der Lagerfaktoren bei verschiedenen Außenbedingungen	Bewegung der Lagerluft	•	••	•••	•••	•••
	Reinigung der Lagerluft	○	•/•• [1]	○/• [2]	•/•• [2]	•••
	Lagertemperatur:					
	Einlagerung warm	○	○	•	•	•
	Einlagerung kühl	•	•	••	••	••
	in warmen Wintern	⊖/○ [1]	○/• [1]	•••	•••	•••
	kühlen Wintern	••	••	•••	•••	•••
	Luftfeuchte bei:					
	trockenem Herbst	⊖/○ [1]	○/• [1]	•	••	•••
	feuchtem Winter	•/•• [1]	••	••	•••	•••
	feuchtem Frühjahr	•	••	••	•••	•••
	Aromastoffbeseitigung					
	bei Einlagerung	○	•	•	•/•• [2]	••
	im Winter	○/• [1]	•/•• [1]	•/•• [1]	••/••• [2]	•••
Einfluß auf die Frucht	Relative Lagerdauer	○/• [1]	•	••	••/••• [1]	•••
	Fruchtwelke	○/• [1]	••	••	•••	•••
	Schalenbräune	•	••	••	•••	⊖⊖/⊖ [1]
	Fäulnisbefall	○/• [1]	•/•• [1]	••	••/••• [1]	•/•• [1]

Abb. 81 b Beeinflussung der Lagerfaktoren und Lagerfähigkeit durch verschiedene Lagerverfahren Quelle (52)

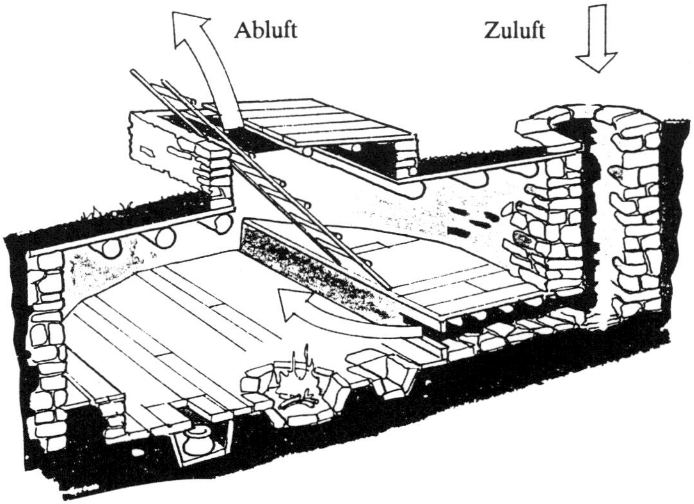

Abb. 82
Be- und Entlüftung unter der Erde angelegter Behausungen in Arizona/USA Quelle (54)

Abb. 83
Luftkühlung durch Verdunstungskälte Quelle (55)

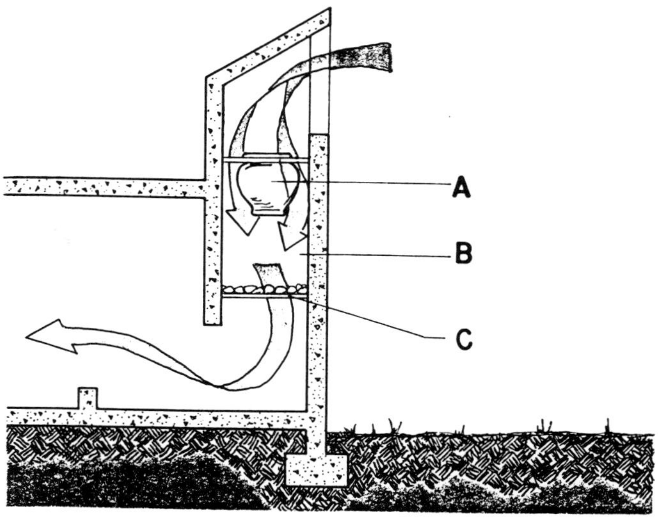

maschinen gesteuert, zusätzlich wird jedoch auch die Zusammensetzung der Luft verändert.

Durch die Konzentration der landwirtschaftlichen Produktion ist die verlustarme längstmögliche Lagerung von Obst und Gemüse ein überaus wichtiger wirtschaftlicher Faktor. Je besser die Klimaelemente Temperatur, Feuchtigkeit und Luftbewegung in Griff zu bekommen sind, desto weniger Unwägbarkeiten ist das Lagergut ausgesetzt (Abb. 80 und 81). Im Erwerbsgartenbau gelten die vergleichsweise wenig steuerbaren frischluftgekühlten Lager deshalb auch als Behelfslager. Denn nur durch Maschinengekühlung ist es möglich, unabhängig vom Außenklima konstant niedrige Lagertemperaturen zu erreichen. Die zum Teil beträchtlichen Anschaffungs- und Betriebskosten für diese Vorratslager werden in Form von höheren Preisen für Obst und Gemüse auf die Verbraucher umgelegt.

Für Gastronomie, Läden und Kleinverbraucher sind seit etlichen Jahren kleine, mit Kühlaggregaten versehenen Vorratsräume in Fertigbauweise am Markt erhältlich (siehe Kap. 4.2). Sie sind ohne Zweifel dort zweckmäßig, wo Obst, Gemüse und Getränke nicht anders frischgelagert werden können. Für die private Vorratshaltung sind jedoch nach wie vor naturgekühlte Kellerräume die sinnvollste Einrichtung. Deshalb wird im folgenden auf die Luftkühlung durch Kühlaggregate nicht weiter eingegangen.

Freie Lüftung

Die Kühlung durch natürliche oder freie Lüftung erfolgt, wie oben erwähnt, nach dem Schwerkraftprinzip, indem warme (= leichtere) Luft aufsteigt und kühlere (= schwerere) Luft nachströmt. So kann eine ständige Luftbewegung erreicht werden, vorausgesetzt die Temperaturen zwischen innen und außen sind unterschiedlich.

Das Prinzip der Kühlung durch freie Lüftung wird seit Hunderten von Jahren in vielen Ländern der Welt zur Klimatisierung von Behausungen unter der Erde angewandt, die vor Wärme besser schützten als oberirdische Bauten.
In Abb. 82 ist eine unter der Erde angelegte »kiva« zu sehen, wie sie bei Indianerstämmen in Arizona, USA gebräuchlich waren. Kaltluft wurde in einem Schacht in die Erde und z.T. entlang des Bodens (wodurch sich die Luft noch weiter abkühlte) von unten dem Raum zugeführt, während die Warmluft an der höchsten Stelle abgeführt wurde. Die hochsteigende Luft zieht dabei kühlere durch die untere Öffnung ein.
Eine seit Urzeiten von Nomaden benutzte sehr ähnliche Art der Luftkühlung zeigt Abb. 83. Hierbei wird ein poröses Gefäß mit Wasser (A) auf einen Filter mit Holzkohlen (C) in die Mitte eines Lufteinlasses (B) gesetzt. Die zur Verdunstung des Wasser notwenige Wärme wird der Luft entnommen, so daß die Luft gekühlt und gefiltert ins Haus gelangt.

Auf dem Prinzip der freien Lüftung beruhen alle traditionellen baulichen Einrichtungen zur Kühllagerung von Lebensmitteln, von der einfachen Erdmiete bis zum recht aufwendigen Eiskeller (siehe Kap. 2.4). Manchmal wurde dabei die Verdunstungskälte genutzt, wie z.B. bei dem »Kühlschrank ohne Eis« (siehe Anhang, Kap. 6.1) oder bei den sogenannten »Krebser Kellern«, bei denen die Zuluft über feuchtes Moos geführt wurde.

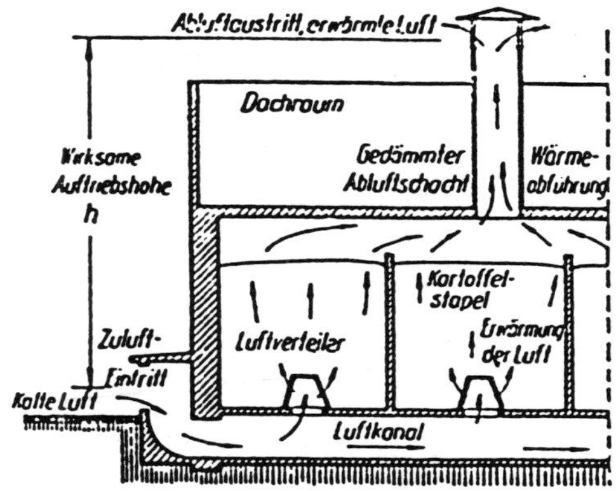

Abb. 84
Wirkungsweise und Prinzip der Schwerkraftbelüftung Quelle (14)

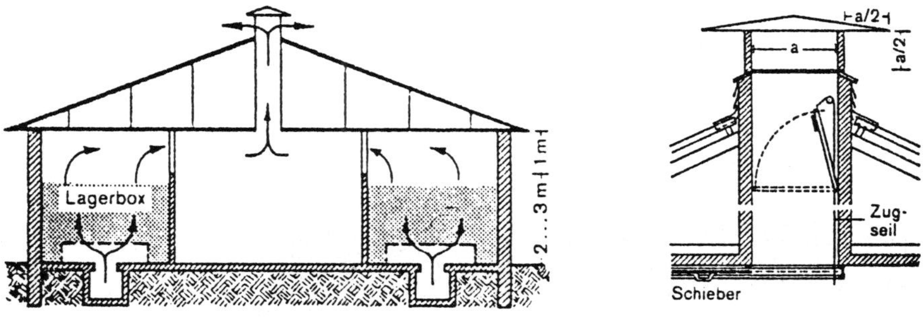

Abb. 85
links: Kartoffellagerhaus mit Zuluftkanal und Abluft durch natürlichen Auftrieb (Abluftschacht);
rechts: Regulierung der Abluft durch Klappe über Zugseil oder Regulierschieber
Quelle (53)

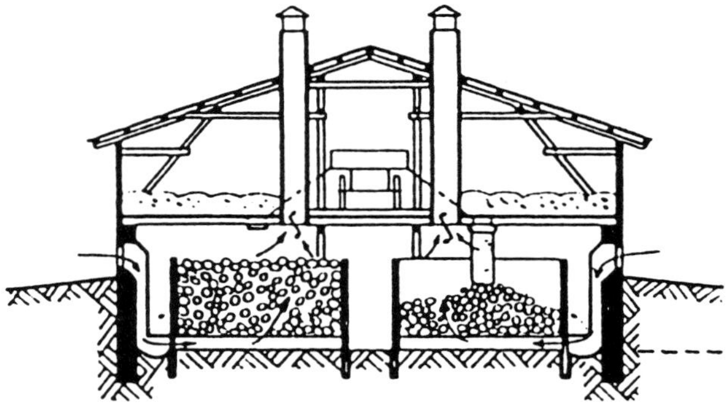

Abb. 86
Be- und Entlüftung in einem zweigeschossigen Gemüselager
Quelle (56)

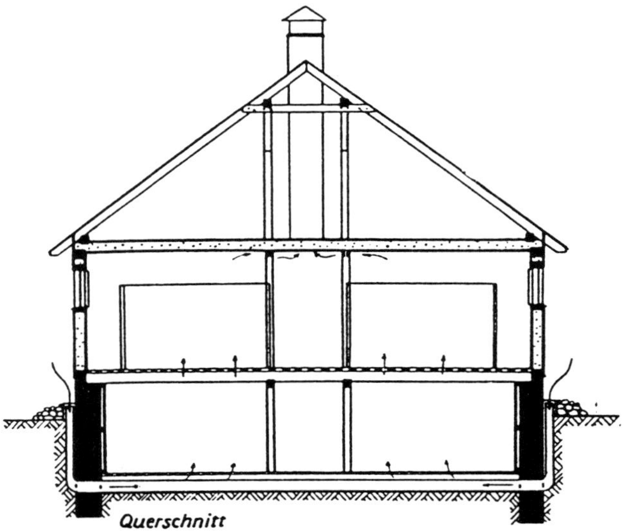

Abb. 87
Zweigeschossiges Gemüselager mit Lüftung unterhalb des Kellerfußbodens und durch den Erdgeschoßfußboden Quelle (56)

»Gelingt es, die zugeführte Frischluft zu befeuchten, z.B. über eine nasse Wand oder durch Zerstäuben von Wasser im Zuluftkanal, kann die Außenluft bei niedriger relativer Luftfeuchte abgekühlt und damit der Kühleffekt vergrößert werden. Wird z.B. Luft von 15°C und 40% rel. Feuchte auf 80% rel. Feuchte angehoben, dann kühlt sie sich dabei auf 4°C ab«. (30).

Selbst wenn die Frischlagerung mit natürlicher Luftumwälzung im Vergleich zu den erheblich aufwendigeren maschinengekühlten Lagern nicht so zuverlässige Ergebnisse bringt, zeigen die folgenden Beispiele, daß sie immer noch, auch in größerem Maßstab angewandt wird.

Das Schema einer Schwerkraftbelüftung für ein Kartoffellagerhaus ist aus Abb. 84 zu ersehen. Die kalte Luft tritt seitlich am Boden des Gebäudes in einen Luftkanal ein, der durch Luken mit Verteilungsschächten verbunden ist, die senkrecht zum Kanal dem Boden aufliegend. Die Luft streicht durch den Kartoffelstapel, erwärmt sich dabei und wird durch einen Schornstein im Dach abgeführt.

Abb. 85 zeigt die Anordnung eines weiteren Kartoffellagerhauses mit Zuluftkanal im Boden und Entlüftung durch natürlichen Auftrieb (Abluftschacht). Die Abluft läßt sich z.B. durch eine Klappe über ein Zugseil oder durch einen Schieber an der Unterseite des Abluftrohrs regulieren.

Bei dem zweigeschossigen, teilweise in das Gelände eingebauten Kartoffellagerhaus (Abb. 86) wird kühle Außenluft über Luken in der Außenwand eingeführt und über Schächte zum Boden geleitet. Das Obergeschoß des Kartoffellagerhauses dient zum Abtrocknen der frisch geernteten Kartoffeln, das Untergeschoß zur Dauerlagerung.

Bei dem ebenfalls zweigeschossigen Gemüselager in Abb. 87 wird die Zuluft zwecks zusätzlicher Abkühlung senkrecht vor der Außenwand bis unterhalb des Kellerbodens geführt. Gemüsearten, die auch bei höheren Temperaturen gelagert werden können, sind hier im Erdgeschoß aufbewahrt, dessen Fußboden luftdurchlässig ist.

Abb. 88 zeigt einen Freilandkeller zur Obstlagerung. Er ist 30 m^2 groß, 2,60 m hoch und hat zusätzlich einen 6 m^2 grossen Vorraum, der als Wärmepufferzone ebenso nützlich ist wie als Stapelplatz für Versandgut oder Lagerkisten. Diese Art von gemauertem oder betoniertem Keller hat sich im Alpenland bewährt. In ihnen können ca. 100 dz Obst (1 dz = 100 kg) gelagert werden. Sie haben 2 Zuluft- und 2 Abluftschächte (Abluftquerschnitt jeweils 45 x 45 cm).

Aus diesen Beispielen ist die bauliche Anordnung der Be- und Entlüftungsrohre oder -schächte zu ersehen und auch, daß sie prinzipiell immer gleich ist. So wird die Zuluft zum Boden des Vorratslagers geführt, während die wärmere Raumluft durch in der Decke oder durch nahe der Decke angebrachte Abluftöffnungen abgeführt wird (siehe Abb.

Abb. 88
Be- und Entlüftung eines Freilandkellers zur Obstlagerung. Ausführung in Ziegel oder Beton Quelle (56)

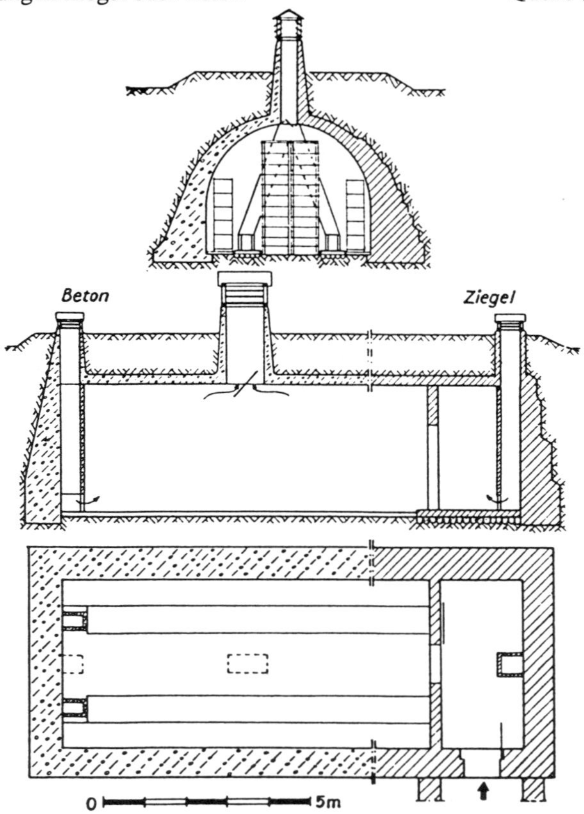

Abb. 89
Kartoffellager mit Winddurchlüftung (Jütländische Bauart). Die Giebel sind gegen die Hauptwindrichtung gestellt. Quelle (56)

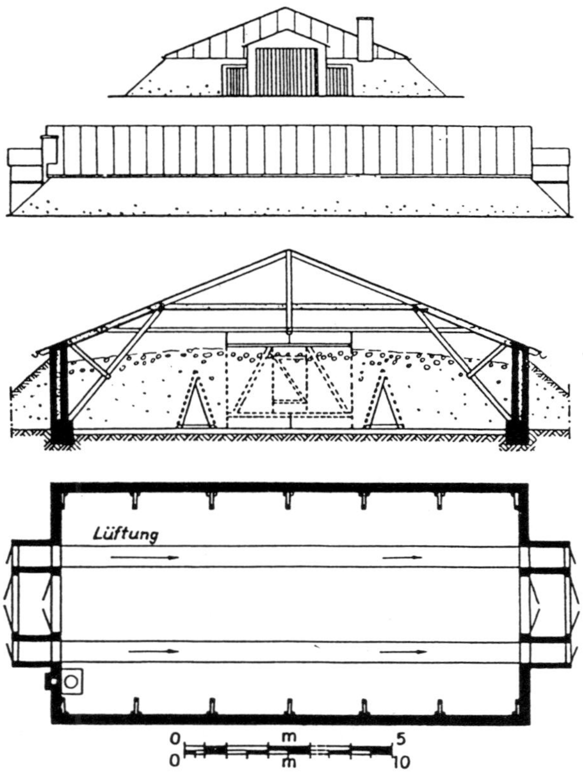

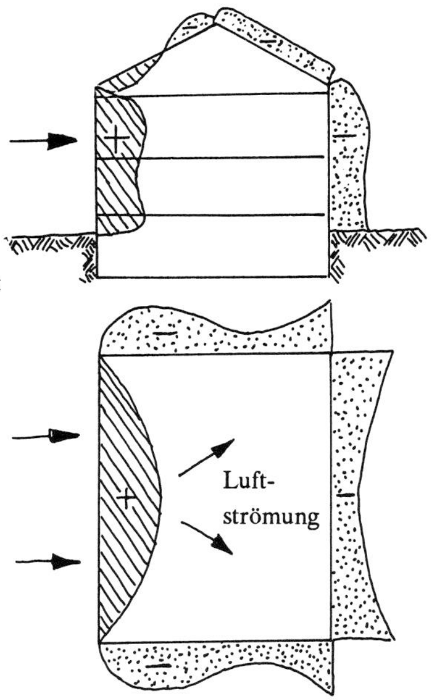

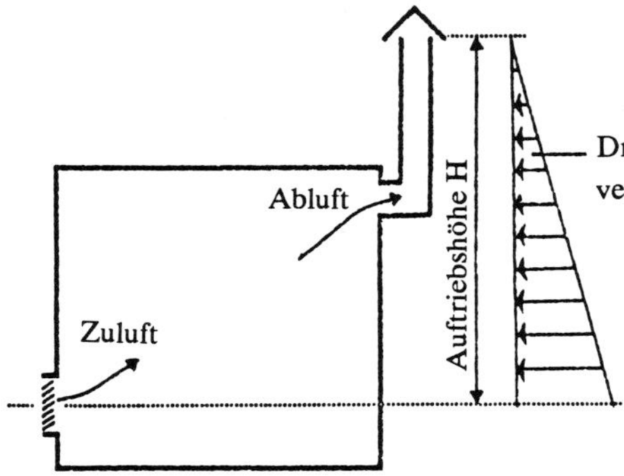

Abb. 90 (links)
Möglichkeiten der Lufterneuerung in einem Raum durch Windanfall: Querlüftung

Abb. 91 (oben)
Schema der Schachtlüftung. Ein Luftwechsel tritt nur auf, wenn die Luft außen kälter ist als innen. Bei Temperaturgleichheit ist keine Luftbewegung möglich. Im Sommer, wenn es draußen wärmer als innen ist, kehrt sich die Bewegungsrichtung der Luft um, und durch den Schacht dringt warme Luft ein. Quelle (57)

77). Die Ansaugöffnung für die Außenluft sollte dabei stets im Schatten liegen, möglichst auf der Nordseite.

Voraussetzung für einen Luftaustausch ist ein Druckunterschied zwischen innen und außen, der zum einen durch Temperaturunterschiede, zum anderen aber auch durch Wind bewirkt wird. Wind kann den Luftwechsel erheblich verstärken, z.B. wenn die Zuluftöffnung im Luv (Stauseite) und die Abluftöffnung im Lee (Sogseite) des Gebäudes liegt. Die Lage der Be- und Entlüftungsöffnungen zur Hauptwindrichtung wird deshalb gewöhnlich beim Bau von frischluftgekühlten Vorratshäusern berücksichtigt. Abb. 89 zeigt ein ebenerdiges Kartoffellager jütländischer Bauart, dessen Giebel mit den Be- und Entlüftungsöffnungen gegen die Hauptwindrichtung gestellt sind , so daß kalte Luft in den Raum gedrückt wird (Abb. 90).

Der Luftaustausch wird bei freier Lüftung verstärkt, wenn die Abluft durch einen über das Dach geführten Schacht entweichen kann (Abb. 91), so daß der ganze Raum unter Unterdruck steht (Kaminwirkung). Nach *Recknagel* (57) stellen sich (theoretisch) in solchen Schächten bei verschiedenen Schachtquerschnitten und ungehinderter Strömung etwa die in Abb.92 dargestellten Luftgeschwindigkeiten ein. Aus dieser Abbildung ist zu ersehen, daß die Luftgeschwindigkeit bei einer gleichen Temperaturdifferenz umso höher ist, je größer die Länge des Schachtes und damit die Auftriebshöhe h ist. Bei einer gegebenen Schachthöhe h kann die stündliche Luftwechselrate aus der Luftgeschwindigkeit multipliziert mit dem Schachtquerschnitt und dem Raumvolumen errechnet werden. Bei einer Schachthöhe von beispielsweise 5 m, einer Schachtseitenlänge von 20 cm und

einer Temperaturdifferenz von 1°C zwischen innen und außen würde nach diesem Diagramm die Luftgeschwindigkeit bei etwa 3 m/sec liegen, was z.B. bei 20 m^3 Raumvolumen zu einem theoretischen Luftdurchsatz von ca. 43 m^3/h führt, entsprechend einer Luftwechselrate von etwas größer als zwei. Bei einer Temperaturdifferenz von 9°C zwischen innen und außen würde der stündliche Luftumsatz auf das Dreifache ansteigen.
Nun lassen sich diese Angaben, theoretisch für oberirdische Bauten mit einer bestimmten Schachtlänge zutreffend, nicht ohne weiteres auf Räume im Erdreich übertragen.
Bei Vorratsräumen im Erdreich dürfte der Wind zur Beschleunigung des Luftwechsels nicht so bedeutend sein, da sie meist weniger dem direkten Luftstrom ausgesetzt sind als höherliegende Räume.

Die freie Lüftung hängt in ihrer Leistung sehr von Zufälligkeiten ab. Zum einen wird der mögliche Luftwechsel stark von der jeweiligen Außenwitterung (Temperatur und Winddruck) bestimmt, zum anderen ist er natürlich von den Raumverhältnissen, den Mengen, der Art der gelagerten Lebensmittel usw. abhängig. Verständlicherweise ist es deshalb nicht möglich, hier detaillierte Empfehlungen für günstige Luftwechselraten zu geben. In der benutzten Literatur

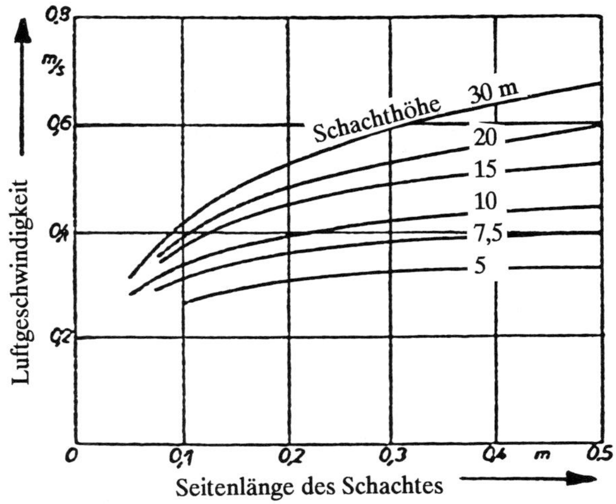

Abb. 92
Auftriebsgeschwindigkeit in quadratischen Luftschächten bei Δ_t = 1°C Temperaturunterschied Quelle (57)

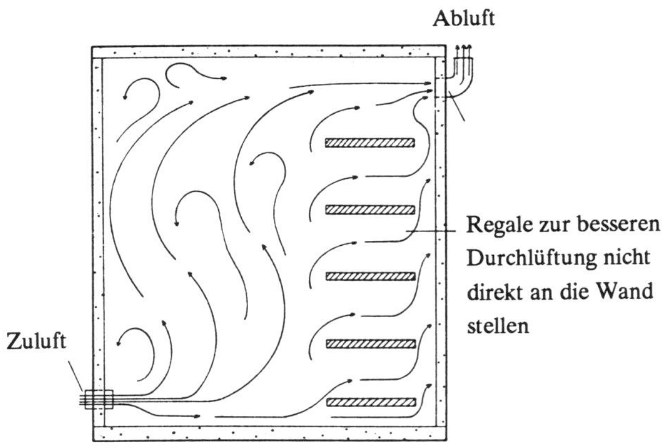

Abb. 93
a Eine gleichmäßige Luftbewegung kann am ehesten erreicht werden, wenn die Luftein- und Austrittsöffnung im Raum diagonal angeordnet sind und das Lagergut luftumspült ist.
b Liegen die Luftein- und die Austrittsöffnung auf der selben Seite, ist in größeren Lagerräumen die Luftbewegung nicht ausreichend Quelle (12)

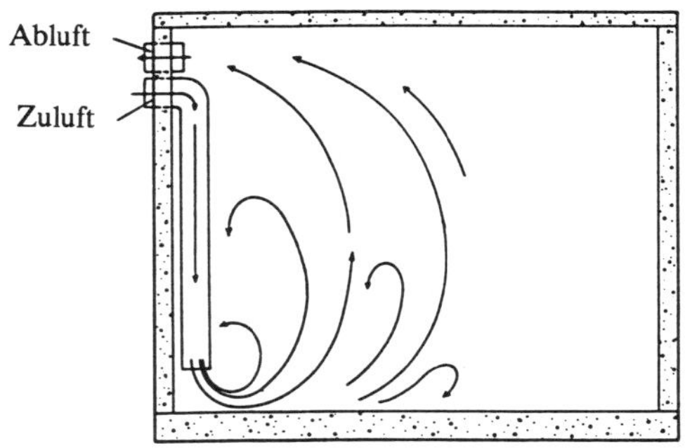

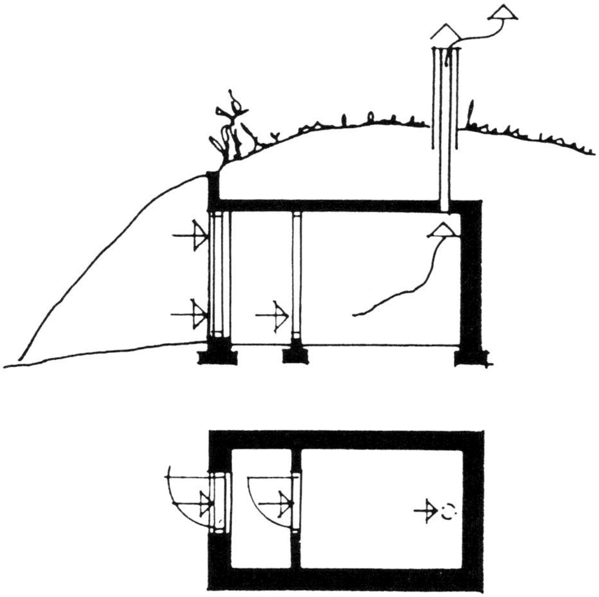

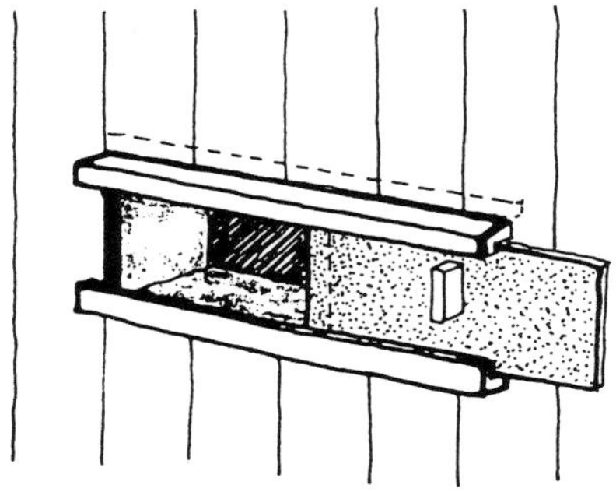

Abb. 94
Luftführung in einem kleinen Freilandkeller. Die Zuluftöffnungen in den beiden Türen sind mit Fliegengitter bespannt und zur Regulierung mit wärmegedämmten Schiebern versehen. Quelle (49)

waren z.B. je nach Art des Lagers und seiner Beschickung Aussagen von einem 5- bis 10 fachen Austausch der Lagerraumluft täglich bis zu einem 15- bis 25 fachen Luftumsatz stündlich zu finden (der jedoch, wie oben beschrieben, durch freie Kühlung nicht zu erzielen ist).
Sicher ist, daß bei ungenügender Lüftung die Fruchtreife und damit auch die Fruchtfäule beschleunigt wird, eine zu starke Luftgeschwindigkeit wiederum wirkt auf die eingelagerten Feldfrüchte austrocknend.
Am besten werden deshalb die Zu- und Abluftkanäle großzügig bemessen und der Luftstrom nach eigenem Beobachten durch Klappen, Schiebern usw. je nach Bedarf reguliert. Für Vorratsräume bis 5 m^2 Grundfläche sollten Be- und Entlüftungsrohre mit einem Durchmesser von mindestens 10 bis 12 cm vorgesehen werden, bei größeren Vorratsräumen muß der Durchmesser entsprechend mehr betragen. Zu beachten ist, daß der freie Querschnitt durch das Anbringen von Schutzgittern ja auch noch vermindert wird.

Außer bei Frostwetter wird im allgemeinen nur ein Luftwechsel gewünscht, wenn die Luft außen kälter ist als innen. Der größte Kühlbedarf besteht im Herbst, wenn die Ernte eingebracht worden ist, und die hohe Eigenwärme- und Feuchtigkeitsabgabe des Erntegutes recht schnell abgeführt werden soll. Die Einlagerung geschieht nun gewöhnlich in einer Zeit, in der die Außentemperaturen tagsüber noch so hoch sind, daß kein Kühleffekt durch Lüftung erreicht werden könnte. Um die Temperatur im Keller zu senken, kann also nur nachts gelüftet werden, am Tage bleiben die Zu- und Abluftöffnungen verschlossen. Auch bei Frostwetter im Winter muß die Lüftung entsprechend eingeschränkt und vielleicht zeitweise ganz eingestellt werden, um Frostschäden am Lagergut zu vermeiden.

Eine *gleichmäßige* Luftbewegung im Lagerraum verhindert größere Temperaturdifferenzen an verschiedenen Stellen des Raumes und auch innerhalb des Lagergutes. Dies wird erreicht, indem die Luftein- und Austrittsöffnungen so einander zugeordnet werden, daß sie zum einen möglichst auf entgegengesetzten Seiten liegen (Abb. 93) und daß die Zuluft möglichst breitflächig zugeführt wird. Deshalb ist es vorteilhaft, wenn das Lagergut auf luftumspülten Lattenrosten liegt.

Im folgenden werden einige Möglichkeiten der Luftführung in kleinen Vorratskellern gezeigt, weitere sind den Baubeschreibungen der ausgeführten Lagerkellern im Kap. 5 zu entnehmen.

Im freistehenden Erdkeller kann die Frischluft z.B. durch verschließbare Öffnungen im unteren Teil der Tür einströmen und die Abluft durch die Decke hindurch geführt werden (Abb. 94). Die Durchführung des Abluftrohres durch die Decke muß sehr sorgfältig abgedichtet werden, um nicht auf Dauer Feuchtigkeitsschäden zu erhalten. Die Schieber zur Regulierung des Luftstroms sollten wärmegedämmt werden, die Öffnungen selbst mit Maschendraht bespannt sein, um das Eindringen von Kleinlebewesen zu verhindern. Auch ist es sinnvoll, das Entlüftungsrohr oberhalb der Decke wärmezudämmen, da an der Rohrinnenseite sonst unter Umständen Kondensationsfeuchtigkeit enstehen kann, die dann heruntertropft. Um das Entlüftungsrohr ist deshalb ein Schacht aus 4 Brettern gebaut, und der Zwischenraum mit Dämmaterial ausgefüllt (Abb. 95). Oben wird das Entlüftungsrohr mit Maschendraht gegen Nage-

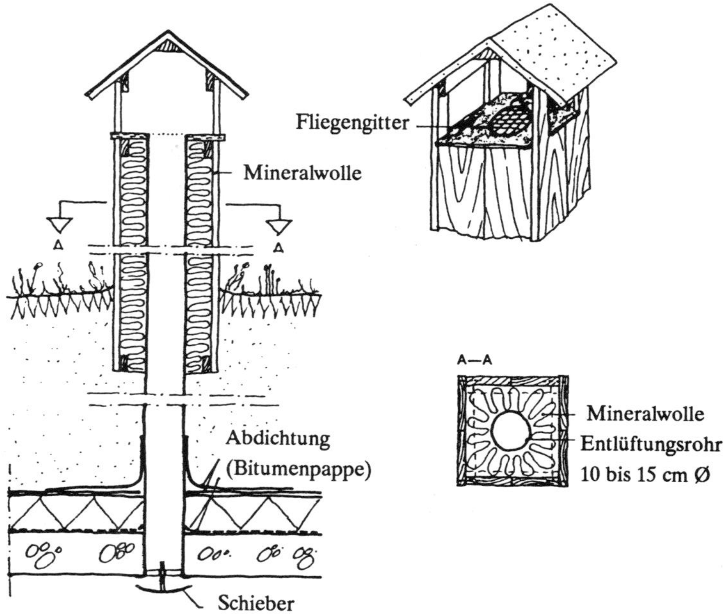

Abb. 95 (oben rechts)
Um Kondensationsfeuchtigkeit an der Rohrinnenseite zu vermeiden, sollte das Entlüftungsrohr im oberen Bereich wärmegedämmt werden. Quelle (49)

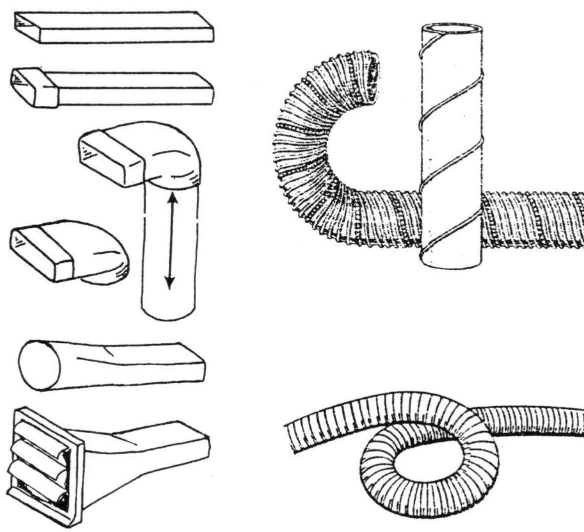

Abb. 96
Rechteckige Lüftungskanäle und steife oder flexible Rohre in verschiedenen Größen sowie komplette Lüftungssysteme sind im Sanitärhandel und in Baumärkten erhältlich

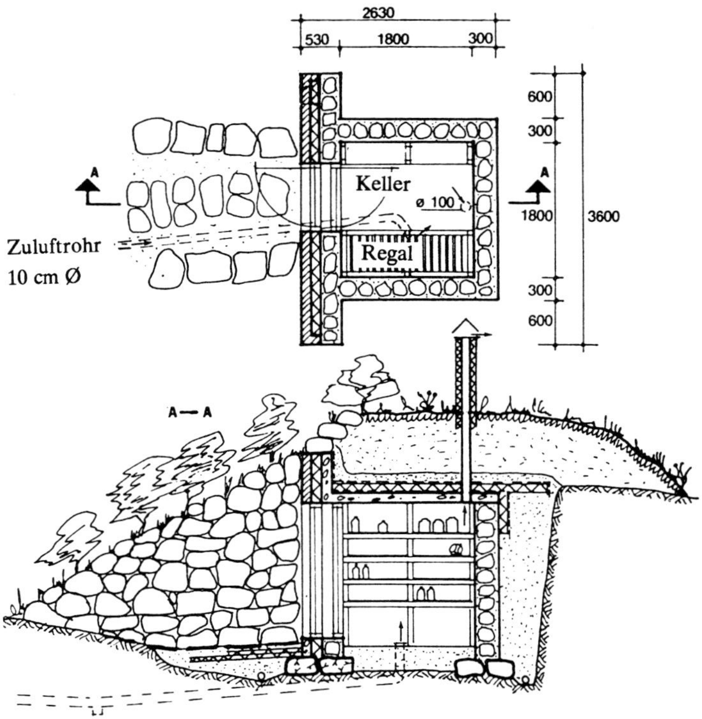

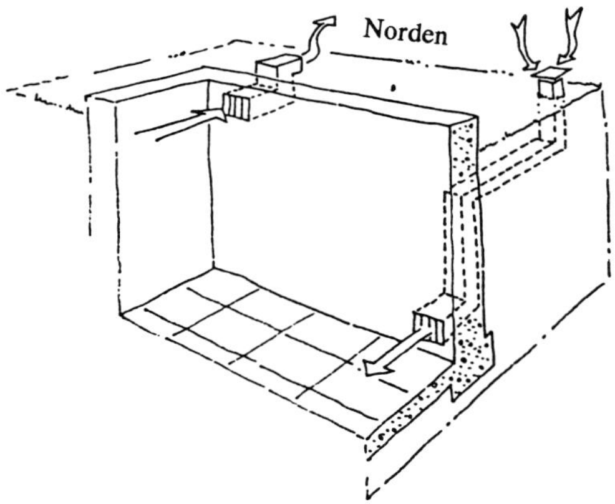

tiere, Fliegen usw. abgedichtet und mit einer überstehenden Haube zur Regen- und Schneeableitung versehen. An der unteren Abluftöffnung sorgt ein Schieber für die Regulierung des Luftdurchsatzes.

Die Be- und Entlüftungskanäle können gemauert sein, aber auch aus Kunststoff, Metall usw. bestehen und einen runden, rechteckigen oder quadratischen Querschnitt haben. Im Sanitärhandel und in Baumärkten gibt es komplette Lüftungssysteme zu kaufen (Abb. 96), darüber hinaus sind auch Regenwasser- und Abwasserrohre geeignet.

Günstig, aber aufwendiger zu verlegen ist die Frischluftzufuhr, wenn das Zuluftrohr einige Meter im Erdreich verläuft, da die Zuluft dadurch, zumindest in der warmen Jahreszeit, um ein paar °C vorgekühlt wird (Abb. 97).
Die Kühle des Erdreiches kann für die Frischluftzufuhr auch bei Hauskellern genutzt werden (Abb. 98). Otto-Christian Giercke schlägt für die Zuluftkanäle außerhalb der Kellerwände Schächte aus kleinformatigen Betonformteilen vor (vgl. Kap. 5).

Idealerweise könnte der Keller mit einem Abluftschacht versehen werden, der über das Dach geführt wird. Je nach dem, wie viel Stockwerke das Haus hat, kann die wirksame Auftriebshöhe h und damit die mögliche Luftwechselrate recht beachtlich sein. Eine weitere Verbesserung wird durch die Anordnung eines Lüftungsaufsatzes (Saugers) am oberen Ende des Schachtes erreicht. Diese Lüftungsaufsätze sind so geformt, daß bei Windanfall eine zusätzliche Saugwirkung auftritt, die den Luftauftrieb erhöht (Abb. 99). Die über das Dach geführte Schachtentlüftung ist aufgrund

Abb. 97 (oben links)
Vorkühlung der Zuluft durch Rohrverlauf im Erdreich
Quelle (49)

Abb. 98 (unten links)
Vorkühlung der Zuluft für einen Hauskeller Quelle (58)

Schieber aus Sandstein zur Kellerlüftung eines alten Fachwerkhauses. Gesehen im Freilichtmuseum Ensisheim, Frankreich

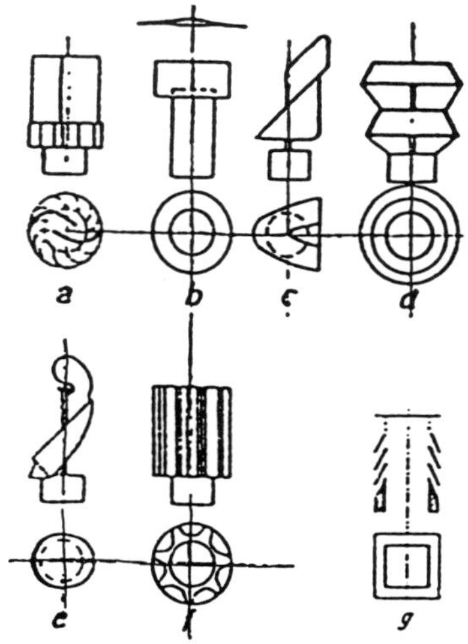

Abb. 99 (rechts) Verschiedene Lüftungsaufsätze (Sauger) Quelle (57)

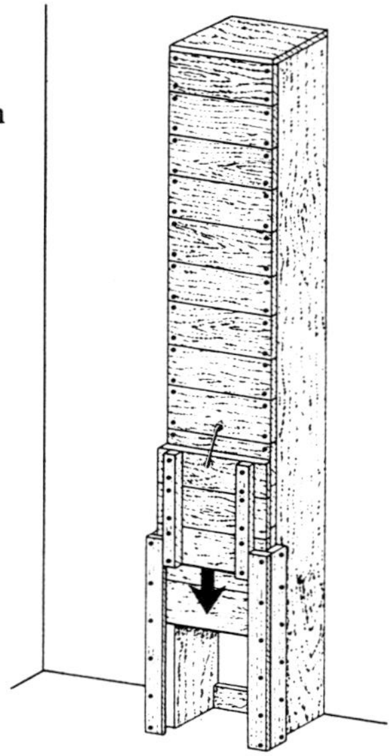

Abb. 101 (rechts) Lüftungsschacht mit hochgezogenem Schieber Quelle (6)

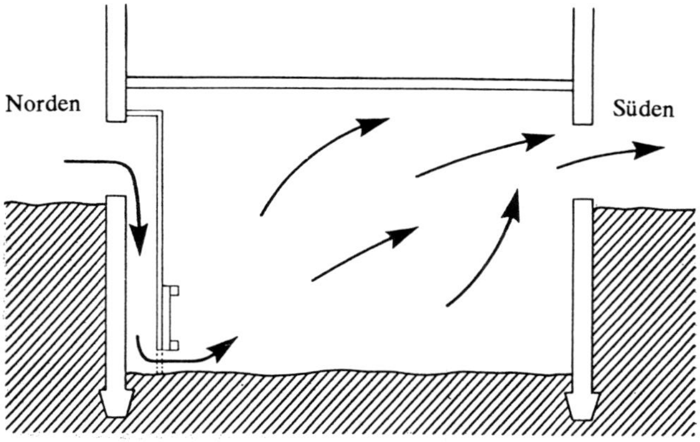

Abb. 100 (links) Schema der Kellerlüftung mit Hilfe des auf der Schattenseite angebrach ten Lüftungsschachtes Quelle (6)

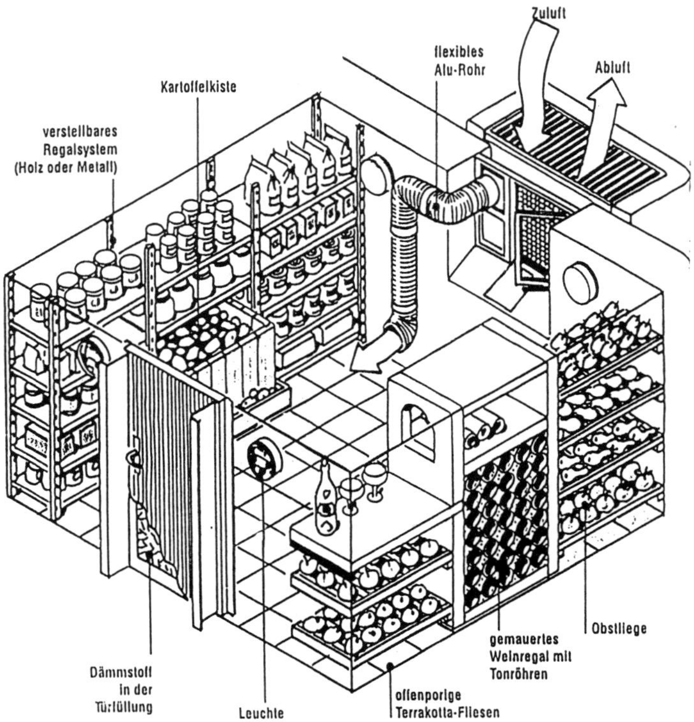

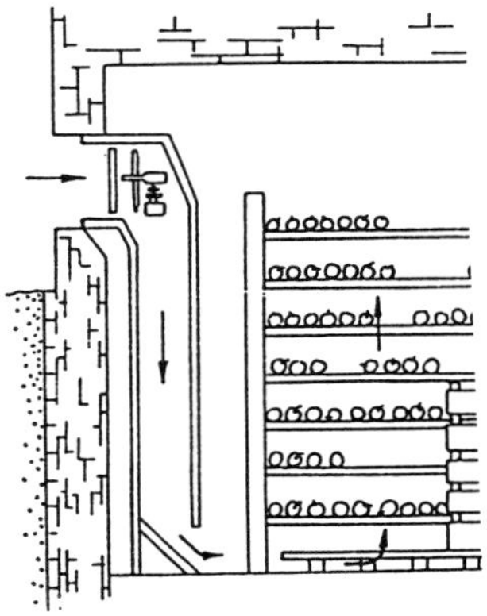

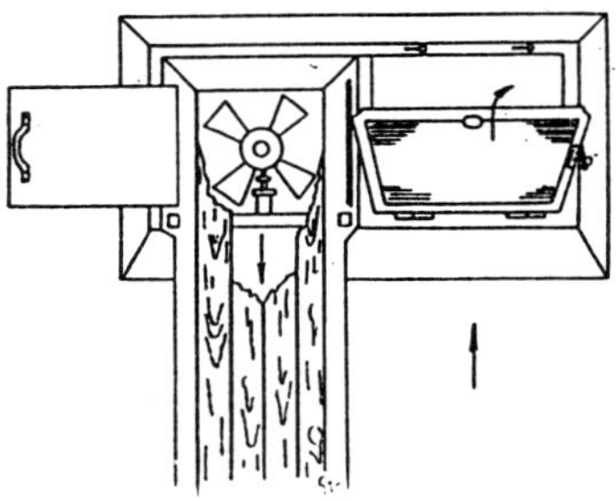

des baulichen Aufwandes sicherlich eher bei einem Neubau sinnvoll. Bei einem bestehenden Kellerraum wird man versuchen, die Kellerfenster zur Be- und Entlüftung einzusetzen.

Abb. 100 zeigt einen Keller mit je einem Süd- und Nordfenster, eine für die Kellerkühlung sehr vorteilhafte Anordnung. Um das Nordfenster wird hier ein Lüftungsschacht aus Holz gebaut, durch dessen verstellbaren Schieber der Frischlufteinlaß reguliert werden kann (Abb. 101). Ist die Außenluft kühler als die Innenluft, sinkt sie aufgrund ihres höheren spezifischen Gewichtes auf den Kellerboden und steigt von dort auf, während gleichzeitig verbrauchte wärmere Luft durch das Südfenster entweicht.
Verfügt der Kellerraum nur über ein einziges, wenn möglich nordseitiges Fenster, so kann die Be- und Entlüftung so erfolgen, daß in einem Fensterflügel ein flexibles Rohr (Durchmesser ca. 15 cm) eingebaut wird, das die Zuluft zum Boden führt, während durch den anderen Fensterflügel die Abluft entweichen kann (Abb. 102). Es ist leicht vorstellbar, daß der Luftaustausch bei dieser Anordnung vielleicht nicht so rege wie gewünscht sein wird. Sollte dies der Fall sein, kann die Luftbewegung und der Luftaustausch im Raum durch den Einbau eines kleinen Ventilator unterstützt werden, der entweder Frischluft ansaugt oder die verbrauchte Luft schneller abführt (Abb. 103).

Abb. 102 (oben links)
Kleiner Vorratskeller mit einem Zuluftrohr aus einem 15 cm flexiblen Aluschlauch. Es wäre günstiger, das Zuluftrohr ohne Knick nach unten zu führen. Quelle (60)

Abb. 103
Ventilator im Zuluftschacht Quelle (3)

Wenn es möglich ist, sollte eine wirkungsvolle Be- und Entlüftung aber besser durch bauliche Maßnahmen geschaffen werden. Vielleicht können im ungenügend durchlüfteten Keller statt des Einsatzes eines stromverbrauchenden Ventilators mehrere Lüftungsschlitze in der Außenwand angebracht werden? Diese regelbaren Lüftungsschlitze sind bei Speisekammern üblich (Abb. 104) und haben sich z.B. im Naturkeller der Familie Jäger (siehe Kap. 5.4) bestens bewährt.

Steht für die Vorratslagerung nur eine fensterlose Raumecke im Keller zur Verfügung, so kann sie durch wärmegedämmte Leichtbauwände abgeteilt werden und die Zuluft über ein Rohr erhalten, das ebenso wie das darüberliegende Abluftrohr durch die Außenwand geführt wird (Abb. 105). Um eine bessere Durchlüftung zu erhalten, wird das Zuluftrohr entlang des Bodens bis zur gegenüberliegenden Raumseite geführt.

Weitere Möglichkeiten zur Frischlagerung von Obst und Gemüse im und am Haus:

Abb. 106 zeigt einen kleinen Hochkeller mit je einer Nische für Kartoffeln und Gemüse sowie darüberliegender Speisekammer, eine Anordnung, wie sie früher zuweilen in kleinen Siedlungshäusern üblich war. Platzsparend ist die Treppen-

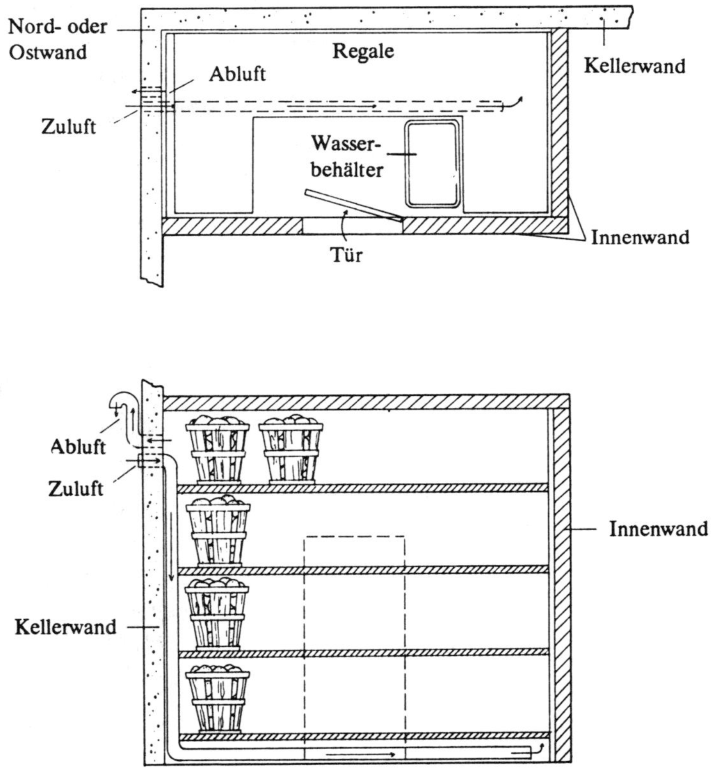

Abb. 105
Führung der Zu- und Abluftrohre in der abgeteilten Kellerecke
Sollte die Luftfeuchtigkeit im Keller nicht ausreichend hoch sein, empfiehlt es sich, flache Wasserschalen aufzustellen. Quelle (12)

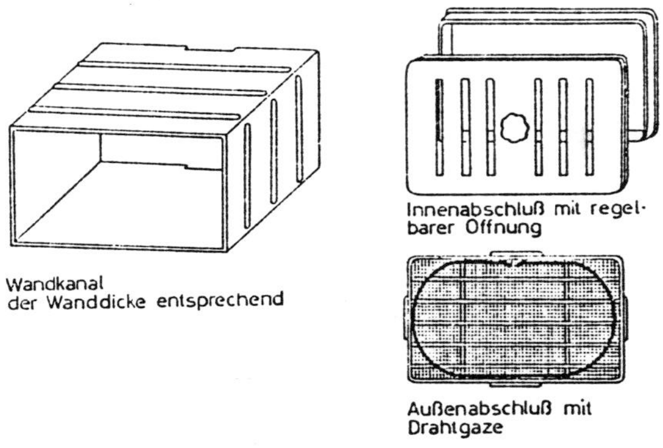

Abb. 104
Speiseschrankentlüftung

konstruktion: Wird das Treppenstück zur Speisekammer hochgeklappt, kann man in den Keller steigen.
Wer einen Keller mit zwei Zugängen besitzt, könnte den Kellerzugang, der nach draußen führt, gut isolieren und die Kellertreppe als Vorratslager nutzen, wenn der Treppenaufgang oben wärmegedämmt und wasserdicht verschlossen wird (Abb. 107).
Wer keinen Keller, aber z. B. einen ebenerdigen, unbeheizten Abstellraum oder dergl. hat, kann ein Vorratsfach im Boden einbauen (Abb. 108). Dazu wird der Fußboden aufgestemmt, das Erdreich ausgehoben und ein Schacht gemauert, der ähnlich aussieht wie die Kanäle für Heizkörper, die in Fußböden eingelassen sind. Die Breite kann z.B. der eines Bierkastens entsprechen, die Tiefe sollte nicht mehr als 50 cm betragen.

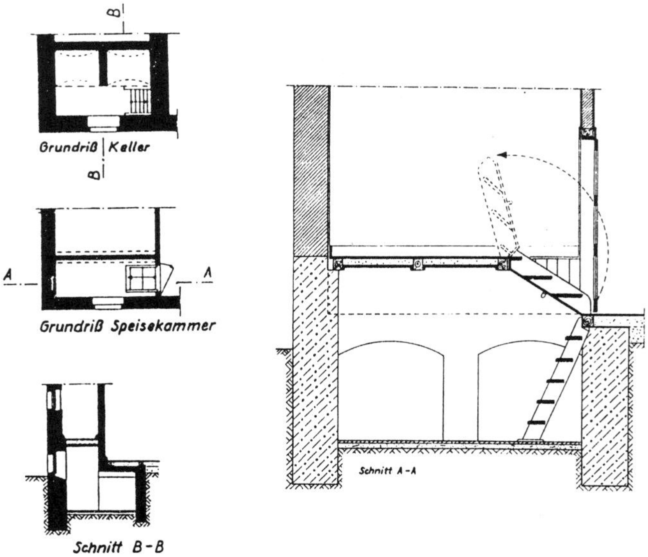

Abb. 106
Kleiner Hochkeller mit Kartoffel- und Gemüsenischen und darüberliegender Speisekammer Quelle (56)

Abb. 107 (links unten)
Kelleraußentreppe als Lagerplatz Quelle (62)

Abb. 108 (unten rechts und Seite 85)
Lagerung in gemauerten Schächten Quelle (63)

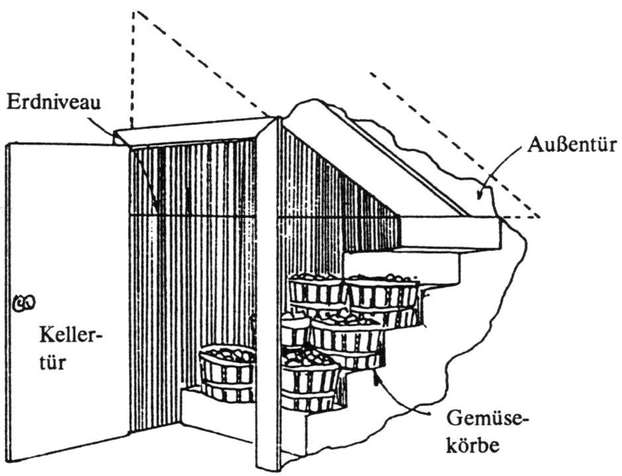

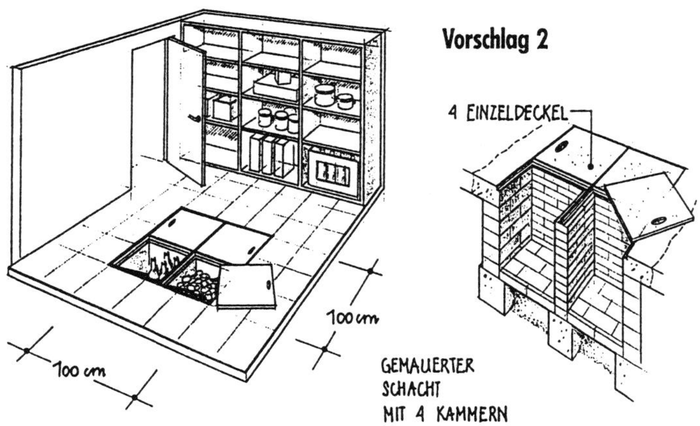

Vorschlag 1

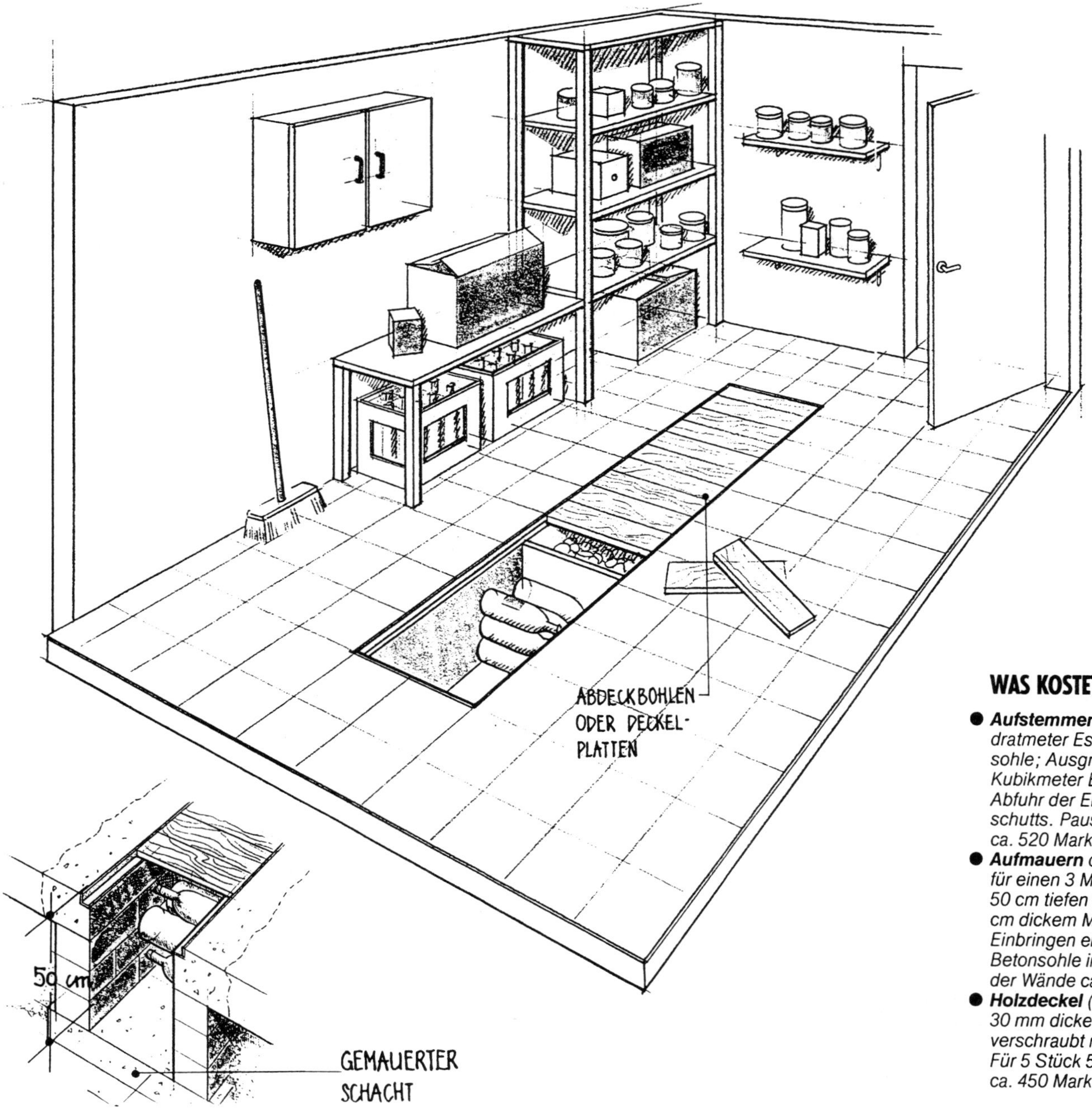

WAS KOSTET DAS?

- ***Aufstemmen*** *von 1,5 Quadratmeter Estrich und Betonsohle; Ausgraben von ca. 1 Kubikmeter Erdreich sowie Abfuhr der Erde und des Bauschutts. Pauschal ca. 520 Mark*
- ***Aufmauern*** *der Seitenwände für einen 3 Meter langen und 50 cm tiefen Schacht aus 17,5 cm dickem Mauerwerk und Einbringen einer 8 cm dicken Betonsohle inkl. Verputzen der Wände ca. 720 Mark*
- ***Holzdeckel*** *(begehbar) aus 30 mm dicken Holzbohlen, verschraubt mit Sperrholz. Für 5 Stück 50 x 50 cm ca. 450 Mark*

4. Vorratsräume mit Kühlaggregat

Was tun, wenn kein Hauskeller vorhanden ist? Und wenn es nicht möglich ist, einen freistehenden Erdkeller zu bauen? Wie gut sind ebenerdige Räume als Vorratslager geeignet? Dieser Frage ging Hans Musehold in einer Untersuchung im Auftrag des Bundesministers für Ernährung, Landwirtschaft und Forsten nach (64).
In seiner Studie über Raumklima und Wirtschaftlichkeit ebenerdiger Vorratshaltung ging er von der Überlegung aus, daß die ebenerdige Lage der Vorratsräume arbeitswirtschaftlich günstig sei, da die Wege - sonst in den Keller - verkürzt, und der Arbeitsaufwand verringert werden könnte. Denn die Vorräte, die im Keller lagern sollen, müssen nach entsprechender Vorbereitung ja erst einmal in den Keller hinuntergeschafft und dann bei Bedarf wieder heraufgetragen werden.

Als erstes war die Frage zu klären, ob und unter welchen bau- und klimatechnischen Bedingungen die Vorratsräume im Erdgeschoß untergebracht werden können. Er ging in seiner Untersuchung davon aus, daß für die gesamte Vorratshaltung eines ländlichen Haushaltes mit 4 bis 6 Personen ca. 15 bis 20 m² Grundfläche notwendig sei, bei folgender Aufteilung:

Frischvorräte	*ca. 8 bis 12 m²*
sterilisierte Vorräte	*ca. 2,5 bis 4 m²*
Trockenvorräte	*ca. 4 bis 5 m² und*
Speisekammer	*ca. 1 m²*

Diese Raumgrößen sind nur als Anhaltswerte zu verstehen, denn die Ernährungsgewohnheiten und damit die Anforderungen an die Vorratshaltung in den Familien sind sehr unterschiedlich.
Es folgt eine Zusammenfassung aus seiner Studie.

4.1 Ebenerdige Räume als Vorratslager

Die verschiedenen Vorräte erfordern unterschiedliche klimatische Bedingungen, um optimale Qualitätserhaltung zu sichern und den Verderb auf das geringstmögliche Maß zu beschränken. Frischvorräte wie Kartoffeln, Gemüse und Obst verlangen abgedunkelte Räume mit einer Lagertemperatur von 4°C bis 12°C und einer relativen Luftfeuchtigkeit von 80 bis 90%. Die sterilisierten Vorräte (Eingekochtes) erfordern dunkle Räume, Temperaturen von 4°C bis 12°C und eine Luftfeuchtigkeit von 60 bis 80%. Trockenvorräte benötigen gut be- und entlüftbare Räume mit Temperaturen nicht über 15 bis 20°C und einer relativen Luftfeuchtigkeit von höchstens 60%. Die Speisekammer soll ebenfalls

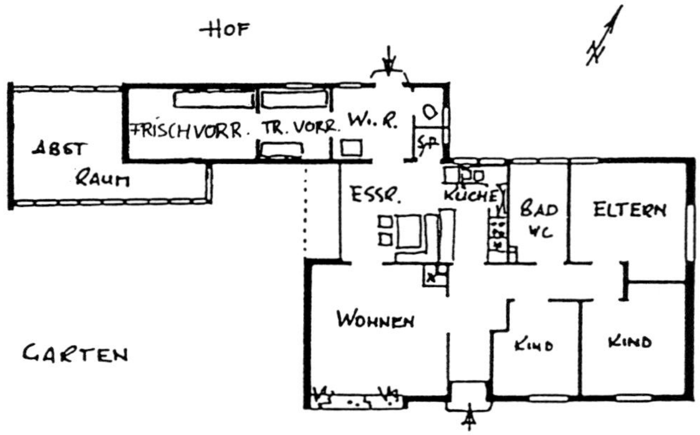

Abb. 110
Grundriß des Versuchsbaus in Heistardburg/Eifel. Nichtunterkellertes Wohnhaus, Vorratsräume im Erdgeschoß. Quelle (64)

Abb. 111
Vergleich der Innentemperaturen mit dem Streubereich der äußeren Maximal- und Minimaltemperaturen (1 Jahr) mit Lüftungsanlage Quelle (64)

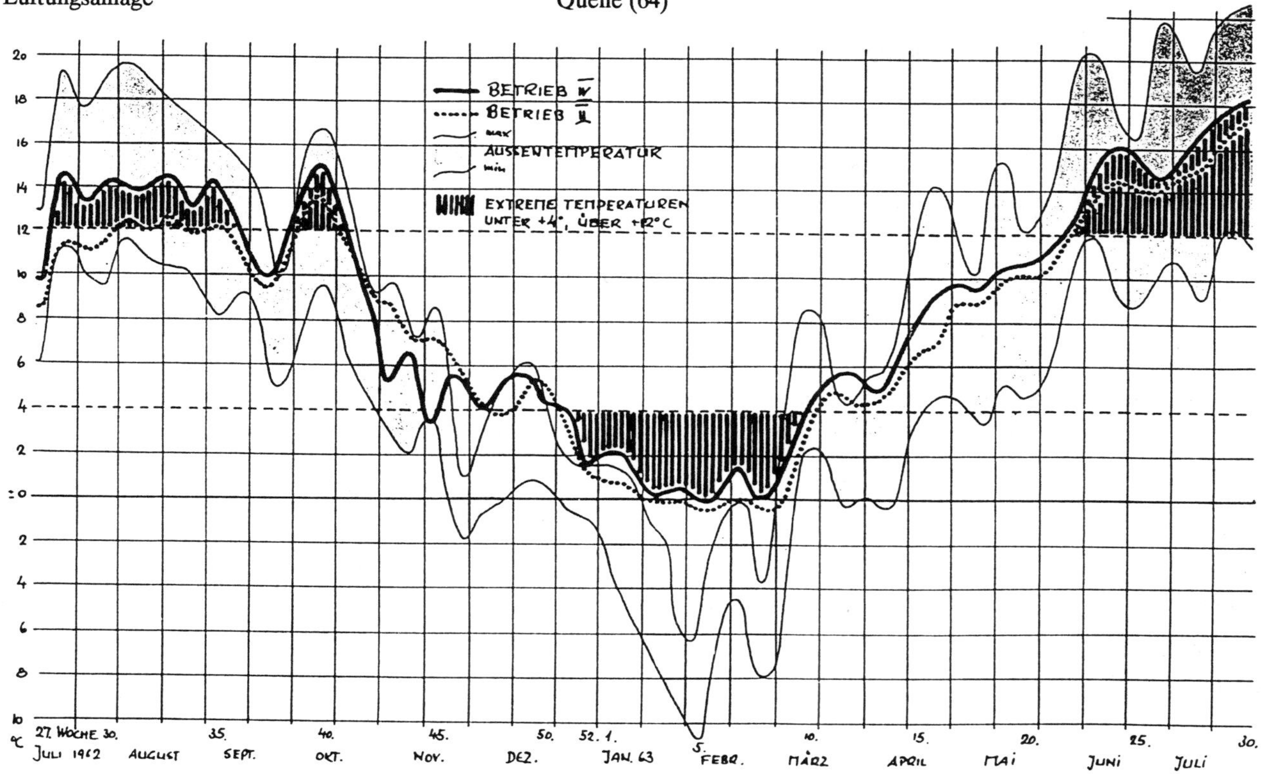

gut be- und entlüftbar, kühl und trocken sein. Ihre Lage an der Küche schließt stärkere Temperatur- und Feuchtigkeitsschwankungen nicht aus.

Für die gesamte Vorratshaltung sind also auf Grund unterschiedlicher Anforderungen an das Klima streng genommen getrennte Bereiche notwendig, auch wenn in der Praxis oft z.B. Frischvorräte zusammen mit sterilisierten Vorräten gelagert werden.

Wärmedämmung

Der zu untersuchende 9 m² große Frischvorratsraum war in einem schlauchartigen Anbau eines Wohnhauses untergebracht (Abb. 110), das zu einem frei und ungeschützt liegenden Gehöft in der Eifel gehört. Da das Klima in der Eifel sehr rauh und unterschiedlich ist, wurde als erstes eine ausreichende Wärmedämmung der Wände und Decken des Vorratsraumes für eine angenommene Innentemperatur von 4 bis 12°C vorgesehen.

Für die Ermittlung der Deckenkonstruktion wurde unter dem Welleternit des Daches eine maximale Temperatur von 60°C angenommen. Es ergab sich daraus eine zusätzliche Wärmedämmung mit 12 cm starken expandierten und imprägnierten Korksteinplatten, die an die vorhandenen 2,5 cm dicken Holzwolleleichtbauplatten mit einem Bitumensperrfilm unterseitig angeklebt wurden. Einschließlich des 1,5 cm dicken Zementmörtelverputzes ergibt dieser Aufbau einen Wärmedurchgangswiderstand $1/k = 3{,}44\ m^2\ grd/W$ ($k = 0{,}29\ W/m^2K$). Der Wärmedämmung der Außenwände wurde eine maximale Außentemperatur von +25°C, der Innenwand eine Außentemperatur von +22°C zugrundegelegt. Die vorhandenen Seitenwänden bestanden aus 24 cm Hohlblockmauerwerk, die Berechnung ergab eine zusätzliche Isolierung von 8 cm Hartschaumstoffplatten. Mit dieser Konstruktion wurde ein Wärmedurchgangswiderstand $1/k = 2{,}70\ m^2\ grd/W$ ($k = 0{,}37\ W/m^2K$) erzielt. Der Eingang erhielt eine isolierte Lagerraumtür, wie sie für Kühlräume gebräuchlich ist.

Klimatisierung

Bauseits waren zur Lüftung je 3 kleine vergitterte Öffnungen dicht über dem Fußboden und unter der Decke vorgesehen. Sonst bestand keine Lüftungsmöglichkeit. Die Erfahrung bis dahin zeigte, daß der Raum zwar eine hohe relative Luftfeuchtigkeit aufwies, die ruhende, je nach Außentemperatur recht unterschiedlich temperierte Luft für Frischvorräte jedoch nicht geeignet war.

Aus der Überlegung heraus, daß bei geeigneten Außentemperaturen der Raum gelüftet werden soll, zu kalte und zu warme Außenluft aber keinesfalls einströmen darf, wurde eine mechanische und thermostatisch geregelte Lüftungsanlage vorgesehen. Erfahrungsgemäß erwärmt sich die Luft auch an kalten Wintertagen um die Mittagszeit so stark, daß Frischluft eingelassen werden kann. Andererseits sinken die Temperaturen an warmen Sommertagen in der Zeit von 3 bis 5 Uhr so stark, daß die Lüftung in Tätigkeit treten kann. Es war anzunehmen, daß nur an extrem kalten bzw. warmen Tagen jegliche Lüftung ausgeschlossen war.

Die Laufzeit des in die Außenwand eingebauten Ventilators wurde durch einen Außenluftthermostaten gesteuert. Damit konnte der Temperaturbereich von 4°C bis 12°C genau erfaßt werden, in welchem der Lüfter in Betrieb sein sollte. Er lief also nur, wenn außen eine den Vorräten zuträgliche Temperatur herrschte.

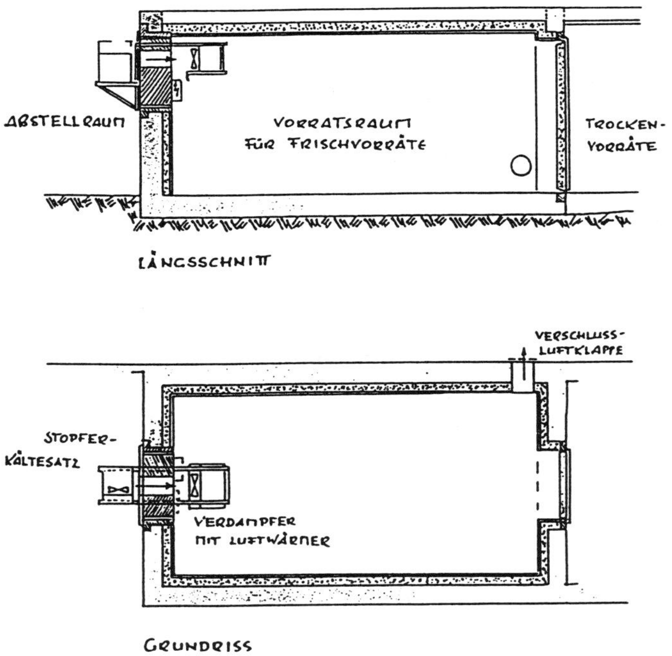

Abb. 112
Grundriß und Schnitt des Vorratsraumes mit Klimagerät
Quelle (64)

Der Ventilator förderte die Innenluft durch eine Jalousieklappe nach außen. In dem Lüftergehäuse war auch gleichzeitig die Zuluftöffnung angeordnet, durch die Frischluft von außen in den Raum einströmte. Die Frischluft wurde, um nicht vom Ventilator gleich wieder nach außen befördert zu werden, durch einen Eternitkanal zur diagonal entgegengesetzten Ecke geleitet und gelangte durch eine unten am Fußboden angeordnete Öffnung in den Raum. Da der Ventilator dicht unter der Decke angebracht war, erfolgte auf diese Art eine den ganzen Raum erfassende Querlüftung. Später wurde eine Klimaanlage eingesetzt, mit der die Innenluft nach Bedarf gekühlt bzw. erwärmt werden konnte.

Klimamessungen

Die Messungen der Klimaverhältnisse liefen mit der ersten Anlage etwa 1 1/2 Jahre, mit der zweiten noch ein Jahr. Die inneren Klimaverhältnisse - Temperatur und relative Luftfeuchtigkeit - wurden durch Thermo-Hygrographen festgehalten, und die Laufzeiten der Lüfter durch schreibende Registriergeräte erfaßt. Die Außentemperaturen sowie die äußere relative Luftfeuchtigkeit konnte von der nahe gelegenen Radioteleskopstation Stockert der Sternwarte der Universität Bonn übernommen werden. Damit war es möglich, die inneren und äußeren Klimaverhältnisse zu vergleichen und die Wirkungsweise der baulichen und klimatechnischen Anlagen zu beurteilen.

Versuchsergebnisse

Aus den Aufzeichnissen ergab sich, daß die höchste Tagestemperatur in der Zeit zwischen 12 und 16 Uhr, die niedrigste in der Zeit von 2 bis 5 Uhr herrschte. Der Anstieg der Temperatur begann im Sommer etwa um 5 Uhr. Bei den höchsten Außentemperaturen um +30°C in der Mittagszeit konnten meist um etwa 5 Uhr morgens noch Minimaltemperaturen von 10°C bis 12°C festgestellt werden. Diese Tatsache deutet darauf hin und wurde durch die Aufzeichnungen der Lüfterlaufzeiten bestätigt, daß auch an warmen Sommertagen zu bestimmten Zeiten noch eine Lüftung mit Außenluft erfolgen konnte, ohne daß zu warme Luft eingeblasen wurde. Allerdings zeigte sich in den beiden erfaßten warmen Jahreszeiten, daß die Lüftungsintensität den ganzen Tag über temperaturmäßig nicht ausreichte. Der Grund schien in der großen Wandöffnung für den Lüfter mit einer nicht dicht schließenden Leichtmetalljalousie zu liegen. In der warmen Tagezeit drang hier viel warme Luft ein und erwärmte den Raum so stark, daß auch eine Lüftung am frühen Morgen keine wesentliche Abkühlung bringen konnte. Auf dieselbe Ursache ist das zu tiefe Absinken der Temperaturen im Winter zurückzuführen (Abb. 111).
Da die bereits erhöhte Wärmedämmung als ausreichend zu erachten war und der Einbau einer noch dickeren Dämmschicht keine Verbesserung der Temperaturverhältnisse versprach, mußte die eingebaute Lüftungslage geändert werden. Es wurde eine Kühlanlage mit Heizregister eingebaut, das vor dem Verdampfer angebracht wurde und zusammen mit dem Ventilator betätigt wird (Abb. 112).
Die Kühlanlage reicht mit ihrer Leistung zur Kühlung eines Raumes bis ca. 20 m^3 Inhalt bei Temperaturen von +4°C bis 12°C aus, wobei von einer maximalen Außentemperatur von 25 bis 30°C und einer minimalen Außentemperatur im Winter von -10°C ausgegangen wird. Die Kälteleistung würde noch ausreichen, wenn am Tage bis zu 150 kg Lebensmittel eingelagert würden. Eine derartige Menge wird im Haushalt nur selten anfallen oder überschritten, z.B. bei der Einlagerung größerer Mengen Kartoffeln im Herbst. Dann sind allerdings die Temperaturen meist schon so niedrig, daß eine Abkühlung der Kartoffeln kaum erforderlich ist. Dennoch schien die Kälteleistung der Maschine zweckmässig, da Frischvorräte im Verlauf der Lagerung erhebliche Wärmemengen abgeben können. Nach dem Einbau der neuen Klimaanlage ergab sich ein wöchentlicher Tempera-

Abb. 113
Vergleich der Innentemperaturen mit dem Streubereich der äußeren Maximal- und Minimaltemperaturen (1 Jahr) mit Klimaanlage Quelle (64)

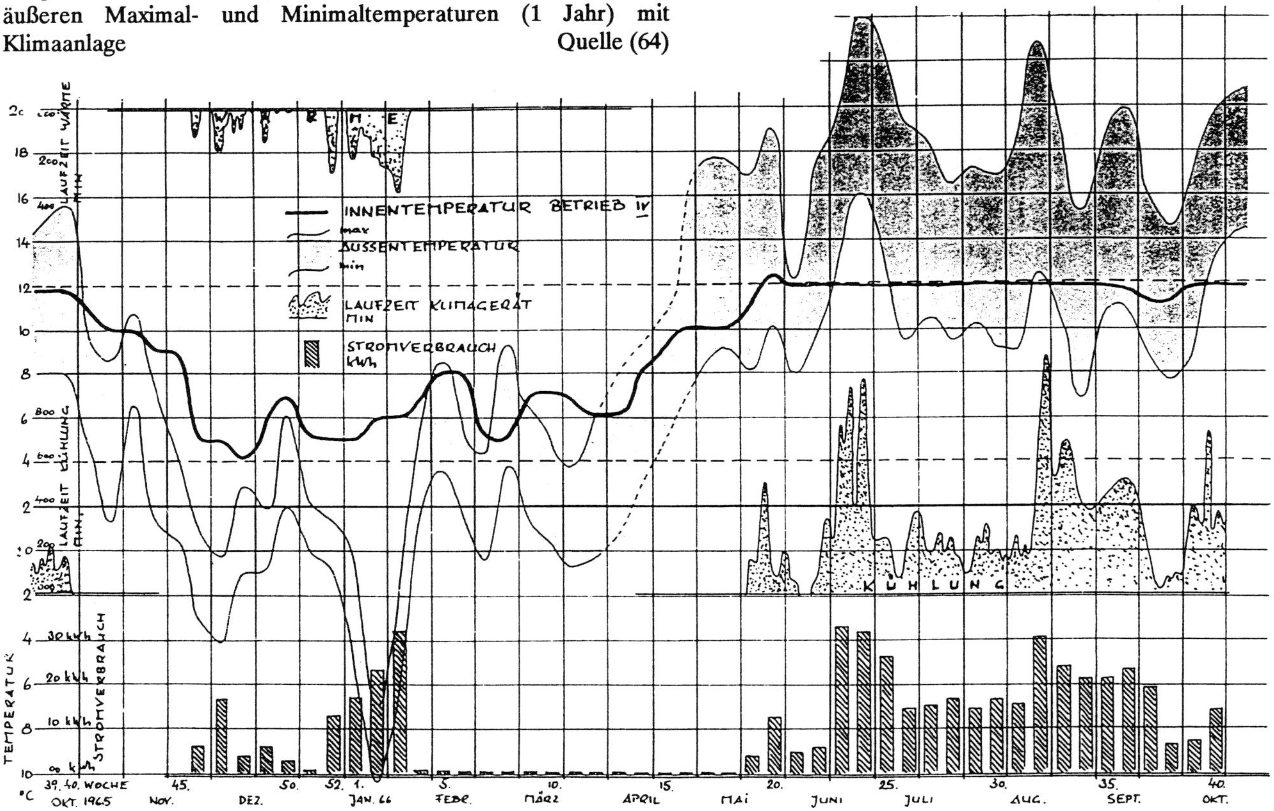

turverlauf genau im Bereich von +4 und +12°C. In der Abbildung 113 ist auch gleichzeitig die Tätigkeit der Heizung und der Stromverbrauch aufgezeichnet. Es wurde ein durchschnittlicher Stromverbrauch von 10 kWh/Woche registriert. Im Versuchszeitraum ergab sich im Sommer ein wöchentlicher Stromverbrauch von ca. 18 kWh. Im ganzen Jahr wurde insgesamt 510 kWh verbraucht (zum Vergleich: gute Kühlschränke mit ca. 150 l Fassungsvermögen verbrauchen 0,4 bis 0,6 kWh/Tag).

Luftfeuchtigkeit: Die in den erdgeschossigen Vorratsräumen registrierte relative Luftfeuchte blieb auch unter dem Einfluß der Lüftung mit Außenluft im geforderten Bereich von 70 bis 90%. Der Tagesverlauf ist zusammen mit der Luftfeuchtigkeit außen aus Abb. 114 zu ersehen. Die außen stark streuende Luftfeuchtigkeit zeigt im Innenraum einen gleichmäßigen Verlauf in dem vorgenannten Bereich. Dieser gleichmäßige Verlauf ist auf die hohe relative Luftfeuchtigkeit in der Lüftungszeit gegen Morgen, die sich auch an den Tauniederschlägen, am Reif oder Nebel zeigt, und auf den Temperaturunterschied zwischen innen und außen zurückzuführen. So entsprechen etwa 70% rel. Luftfeuchtigkeit bei +20°C nach dem i,x-Diagramm nach Mollier etwa 96% rel. Feuchte bei +15°C.

Die relative Luftfeuchtigkeit hielt sich nach dem Einbau der Klimaanlage im Bereich von 60 bis 70%, im Durchschnitt bei 66,3%. Damit wurde die für Frischvorräte geforderte hohe Luftfeuchtigkeit nicht mehr erreicht. Die Ursache für das Absinken der Luftfeuchtigkeit lag einmal in der Kühlanlage, durch die größere Mengen Feuchtigkeit aus der Zuluft entfernt und nach außen befördert wurden. Die Feuchtigkeit schlägt sich dabei als Reif am Verdampfer nieder, taut ab und wird durch ein Rohr nach außen geleitet. Außerdem waren zu dieser Zeit keine Frischvorräte gelagert, so daß der Zustrom an Feuchtigkeit nur durch den Fußboden bzw. die Außenluft erfolgen konnte. Es ist zu erwarten, daß bei Einbau eines Lehmfußbodens und bei Lagerung größerer Mengen an Frischvorräten sich auch infolge der Ausdünstungen eine erhöhte Luftfeuchtigkeit einstellen wird.

Resumée

Im Erdeschoß ist der Vorratsraum stärker als im Keller der Außenwitterung ausgesetzt. Es sind somit entsprechende bauliche und klimatechnische Maßnahmen erforderlich, um auch in einem erdgeschossigen Raum optimale Lagerbedingungen zu schaffen. Durch die thermostatisch gesteuerte mechanische Lüftungsanlage konnten die Temperaturverhältnisse noch nicht befriedigend geregelt werden. Trotz ausreichender Wärmedämmung der Wände und Decken wurden im Hochsommer in den Vorratsräumen kurzzeitig Temperaturen gemessen, die ca. 3°C über der Höchstgrenze von +12°C lagen. Im Winter traten Innentemperaturen um den Gefrierpunkt, an extremen Tagen sogar bis -2°C auf. Erst mit Einbau einer Klimaanlage, mit der die Innenluft sowohl gekühlt als auch erwärmt werden kann, war es möglich, die Innentemperaturen in dem geforderten Bereich von 4 bis 12°C zu halten.

Damit ist bestätigt, daß für erdgeschossige Vorratsräume zur Einhaltung der zur Lagerung von Frischvorräten erforderlichen Klimaverhältnisse neben einer ausreichenden Wärmedämmung eine Klimaanlage mit Kühl- und Wärmeaggregat unbedingt erforderlich ist. Lüftungsöffnungen mit natürlichem Luftwechsel oder auch die mechanische Be- und Entlüftung mit einem Ventilator reichen nicht aus, da sie die Temperaturspitzen im Sommer und Winter nicht ausgleichen können.

Im Vergleich zu den Baukosten eines für Frischvorräte geeigneten Kellerraumes mit 50% mehr umbauten Raum (Teilunterkellerung), waren die Erstellungskosten des erd-

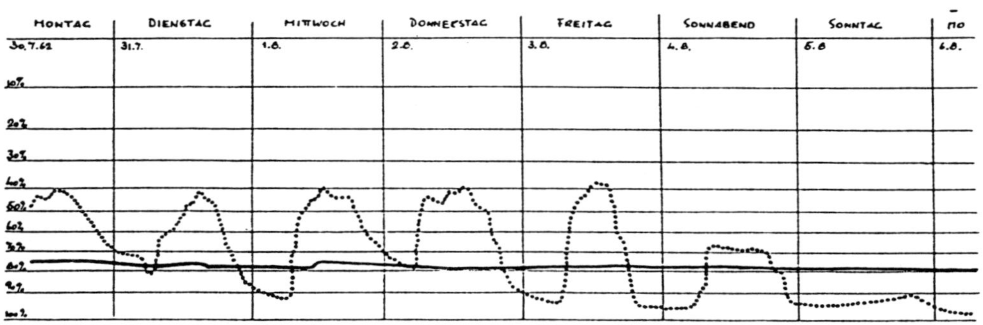

Abb. 114
Relative Luftfeuchtigkeit
innen (——) und außen (.....)
Quelle (64)

geschossigen Raumes inklusive Isolierung und Klimaanlage etwa gleich hoch. Anders ist es bei den Betriebskosten; denn hier fallen bei dem ebenerdigen Raum Stromkosten, Wartung und Reparaturen an, während die Vorratsräume im Keller praktisch betriebskostenfrei sind.
Eine erdgeschossige Vorratshaltung mit den beschriebenen Bedingungen (Raumtemperaturen während des gesamten Jahres zwischen +4° und +12°C) kann deshalb nur dann empfohlen werden, wenn es keine Möglichkeit einer Kellernutzung gibt und wenn der Vorratsraum z.B. gewerblich genutzt werden soll. Als Lagerraum allein für die üblichen Haushaltsvorräte ist er in dieser Ausführung nicht sinnvoll.

4.2 Kleine Kühlzellen

Der folgende Beitrag von KAI KREUZER ist zum Teil seinem Buch entnommen »Die Vermarktung selbst in die Hand nehmen!« (65). Er berichtet über den Selbstbau einer kleinen Kühlzelle für einen Naturkostladen.

Sommergemüsearten (Salate, Radieschen, Spinat usw.) müssen gekühlt werden, damit sie in der warmen Jahreszeit nicht schnell verderben. So kann im Laden mehr Gemüse mit weniger Risiko angeboten und vorrätig gehalten werden und das Angebot ist frischer, was den Verkauf fördert. Da das Kaufverhalten der Kunden sehr unterschiedlich ist, können zudem »Verkaufslöcher« ohne Verderb besser überbrückt werden und zu Spitzenzeiten ist es möglich, mehr Ware in Reserve zu halten.
Für einen kleineren Laden genügt in der Regel eine 6 bis 8 m³ Kühlzelle mit Kühlaggregat (Umluftkühlung mit Verdampfereinheit). Die Temperatur muß auf +6 bis 8°C einstellbar sein; über einen Hygrometer wird die notwendige Luftfeuchtigkeit von 80 - 90% relative Luftfeuchte kontrolliert. Die meisten Gemüsearten sind so statt ein bis drei Tage, etwa eine Woche bis 10 Tage haltbar.
Die Kühlzelle sollte in einem ungeheizten, möglichst fensterlosen und kühlen Raum aufgestellt werden, denn je kühler der vorhandene Raum schon ist, desto geringer ist nachher der Strombedarf. Der Raum darf allerdings nicht zu weit vom Verkaufsraum entfernt liegen, da morgens und abends ein Großteil der Gemüse- und Obstkisten hin- und her getragen werden muß. Um die notwendige Feuchtigkeit in der Kühlzelle zu bewahren, kann die Ware ggf. mit feuchten Tüchern abgedeckt werden. Kräuter halten sich in Plastiktüten eingehüllt etwa eine Woche frisch. Selbstverständlich kann die Kühlzelle auch für die Kühlung von Milch und Milchprodukte verwendet werden.
Kühlzellen sind bei Kühltechnikfirmen (siehe Branchenverzeichnis) in verschiedenen Größen fertig erhältlich. Sie werden in Elementen angeliefert und sind in kurzer Zeit aufgestellt.
Es ist relativ leicht möglich, das Gehäuse der Kühlzelle auch kostensparend selbst zu bauen, so daß nur das Kühlaggregat gekauft werden muß. Zur Erstellung der Kühlzelle

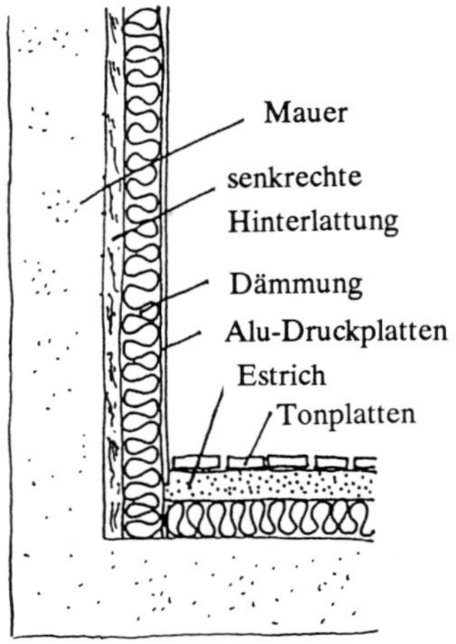

Abb. 115
Wand- und Bodenaufbau der selbstgebauten Kühlzelle
Quelle (65)

für einen Naturkostladen waren etwa 120 Arbeitsstunden notwendig, wobei außer dem Kühlaggregat in diesem Fall auch die gedämmte Kühlraumtür einschließlich des Rahmens gekauft wurde.
Abb. 115 zeigt, wie die Kühlraumwand aufgebaut ist. Auf das Mauerwerk eines Nebenraumes wurde auf einer Holzlattung Dämmaterial dicht verklebt (Styrodur bei Platzmangel, da es etwas besser dämmt, ansonsten Korkplatten, mindestens 10 cm). Als Dampfsperre sind darauf raumseitig 0,5 mm starke alte Druckplatten aus Aluminium (ca. 1 m x 1,3 m) mit Fliesenkleber vollflächig geklebt. Der Fußboden wurde ebenfalls gedämmt und darauf eine etwa 5 cm starke, schwimmend verlegte Estrichschicht aufgebracht, die mit Tonplatten belegt wurde.

Anschaffungskosten für diese Kühlzelle mit 5,5 m^3 Innenvolumen (Preise von 1985):

Dämmaterial (Styrodur, 8 mm)	DM 1.000,-
Holzlatten, Fliesenkleber	DM 200,-
Alu Druckplatten, evtl. umsonst oder	DM 20 - 30,-
Dämmtüre	DM 1.000,-
Kühlaggregat	DM 2.000,-
Gesamtkosten (ohne MwSt.)	DM 4.200,-

Abb. 116 zeigt den Vorschlag eines Herstellers von Kältemodulen für den Selbstbau einer Kühlzelle, bei der auch die Kühlraumtür aus einem Normtürblatt selbst hergestellt wird. Auf Decke, Wände und Boden sind 10 cm starke Styroporplatten (besser: naturnahe Dämmstoffe) vollflächig

Selbstgebaute (links) und vorgefertigte (rechts) Kühlzelle in einem Naturkostladen
Fotos: Kai Kreuzer

So isolieren Sie Wand, Decke und Boden:

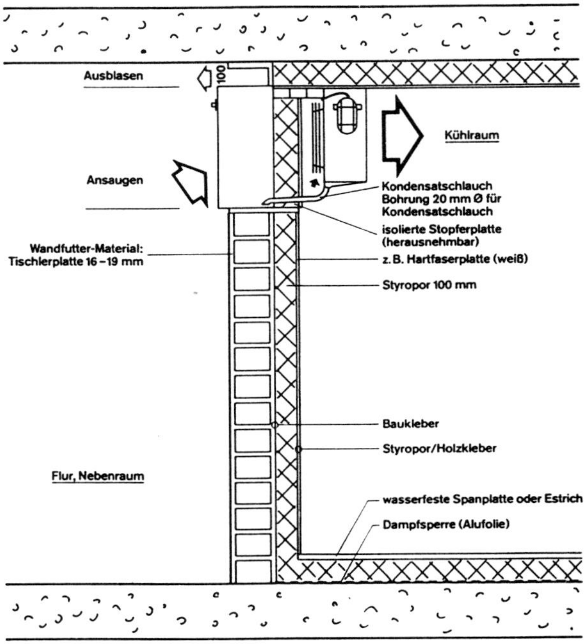

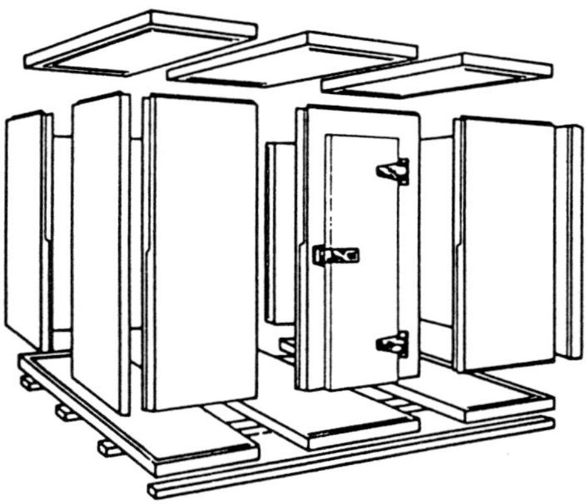

aufgeklebt. Neu zu erstellende Wände können aus 20 x 100 mm starken Schattenfugenbretter in Rahmenbauweise gebaut und mit 10 cm Hartschaumplatten ausgefacht werden. Für das Kältemodul (Kosten 1990 je nach Fabrikat etwa 2500 DM, Leistung für ein Kühlvolumen von bis zu 8 m^3: 600 bis 800 W), das als Wandeinschubgerät von außen in die Wand eingesetzt wird, bleibt eine Öffnung in der Wand ausgespart. Das Kältemodul wird auf eine einbaufertigen Platte, die Stopferplatte, montiert und läßt sich dann sehr einfach in die Aussparung einpassen.

Vorteil von selbstgebauten Kühlzellen: Sie können kleinen Räumen, z.B. einer Abstellkammer, problemlos angepaßt werden.
Nachteil: Die Kühlzellen sind nicht, oder nur sehr schlecht, umzugsfähig.

Bei ausreichenden Raumverhältnissen ist es erfahrungsgemäß sinnvoller, für Läden eine fertige Kühlzelle zu kaufen. Sie kann bei Umzug nicht nur problemlos ab- und am neuen Standort wieder aufgebaut werden, sondern sie ist bei Bedarf auch leicht um einige Dämmelemente erweiterbar (Abb. 117). Fertigkühlzellen (Raumhöhen 2 m bis 2,20 m) werden aus vorgefertigten Einzelelementen in Sandwichbauweise mit innenliegender Wärmedämmung in vielen Größen angeboten. Ein Kühlraum zwischen 5 und 7 m^3 mit einem Kühlbereich von ca. 0°C bis +12°C kostet komplett, d.h. einschließlich der Regale in der Regel um 9.000 DM (1990).

Abb. 116 (oben links)
Herstellervorschlag zum Selbstbau einer Kühlzelle
Quelle: Information der Firma Bosch

Abb. 117
Erweiterbare Kühlzellen aus vorgefertigten Einzelelementen
Quelle: Information der Firma Bosch

5. Beispiele gebauter Naturkeller

5.1 Vom Warmkeller zum Kühlkeller: - Vorratskeller nachträglich gebaut

Autor: Bernhard Nixdorf

Nach Jahrzehnten, in denen die meisten von uns glaubten, daß die Vorräte genügten, die im Kühl-, Gefrier- und Küchenschrank aufbewahrt werden und ihr Obst und Gemüse nur kiloweise kauften, wird heute wieder mehr und mehr der früher selbstverständliche Vorratskeller entdeckt. Kühle und Feuchtigkeit sind für ihn Voraussetzung.
Keller für Vorräte, wie sie unsere Großeltern gewohnt waren, sind heute nur noch selten zu finden. Durch Ausbau oder Umbau oder durch die Installation einer Zentralheizung sind diese Vorratskeller verschwunden, oft, weil sie gar nicht mehr gebraucht wurden, noch häufiger aber, weil der Einbau einer zentralen Heizungsanlage solche Keller funktionsuntüchtig machte. Sie wurden zu warm, und die gelagerten Früchte verdarben.
Was aber soll der Hausbesitzer tun, der einen Nutzgarten betreibt und sein selbstangebautes Gemüse, seine Kartoffeln, sein Lagerobst den Winter hindurch möglichst bis zum Frühjahr hinein aufbewahren möchte? Fangen doch bei normalen Kellerräumen die Kartoffeln schon im Dezember zu keimen an, und die Möhren und die anderen Gartenfrüchte vertrocknen, wenn sie nicht gar faulen.

Die folgende Anleitung zeigt, wie auch nachträglich ein zu warmer Keller so umgebaut werden kann, daß er für die Vorratslagerung geeignet ist.

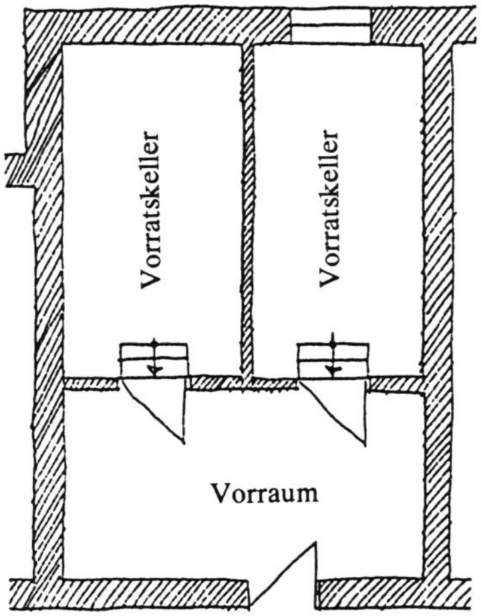

1 Kellerflur

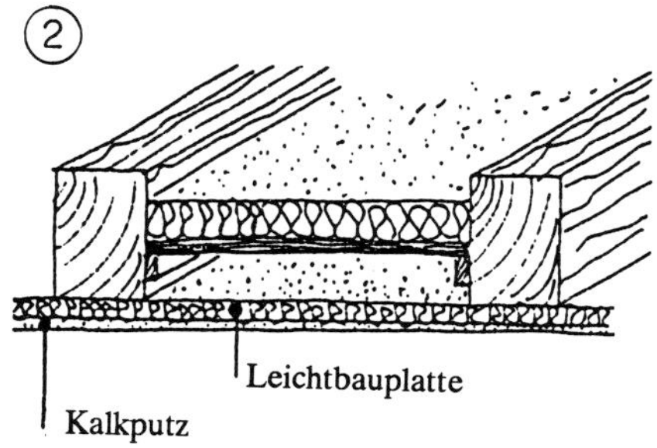

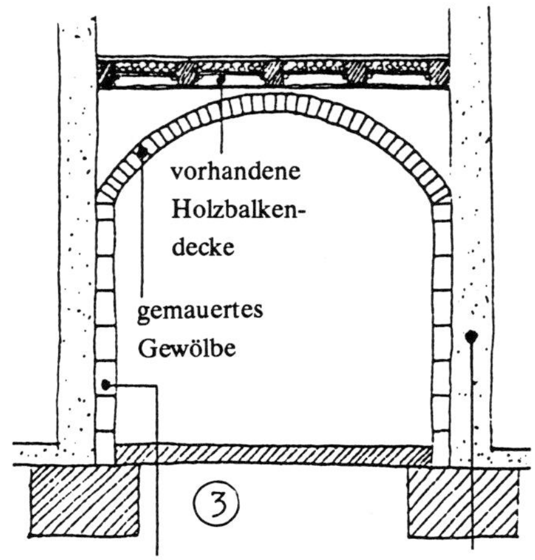

Wer Kartoffeln und Äpfeln lagern möchte, sollte von vornherein zwei Kellerräume einplanen: einen für Kartoffeln und einen für die Äpfel, denn die Kartoffeln beeinträchtigen die Äpfel in ihrem Geschmack.
Entscheidend bei einem richtigen Lagerkeller ist, daß die Wärme der angrenzenden Räume abgehalten, und eine entsprechende Luftfeuchte erreicht wird. Deshalb muß beim Umbau eines normalen Kellers zu einem Lagerkeller zuerst überlegt werden, wie die Wärme am günstigsten abzuhalten ist.
Dabei kann schon entscheidend sein, wie man den Keller aufteilt. Ist der Raum ausreichend groß, könnte er z.B. in zwei kleine Keller unterteilt werden. Ist der Kellerflur durch die Heizungsanlage zu warm, empfiehlt es sich, einen Vorraum zu schaffen (Abb. 1), der als Pufferzone dient. Genutzt werden könnte dieser Vorraum z.B. für die Lagerung von Eingekochtem.
Bei der Aufteilung der Räume ist auch zu berücksichtigen, wieviel Tageslicht eindringt. Ratsam ist, als Kartoffelkeller einen Raum ohne Tageslicht zu wählen, damit die Früchte nicht vorzeitig keimen. Für Decke, Wände und Böden sollten Materialien verwendet werden, die Feuchtigkeit gut speichern können.
Welche Materialien gewählt werden und wie dabei vorgegangen wird, ist zuletzt eine Frage des Aufwandes, zu dem man bereit ist.
Am einfachsten ist es, an Decke und Wände Leichtbauplatten, zum Beispiel Heraklithplatten, anzubringen und sie mit einem Kalkputz zu versehen (Abb. 2).
Besser ist eine massive Decke, besonders dann, wenn die vorhandene Decke aus einer Holzkonstruktion besteht. Wirkungsvoll ist hier eine gemauerte Kellerdecke aus Ziegelsteinen, wobei allerdings der Aufwand recht groß ist, da aus statischen Gründen ein Gewölbe entstehen muß.
Am zweckmäßigsten wird hierfür im Keller eine zweite Mauer vor die Wände gesetzt, die als Auflager für das Gewölbe dient (Abb. 3). Diese Arbeit, vor allem wenn sie nachträglich ausgeführt wird, erfordert schon einige Fach-

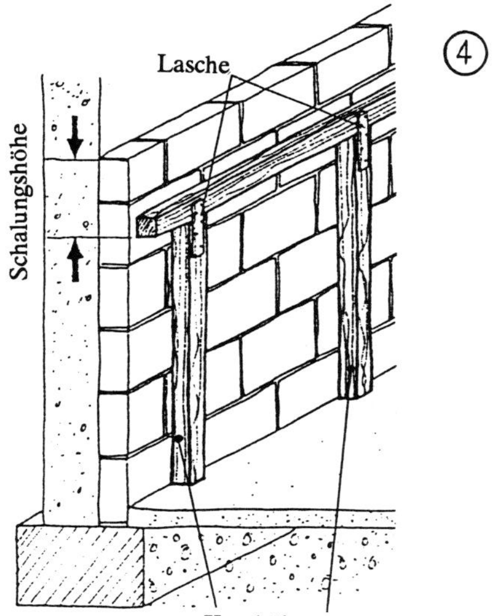

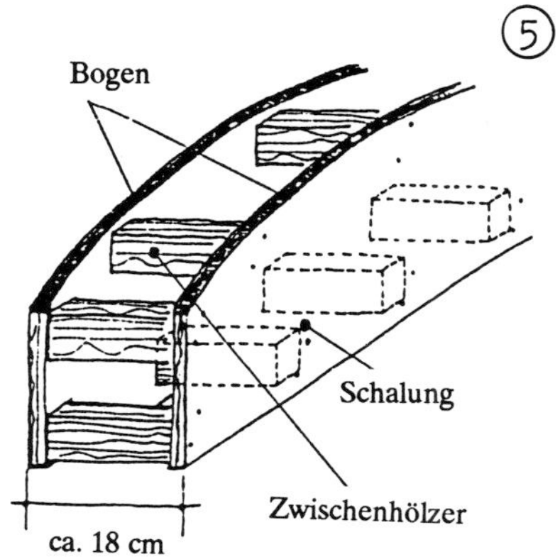

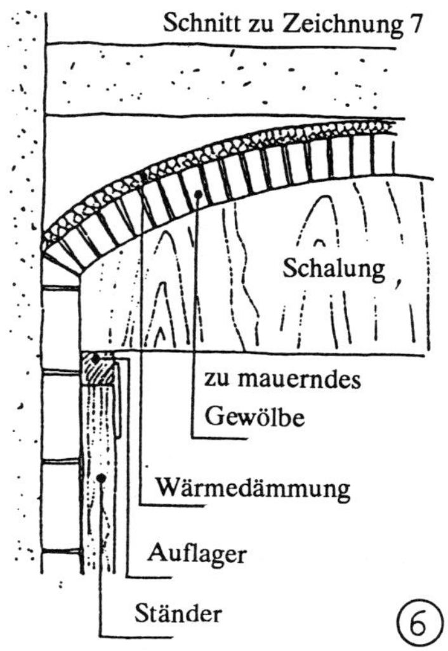

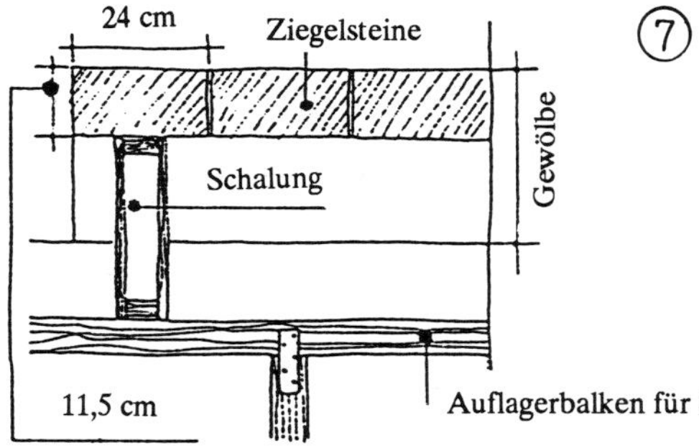

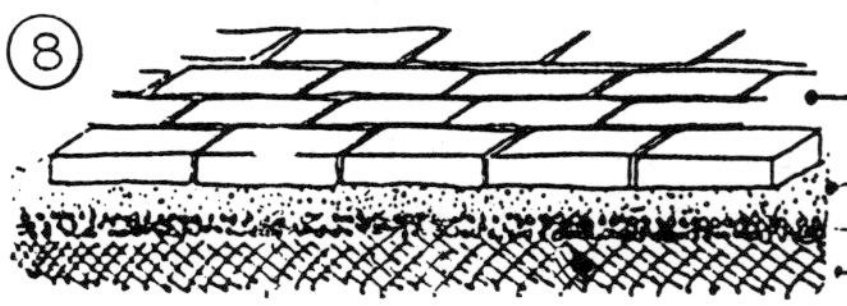

kenntnisse. Es ist aber möglich, Vorarbeiten zu übernehmen und bei den Maurerarbeiten, mit denen man einen Handwerker beauftragt, gewisse Hilfsarbeiten zu leisten.
Bei einem Keller, der neu gebaut wird, würde eine Holzschalung gefertigt und auf diese von oben das Gewölbe gemauert werden. Da bei einem vorhandenen Keller das Arbeiten von oben nicht möglich ist, muß man anders vorgehen: man mauert nur auf einem Schalungsstreifen.
Dabei ist zuerst an den gemauerten Seitenwänden ein Auflager für die Schalung zu schaffen (Abb. 4). Zweckmäßig dafür ist ein Kantholz (ca. 12 x 12 cm), das durch weitere Kanthölzer gegen den Fußboden abgestützt ist. Die Höhe der Kanthölzer an beiden Seiten ergibt sich durch die Materialstärke der Ziegelsteine (5,5 cm), die Höhe der Schalung und die Wölbung der Decke.
Für die Schalung verwendet man am besten zwei Tischlerplatten. Sie werden so ausgeschnitten, daß sie genau die untere Wölbung der Decke haben und in der Länge zwischen die Wände passen. Auf jeder Wandseite sind ca. 1 cm Luft

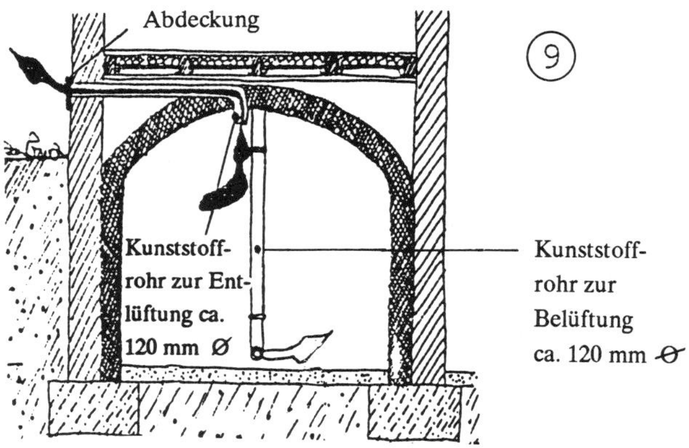

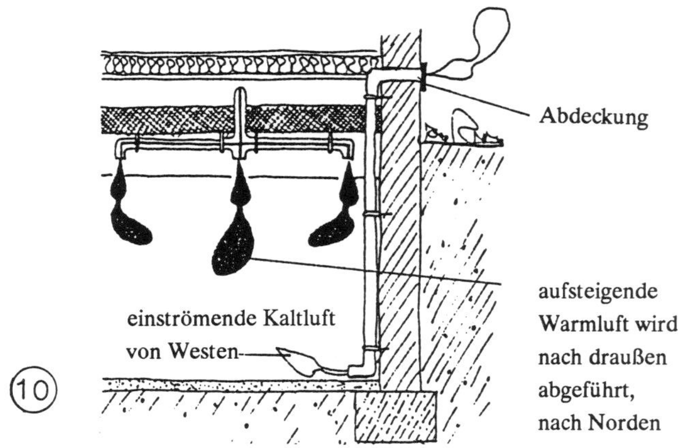

zu berücksichtigen. Die beiden Platten sind so miteinander zu verbinden, daß sich eine Stärke von ca. 18 cm ergibt. Am einfachsten ist dies durch Klötzchen erreichbar, die dazwischen genagelt werden (Abb. 5).
Die Schalung ist dann an der hinteren Wand aufzulegen und darüber die erste Steinschicht zu mauern (Abb. 6 und 7). Danach zieht man die Schalung um eine Steinlänge vor und mauert die nächste Reihe auf. Angebracht ist es, über die Ziegel noch eine ca. 4 cm starke Mineralfaser-Dämmatte (ersatzweise Kork) zur besseren Wärmedämmung zu legen.
Wichtig für die Lagerfrüchte ist eine gewisse Erdfeuchte. Hat der vorhandene Keller einen Betonboden, dann könnte in der Mitte des Raumes eine Vertiefung gegraben werden, ca. 50 cm tief.
Zu überlegen ist, ob ein solcher Keller nicht außerhalb des Hauses seinen Platz finden könnte, eventuell mit einem Anbau oder einer Garage verbunden. Dann könnte, wenn es der Grundwasserstand zuläßt, der Keller gleich entsprechend tief in der Erde angelegt werden.
Der Fußbodenaufbau über dem Erdreich sollte so beschaffen sein, daß er die Erdfeuchte gut aufnimmt. Zu berücksichtigen ist allerdings das Grundwasser, auf jeden Fall sollte außerhalb des Kellers eine Dränage im Erdreich liegen, die das Wasser abführt. Auf das Erdreich, auf den gewachsenen Boden also, wird eine ca. 5 cm starke Kalkschotterschicht geschüttet. Darauf kommt eine etwa 5 cm starke Sandschicht, auf die dann Ziegelvollsteine gelegt werden. Die Fugen können danach mit Kalkmörtel oder Sand ausgefugt werden (Abb. 8).

Sehr wesentlich ist die Be- und Entlüftung des oder der Keller. Der erste Keller kann durch ein Fenster belüftet werden. Der zweite Keller, der Kartoffelkeller, in den kein Tageslicht fallen sollte, läßt sich über Rohre entlüften. Dies ist schon bei der Planung zu beachten. Es sind zwei Rohrleitungen einzubauen, ein Rohr für die Belüftung und eines für die Entlüftung. Der Lufteintritt sollte auf der Westseite liegen, so daß der Wind die Frischluft hineindrückt. Das Rohr für die Abluft dagegen ist so anzuordnen, daß sich die Öffnung auf der Nordseite befindet, damit der vorbeistreichende Wind die warme, aufsteigende Luft heraussaugen kann. Das Belüftungsrohr ist möglichst bis auf den Kellerboden zu führen, das Entlüftungsrohr beginnt unterhalb der Decke. Von außen muß auf beiden Rohrstutzen zum Schutz vor Ungeziefer ein engmaschiger Rost aufgebracht werden. Der Pflanzenbewuchs außen sollte die Öffnungen für den Luftein- und Luftaustritt nicht verdecken (Abb. 9 und 10).

5.2 Bau eines Erdkellers

Autor: Carl-Heinz Buck

Ein Garten ohne Erdkeller ist nur ein halber Garten, denn erst durch ihn wird eine Selbstversorgung mit naturbelassenen Lebensmitteln rund ums Jahr möglich. Eine der ersten Arbeiten beim Aufbau meines Selbstversorgerhofes war deshalb der Bau eines Erdkellers. Ich fand praktisch keine Literatur zum Thema und mußte deshalb selbst experimentieren. Damit nicht jeder meine Fehler zu wiederholen braucht, hier meine Bauanleitung.

Rohbau

Als erstes muß ein Bauplatz gesucht werden, der so gut drainiert werden kann, daß mit Sicherheit das ganze Jahr über der Keller trocken bleibt. Hier werden die meisten Pleiten erlebt. In einem überfluteten Erdkeller verdirbt alles. Da es in der Nähe unseres Gartens überall eben ist, reicht mein Keller nur 60 cm tief in den Boden. Um ihn im Sommer so kühl wie möglich, und im Winter frostfrei zu halten, wäre es allerdings besser gewesen, wenn ich ihn tiefer eingegraben hätte.
Zunächst hob ich eine Baugrube von 2,60 m x 4,40 m Größe und 80 cm Tiefe aus. Die unteren 20 cm der Grubenwände habe ich im Winkel von etwa 45° nach außen abgestochen. In diese Hohlkehle legte ich rings um die Grube Drainagerohre mit leichtem Gefälle zum Ausfluß, der in einen Teich mündet. Jetzt füllte ich 15 cm groben Kies in die Grube und baute aus alten Brettern die Schalung für die Streifenfundamente, 80 cm hohe Betonwände, 20 cm von den sauber ausgestochenen Erdwänden der Grube entfernt (das Türloch in der Vorderwand natürlich ausgespart). Die Schalungswände müssen durch Balken gut miteinander verstrebt werden, damit sie nicht nach innen ausbeulen, wenn der schwere Beton eingefüllt wird. Nun kam eine Schicht Gesteinsbrocken in die Schalung, danach schichtenweise der Beton (1 Teil Zement auf 4 Teile groben Kies, erdfeucht) und Gesteinsbrocken, die immer in der Mitte der Wand liegen müssen - anderenfalls bekommt man keine glatten Wände. Jede Schicht muß sorgfältig gestampft werden, um Luftblasen zu entfernen. Zur Armierung legte ich noch einige dünne Eisenstangen in den Boden.

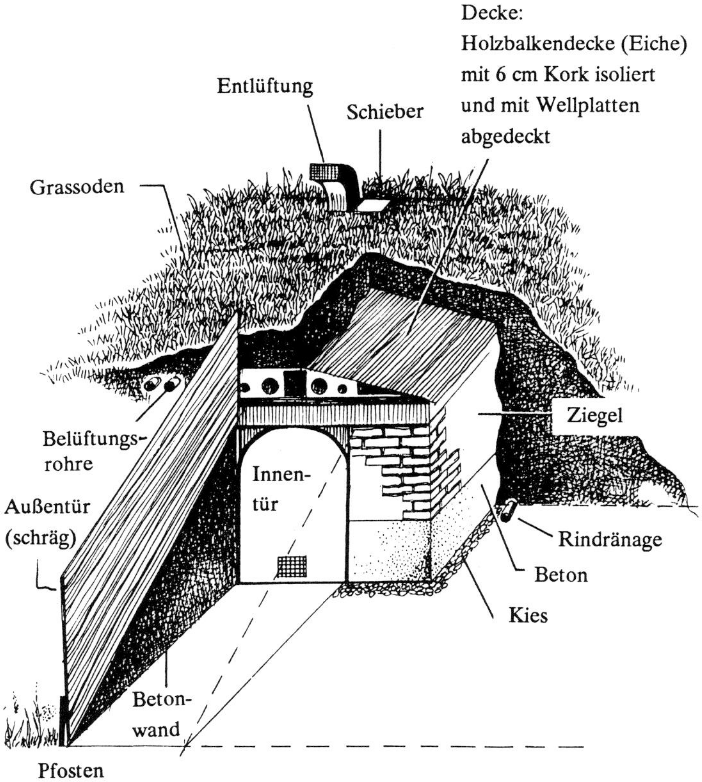

Nach drei Tagen baute ich die Schalung ab, schüttete eine Schicht Kies auf den gewachsenen Grubenboden und legte darauf Ziegelsteine, die ich vorsichtig feststampfte und einschlämmte. Der Boden hat ein leichtes Gefälle zur Rückseite. Dort endet er 5 cm vor der Wand in einer Rinne, die ich mit Kieselsteinen füllte. Hier kann eingedrungenes Wasser aus dem Erdkeller sofort in die Drainage ablaufen und der Kellerboden kann auch einmal abgespritzt werden.
Die Wände oberhalb des Betons mauerte ich aus alten Ziegelsteinen bis auf eine Höhe von 185 cm. Für die Vorderwand benutzte ich allerdings statt der Steine Tonröhren - später ein idealer Lagerplatz für Flaschen. Gewöhnlich werden Wände, die Erdkontakt haben, mit einem Schutzanstrich gegen Feuchtigkeit isoliert. Das habe ich bei einem Erdkeller nicht gemacht, denn es soll feucht im Keller sein. Gegen die Wände schaufelte ich viel Erde. Unten ist der Erdwall etwa 2 m dick, oben ca. 30 cm.

Decke

Die Decke ist neben dem Grundwasser der zweite wunde Punkt bei Erdkellern, sie darf nämlich nicht schwitzen. Herabtropfendes Schwitzwasser bringt alles zum Faulen. Betondecken sind deshalb ungeeignet.
Als Deckenbalken benutzte ich alte Eichenbalken, die im Abstand von einem halben Meter parallel zu den Stirnseiten auf die Ziegelwände gelegt wurden (Teerpappe zwischen Balkenende und Wandauflager nicht vergessen). Auf die Deckenbalken nagelte ich Eichenbretter und legte darauf zwei Schichten je 3 cm starke Korkplatten als Isolierung. Für die Decke ist praktisch nur Eichenholz verwendbar. Alles andere Holz müßte mit Gift imprägniert werden, um nicht zu verrotten - das erscheint mir zu gefährlich bei darunter gelagerten Lebensmitteln.
Auf die Korkplatten legte ich in Längsrichtung drei Dachbalken, den mittleren dicker als die seitlichen. Dafür kann man auch Ziegelsteine nehmen. Auf diese Balken kamen Wellplatten und darauf 30 cm Erde. Die oberste Schicht besteht aus Grassoden: sie verhindern die Abschwemmung, kühlen im Sommer und wärmen im Winter.
Die Giebelwände wurden mit Teerpappe verschlossen, gegen die zuletzt Erde und Grassoden angehäuft wurden. Allerdings baute ich noch mehrere Tonröhren in die Giebelwände ein, um den Deckenraum zu belüften (bei extremen Temperaturen werden diese zugestopft). Diese aufwendige Deckenkonstruktion ist diffusionsfähig und bewirkt eine trockene Decke. Die Mühe lohnt sich! Meine erste Decke mußte ich wieder abreißen, weil sie dauernd feucht war.

Sehr wichtig ist eine gute Lüftung des Erdkellers. Dazu dient ein Entlüftungsschacht (30 cm x 30 cm) in der Decke auf der rückwärtigen Kellerseite und ein Luftloch vorn in der Kellertür kurz über dem Boden. Beide Öffnungen sind durch Schieber verschließbar und mit Maschendraht gegen Mäuse gesichert.
Erdkeller müssen sehr sorgfältig gegen Mäuse und Ratten abgedichtet werden. Und selbst dann empfiehlt es sich, die Vorräte noch zusätzlich regelmäßig zu kontrollieren, denn in nur 2 Wochen können Ratten einen mit Vorräten vollgefüllten Keller ratzekahl leeren ...

Eingang

Der Eingang ist doppeltürig, mit einer schräg liegenden äußeren Tür und einer senkrechten Innentür. Die Wände zwischen der inneren und der äußeren Tür - dem Klimapufferbereich - goß ich aus Beton. Diese Seitenwände müssen durch Maueranker fest mit der Erdkellervorderwand verbunden werden, sonst werden sie später durch die dagegengeschaufelten Erdwälle zusammengedrückt!
Die äußere, schräge Tür ist von außen mit Teerpappe benagelt. Das von ihr ablaufende Wasser läuft in ein mit Kies abgedecktes Drainagerohr. Sie endet 5 cm über dem Boden, damit Frischluft eindringen kann.
Die Innentür ist von innen mit aufgenagelten Korkplatten wärmegedämmt. Eine einfache Tür, möglicherweise noch ohne Isolierung, ist in kalten Wintern nicht ausreichend. Sie muß zudem absolut mäusedicht sein.

Kellerraum

Die Inneneinrichtung meines Erdkellers besteht aus Regalen beiderseits eines Mittelgangs und drei allseitig belüfteten Lagerboxen aus Eichenlatten vor der Rückwand des Kellers. Hier werden Kartoffeln, Möhren und Topinambur gelagert. Letztere brauchen im Erdkeller nicht, wie sonst üblich, in Erde gepackt zu werden.
Das ideale Erdkellerklima hat ca. 90 bis 95% relative Luftfeuchte und eine Temperatur von etwa +5°C. Je geringer die Abweichungen von diesen Werten im Laufe des Jahres sind, umso besser ist der Keller. Deshalb kann die Erdschicht nicht dick genug sein. Dichter Bewuchs auf dem Erdkeller und ein Kranz von Büschen und Bäumen mildern zudem Temperaturextreme.
Einmal jährlich, im Frühherbst, muß der Erdkeller sehr sorgfältig gereinigt, und aller Schimmel an Wänden, Dekken usw. beseitigt werden.

Außennutzung

Die Südseite des Erdkellers ist im Flachland der ideale Ort für wärmebedürftige Küchenkräuter; der Hang wird dazu terrassiert. Bei uns ist er sogar wie ein kleines, nach Süden geöffnetes Amphitheater angelegt. Dieser Platz ist eine ideale Wärmefalle und ein warmer Sitzplatz an sonnigen Frühlingstagen. Ich habe den Hügel auch gleich etwas grösser angelegt, um später einen Windgenerator daraufzustellen.
Mein Erdkeller ist vielseitig - und liefert mir frische Äpfel bis in den Juni!

Alter Erdkeller in Schweden, aus lose übereinandergeschichteten Felssteinen errichtet. Der Keller wird noch immer als Eiskeller benutzt. In einer 1 m^3 fassenden Kiste aus 15 cm starken Styroporplatten werden Eisblöcke eingelagert, die mit der Motorkettensäge aus dem See-Eis ausgesägt wurden. Im Kasten hält sich das Eis den ganzen Sommer über bis in den September! Außerdem ist dadurch dieser Keller im Sommer ganz besonders kühl. Früher hat man die Eisblöcke in Gruben aufbewahrt und dick in Sägespäne verpackt. Foto: Carl-Heinz Buck

Felsenkeller auf der Kanarischen Insel »La Palma«

5.3 Neubau eines Vorratskellers

Autor: Bernhard Nixdorf

Es ist am kostengünstigsten, wenn gleich bei der Planung eines *neuen* Hauses ein oder zwei Vorratskeller berücksichtigt werden können. An zusätzlichen Kosten für einen ca. 6 m^2 großen Keller sind 1.200 bis 1.700 DM aufzuwenden. Durch Eigenleistungen kann erheblich gespart werden.

Planung

Bei der Planung sollte darauf geachtet werden, daß der oder die Keller im Norden, also im kühlsten Bereich des Hauses plaziert sind. Günstig auf die Temperatur in den Kellern wirkt sich aus, wenn Heiz- und Waschräume, oder auch Sauna und Hobbyraum nicht direkt anschließen oder gegenüber liegen.
Für die Kartoffellagerung ist am besten ein fensterloser Raum geeignet, der über ein Rohrsystem be- und entlüftet wird. Dazu sollte der Belüftungsstutzen außen am Haus nach Möglichkeit so angebracht werden, daß kalte Luft durch den Wind eingeblasen wird, also auf der Westseite. Der Entlüftungsstutzen wird an der Nordseite eingebaut, dann kann der vorbeistreichende Wind die erwärmte Luft aus dem Keller ziehen.
Wenn ausreichend Platz vorhanden ist, ist es ratsam, einen Vorraum als Schleuse einzuplanen. Dadurch fließt bei geöffneter Kellertür nicht gleich die wärmere Luft des Kellergeschosses in den noch kühleren Vorratsraum ein. Die Türen sollten so eingebaut sein, daß beim Öffnen keine Luft aus anderen Kellerräumen, z.B. Flur, in den Vorratskeller eingesaugt wird, d.h. die Türen müssen nach außen aufgehen. Für einen gut funktionierten Vorratskeller ist es unbedingt notwendig, den Boden um mindestens 50 cm tiefer als die Oberkante des anderen Kellerbodens zu legen, damit

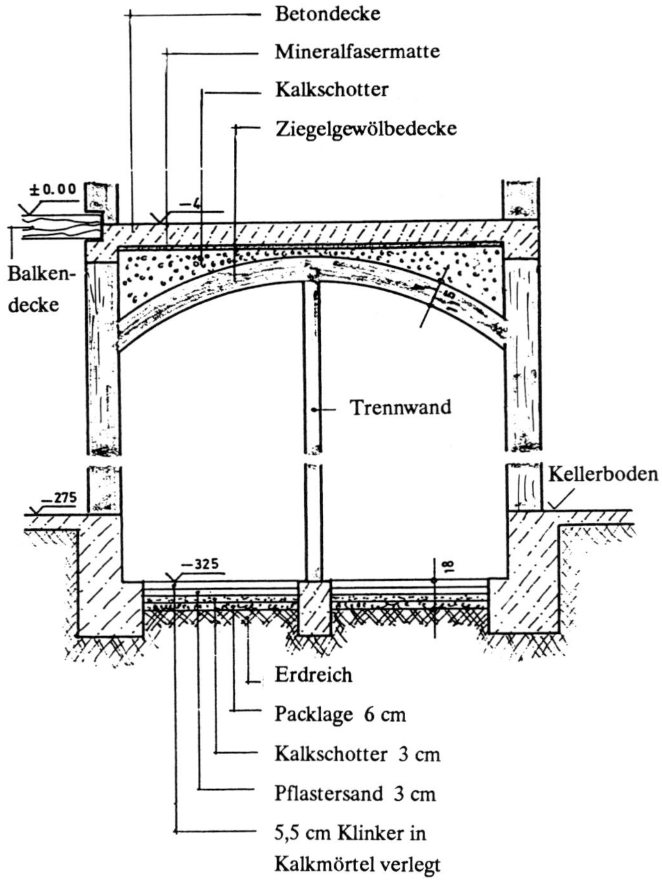

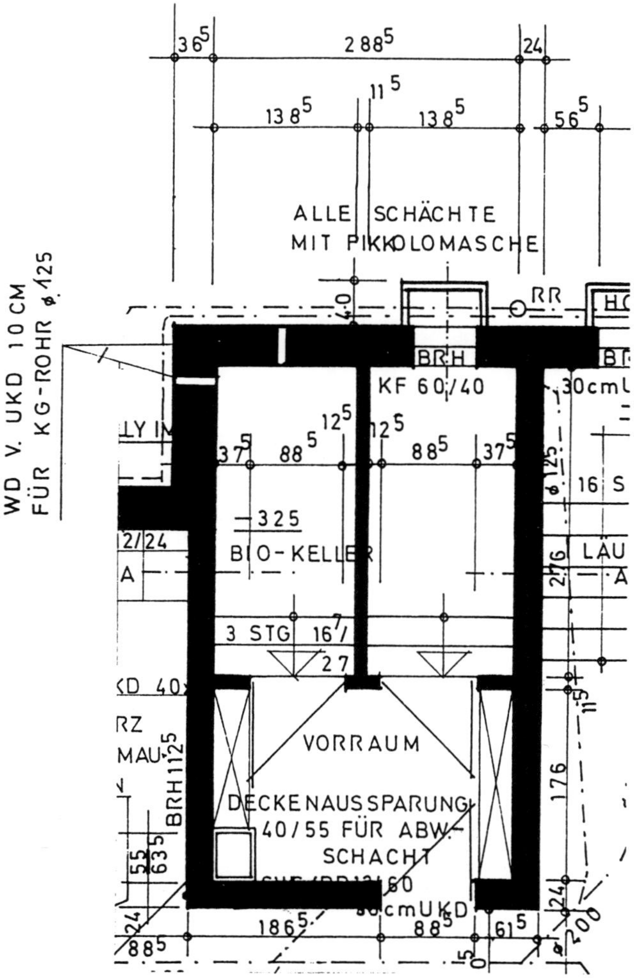

Grundrißausschnitt aus dem Arbeitsplan: Kellergeschoß eines neu gebauten Einfamilienhauses

eine kalte Luftschicht in dieser Vertiefung stehen bleibt. Deshalb müssen in diesem Bereich auch die Fundamente vertieft werden. Je nach Grundwasserstand kann es zu Problemen mit evtl. über die Bodenfläche eintretendem Wasser kommen, da der Kellerboden keine Betonplatte erhalten sollte.

Wände

Aufgrund ihrer hohen Speicherfähigkeit für Wärme und Feuchtigkeit sind Ziegel, besonders Vollziegel, sehr gut für den Vorratskellerbau geeignet. Vollziegel sind etwas teurer als andere Wandbausteine, bedingt durch einen höheren Materialanteil und durch zeitintensivere Verarbeitung. Da die Kelleraußenwände in der Regel betoniert sind, sollte innen vorgemauert werden.

Decke

Um genügend Speichermasse zu haben, wird die Decke am besten als Gewölbe ausgebildet. Der Hohlraum bis zur eigentlichen Kellerdecke wird z.B. mit Kalkschotter ausgefüllt. Die notwendige Wärmedämmung zwischen Keller und darüberliegenden beheizten Räumen liegt beim Neubau über der Kellerrohdecke.

Verputz und Anstrich

Als Verputz für Wand und Decke eignet sich ein Kalkputz, ebenso ist es empfehlenswert, für den Anstrich eine Mineralfarbe zu wählen.

Boden

Um eine ausreichende Luftfeuchte für die Lagerung der Garten- und Feldfrüchte zu erhalten, sollte der Boden gut feuchtigkeitsaufnahmefähig sein. Hier ist auf das vorhandene Erdreich eine Packlage (Kalkgestein) und dann Kalk-

Foto oben links: Gemüse- und Obstkeller mit Fenster
Foto Mitte: Der Kartoffelkeller wird über Rohre be- und entlüftet
Foto oben rechts: Das Zuluftrohr mündet knapp über dem Boden

Entlüftung außen auf der Nordseite des Hauses

Alle Fotos: Bernhard Nixdorf

schotter aufzubringen. Darauf können dann Ziegelfliesen oder Vollziegelsteine in Kalksand oder in einem Kalkmörtelbett verlegt werden. Die Fugen werden mit einem Kalksandgemisch oder mit einem Kalkmörtel verstrichen.

Be- und Entlüftung

Bei einem Keller ohne Lüftung über ein Fenster muß die Be- und Entlüftung über ein Rohrsystem erfolgen. Hierfür eignen sich Schächte aus Metall wie sie bei Klimaanlagen verwendet werden. Preisgünstiger und einfacher, besonders für Selbstbauer, ist es, Abwasserrohre aus Kunststoff zu verwenden, deren Durchmesser nicht unter 125 mm liegen sollte.

5.4 Naturkeller im Anbau

Autoren: August und Veronika Jäger

Nachdem wir die drei Kellerräume unseres 1928 gebauten Hauses (die noch 1963 einen Stampflehmfußboden hatten!) auf den neuesten Stand gebracht hatten, d.h. durch Einbringen einer kapillarbrechenden Kiesschicht mit Ölpapierabdeckung sowie eines Unterbetons, waren die Kellerböden nun endlich sauberer und trockener. Die »lästige« Restfeuchte wurde dann folgerichtig durch Verkleidung der feuchten Bruchsteinaußenwände beseitigt, die keine waagerechte und senkrechten Abdichtungen gegen Feuchtigkeit aufwiesen. Nun wurden die peinlich genau gegen alle feuchten Bauwerksteile gesperrten Vorsatzschalen verputzt, was bei den feuchten Bruchsteinwänden zwar auch möglich gewesen war, aber ständig zu häßlichen Ausblühungen und Putzabbröckelungen geführt hatte. Außer an einigen, in das Außenmauerwerk einbindenden Innenwänden und Fensterlaibungen sind unsere Kellerräume jetzt trocken und die Feuchtigkeitsschäden halten sich in Grenzen. Durch den Einbau einer Zentralheizung konnten diese »Schäden« weiter minimiert werden.

Das als Bauernhaus konzipierte Haus war somit zu einem 08/15-Wohnhaus mit trockenen Kellerräumen geworden, freilich mit allen Konsequenzen: Die Kartoffeln bereiteten sich bereits Weihnachten mit spannenlangen Keimen auf den Frühling vor, die Äpfel hatten zur selben Zeit Tennisballqualität, und der Hausschlachter wurde für die ranzigen, hohlen Dauerwürste verantwortlich gemacht.
Durch die Erweiterung unseres Gartens stellte sich die Frage nach der Lagerung der Früchte noch dringender. So entstand dann 1978 unser »Biokeller«.
Die Planung gestaltete sich einfach, mußte doch lediglich ein Keller so konzipiert werden, wie wir ihn vor 15 Jahren angetroffen hatten!

Ein Anbau an eine vorhandene Garage bot sich auf unserem Grundstück an. Er sollte eine Werkstatt bzw. einen Mehrzweckraum aufnehmen. Die Unterkellerung des Gebäudes als Bio- oder Erdkeller auszuführen war eine wesentliche Forderung für den Neubau.
Die Ausführung der Wände erfolgte mit Bruchsandstein als einhüftiges, einhäuptiges Mauerwerk, d.h. die Baugrube wurde ohne Arbeitsraum ausgeschachtet und das Mauerwerk in einer Dicke von ca. 40 cm (Kerndicke) gegen die senkrechte Abschachtung nur einseitig sichtbar bzw. nur an einer Seite (der Innenseite) nach der Schnur aufgemauert (Abb. 2). Diese sehr preiswerte und materialsparende Möglichkeit ist allerdings nur gegeben, wenn der vorgefundene Boden senkrecht abzuschachten ist und keine Gefahr be-

Unter diesem Werkstattanbau befindet sich der Naturkeller

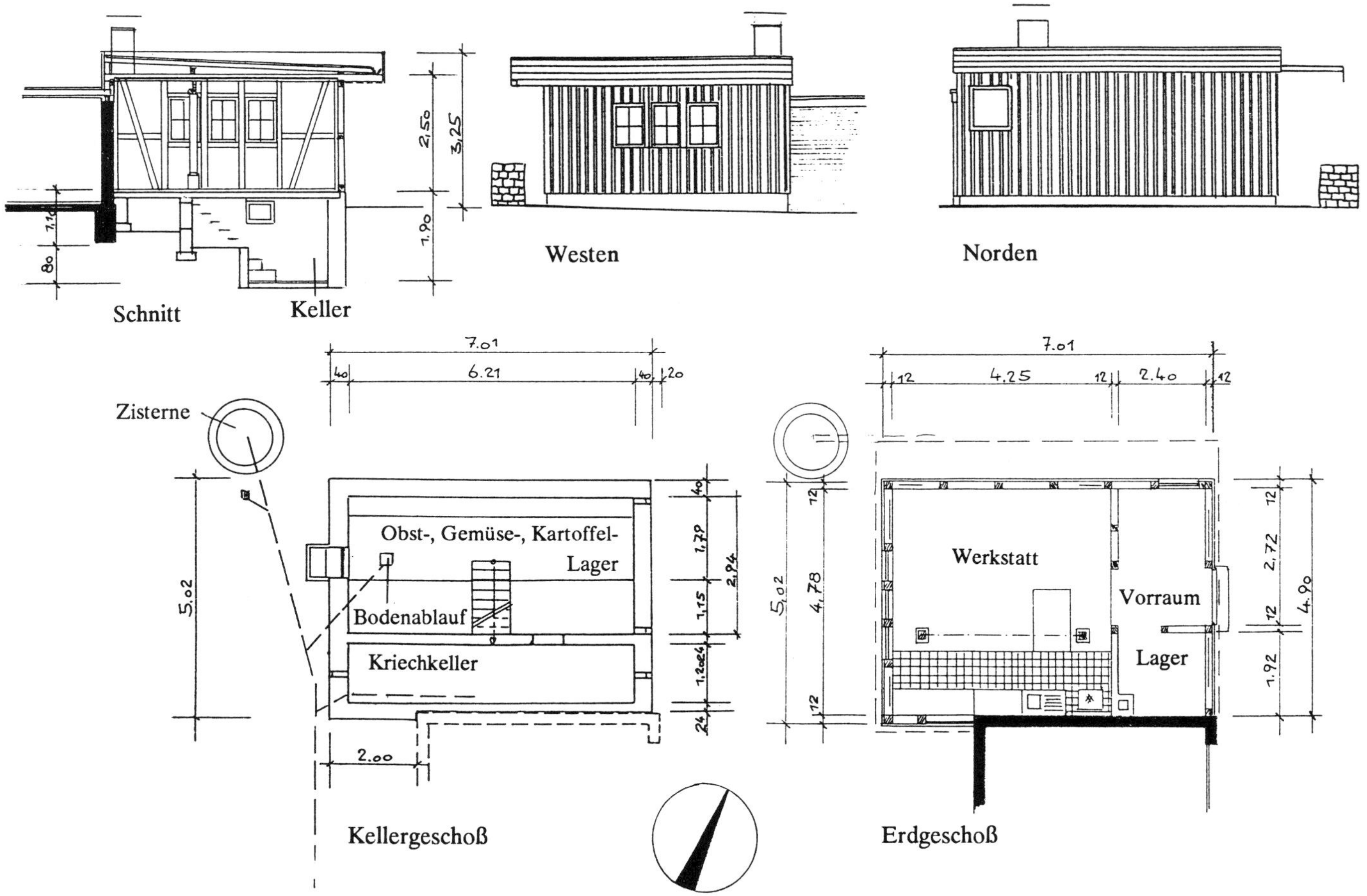

steht, daß der Boden einbricht, was nicht nur zu Mehrarbeit führt, sondern bei tieferen Baugruben auch zu einer Gefahr für Menschen und die Konstruktion wird. In unserem Fall betrug die Ausschachtungstiefe 1,25 m nach Abtrag einer ca. 25 cm dicken Schicht Mutterbodens.

Nach DIN 18300 ist allgemein ein Arbeitsraum von 50 cm vorgeschrieben. Der Winkel der Abböschung (β) richtet sich nach der Bodenart und dem Wassergehalt. Bei Regenwasser, im Frühjahr und Spätherbst ist die Gefahr des Böschungseinbruchs allgemein sehr groß. Außerdem sollte auch so disponiert werden, daß mit der Aufmauerung der Kellerwände unmittelbar nach der Ausschachtung begonnen wird, weil aufgerissener Boden natürlich leicht erodiert.

Das Steinmaterial haben wir aus Kippen und von Steinhaufen an Wegrainen geholt. Praktisch ist dafür ein Frontlader mit Schaufel. Dadurch wird die Knochenarbeit beim Aufladen erleichtert.

Wichtig für Bruchsteinmauerwerk ist der Verband, d.h. es müssen »Binder« eingebaut werden. Diese Steine überdekken die volle Wandstärke (Abb. 3).

Günstig sind Sedimente (Kalk-, Buntsandstein), die nicht zu klein und möglichst lagerhaft sind. Rollige Steine lassen sich nicht so gut und standfest vermauern.

Bevor die erste Schicht gesetzt wird, ist der eventuell von den Baggerzähnen gelockerte Boden zu beseitigen und der gewachsene Boden freizulegen. Die schwersten Steine werden im allgemeinen zuerst vermauert. Das ist praktisch, denn sie können in das Mörtelbett gerollt werden. Wir hatten das Glück, zwei jugoslawische Maurer zu kennen, die die Technik noch perfekt beherrschen.

Der Mörtel sollte aus Estrichsand (0/8 mm Korngröße), als Kalkmörtel der Mörtelgruppe 1 bereitet werden. Wegen der Wanddicke sind hydraulische Kalke zu verwenden. Die beim Aufmauern der einhüftigen Wand entstehenden Hohlräume zum Erdreich sind mit Boden, Steinresten, oder Kies-Erdgemisch dicht aufzufüllen, damit eine innige Verbindung zum Erdreich entsteht. Das ist wichtig für die Feuchtigkeit in der späteren Kellerwand. Wir haben die Wand in keiner Weise gegen das Erdreich abgedichtet.

Nur bei sehr hohem Grundwasserstand ist eine Drainage erforderlich. Ebenso bei Hangwasser oder bei zeitweise auftretendem Stauwasser. In jedem Fall zu empfehlen ist der Einbau eines Bodenablaufs im Keller und der Anschluß an die Hausentwässerung.

Das Bruchsteinmauerwerk wurde bis ca. 25 cm unter Geländeniveau geführt, waagerecht abgeglichen und gegen aufsteigende Feuchtigkeit mit Bitumenpappe abgedichtet. Das folgende Mauerwerk wurde mit Hochlochziegeln (36^5 cm Wandstärke) bis zum Deckenauflager geführt. Diese Ausführung ist notwendig, weil Bruchsteinwände - besonders feuchte - im Winter wegen ihres schlechten Wärmedämmvermögens durchfrieren. Die Ziegelwand erhielt außen einen Putz und einen Sperranstrich. Innen wurde glatt gefugt. Die Fugen des Bruchsteinmauerwerks wurden bündig mit dem Mauerwerk ausgeworfen und mit der Kellenkante (rauh) abgezogen. Nach einem Tag bzw. wenn der Mörtel angezogen hat, kann die Wand dann mit einer groben Bür-

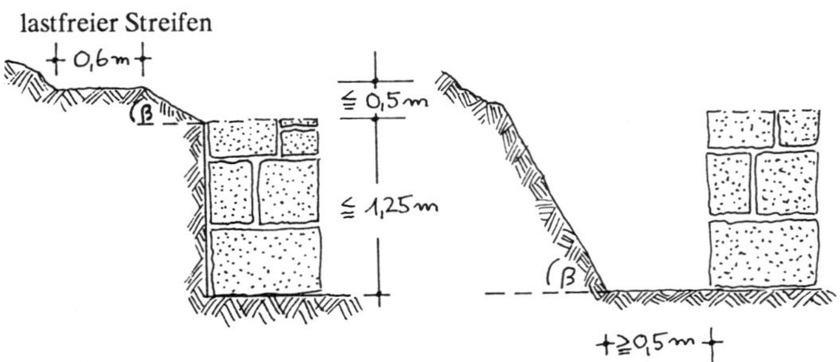

Abb. 2
Zum Schutz gegen Einstürzen muß die Baugrube abgeböscht werden. Der Böschungswinkel β richtet sich nach der Bodenart und dem Wassergehalt des Bodens.

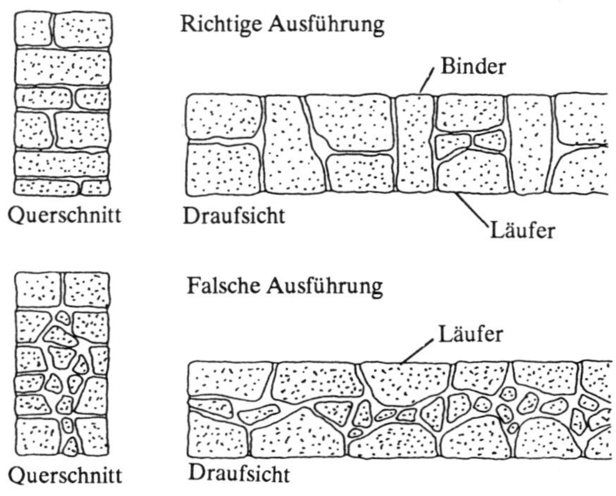

Abb. 3 (rechts) Binder und Läufer

ste gereinigt werden. Jetzt wurde die Fertigteildecke verlegt und betoniert. Besser wäre in unserem Fall eine Ziegeldekke gewesen, da der Fußboden der Werkstatt aus Hobeldielen hergestellt wurde. Bei der Verwendung von Estrichfußböden ist eine Stahlbetonplatte günstiger. Zusätzlich wurden unter die Stahlbetonplatte Hartschaumplatten (10 cm) geklebt. Die Decke sollte eine gute Wärmedämmung erhalten, da sie sonst im Winter durchfriert und bei längeren Frostperioden der Keller zu stark abkühlt, bzw. sich im Sommer zu stark aufheizt.

Unser Keller hat ein Fenster (75/50 cm) mit Lichtschacht und Mäusegitter, durch das auch das Hereinreichen z.B. von Kartoffeln möglich ist. Das ist natürlich bequemer als das Einbringen der Ernte über die Deckenluke. Zusätzlich haben wir in Hauptwindrichtung vier Speisekammerlüfter eingebaut, die für einen ständigen Luftwechsel sorgen. Die Lüftung ist besonders im Spätherbst und Frühwinter notwendig, wenn das Obst starken Reifegeruch entwickelt. Im Winter können die Lüfter gedrosselt oder geschlossen werden.

Als Einstieg wurde eine Bodenklappe 0,75 x 1,40 m eingebaut. Sie ist aus 40 mm starken Rahmen konstruiert, oben mit Hobeldielen verkleidet und unten mit gespundeter Schalung. In Rahmenstärke ist eine Dämmung eingelegt. Die Treppe kann in Stein oder Holz ausgeführt sein. Bei letzterer Konstruktion ist Eichen- oder Lärchenholz besser geeignet als das feuchtigkeitsempfindlichere Fichtenholz. Beim Anschluß der Treppe an Wand und Boden ist zu beachten, daß das Holz nicht direkt in Kontakt gebracht wird, sondern z.B. mit Bitumenpappe gegen Wand- und Bodenfeuchtigkeit geschützt wird.

Durch den Anbau bedingt mußte in unserem Fall die Fundamente abgetreppt werden (siehe Schnitt). Dadurch konnte nicht die volle Anbaufläche unterkellert werden. Längs des Garagenfundaments wurde ein Kriechkeller angeordnet, ca. 1,2 m breit. Dann folgt ein weiterer Streifen ca. 1,55 m breit, der etwa 50 cm über Kellerniveau liegt und gegen die Kellersohle durch eine Mauer abgegrenzt wird. Auf diesem Podest steht die Kartoffelkiste und weitere Verschläge für Vorräte. An der Außenwand wurde ein Apfelregal aufgestellt.

Alle Holzteile dürfen keine Berührung mit dem Bruchsteinmauerwerk bekommen oder gar auf das Erdreich gestellt werden. Als Unterlagen können gesinterte Keramikplatten verwendet werden bzw. müssen Pappen untergelegt werden. Die Holzteile sind unbehandelt. Vor dem Einbringen der Früchte im Herbst werden alle Teile mit einer Kalklauge gestrichen, die Schimmel und Pilzbefall eingrenzt.

Bewährt haben sich die aufgeständerten Regalroste. Dazu wurden Reststücke von Bewehrungsstahl (in unserem Falle mit 14 mm Durchmesser) in den Boden eingetrieben und darüber ein Lattenrost errichtet. Als Auflager für das Lattenrost wurden die Kontaktstellen mit Dosendeckeln unterlegt. Auf den Rosten können Obstkisten gestapelt werden.

Während der ersten Jahre gab es Probleme mit Mäusen, die sich über die Vorräte hermachten. Durch mühsame und langwierige Spurensuche konnten die Schlupflöcher gefunden und geschlossen werden. Von daher ist peinlichst darauf zu achten, daß vollfugig gemauert wird und alle Anschlüsse geschlossen werden. Ein kleiner Spalt am Fenster, an den Speisekammerlüftern oder an den Deckenauflagern genügt den findigen Plagegeistern als Durchschlupf.

Die elektrische Beleuchtung sollte von außen mit Kontrollleuchten geschaltet werden können, das erspart teure Feuchtraumausrüstung und beugt der Vergeßlichkeit vor.

Seit der Benutzung des Kellers sind die Kartoffeln bis zur neuen Ernte fest und ohne wesentliche Keime. Die Äpfel sind bei manchen Sorten sogar bis Pfingsten lagerfähig.

5.5 Naturkeller mit darüber liegender Terrasse

Autor: Otto-Christian Giercke

Auch im technischen Zeitalter der Kühlschränke und Gefriertruhen ist es sinnvoll, Obst und Gemüse aus dem Garten durch das Aufbewahren in einem kühlen Keller frisch zu halten. Denn abgesehen von den Kosten der Verluste, die entstehen, wenn die Energieversorgung für einen längeren Zeitraum ausfällt, ist der Aufwand an Arbeit, Mühe und Ärger nicht mit Geld zu ersetzen.

Für mich, wie für alle Menschen, die sich gesundheitsbewußt ernähren und einen Garten bewirtschaften, liegt der Hauptgrund für die Frischlagerung von naturgemäßen Lebensmitteln allerdings in der größtmöglichen Erhaltung ihrer Wertigkeit und Qualität, denn frisch = lebendig.

In früheren Zeiten war die Berücksichtigung eines Vorratskellers selbstverständlich, wie auch die Tatsache der möglicherweise damit verbundenen und vielleicht als unangenehm empfundenen Laufereien und Zeitverluste.

Das eigentliche Prinzip der Klimatisierung des Naturkellers ist die Ausnutzung des Dichteunterschiedes der Luft bei unterschiedlichen Temperaturen: Warmluft ist leichter als kühle Luft und steigt deshalb nach oben. Diese natürliche Luftbewegung sorgt in jedem Keller, ganz gleich, ob nun Freiland- oder Hauskeller bei entsprechenden baulichen Voraussetzungen für das Raumklima, welches Obst und Gemüse benötigen, um über die Wintermonate frisch zu bleiben. Eine weitere Voraussetzung für die erfolgreiche Einlagerung von Garten- und Feldfrüchten ist eine genügend hohe relative Luftfeuchtigkeit.

Die Entscheidung bzw. die Abwägung der Vor- und Nachteile einer getrennten Einkellerung bzw. Lagerung von Obst, Gemüse und Kartoffeln wird hier nicht getroffen. Meine Erfahrungen der letzten Jahre haben gezeigt, daß

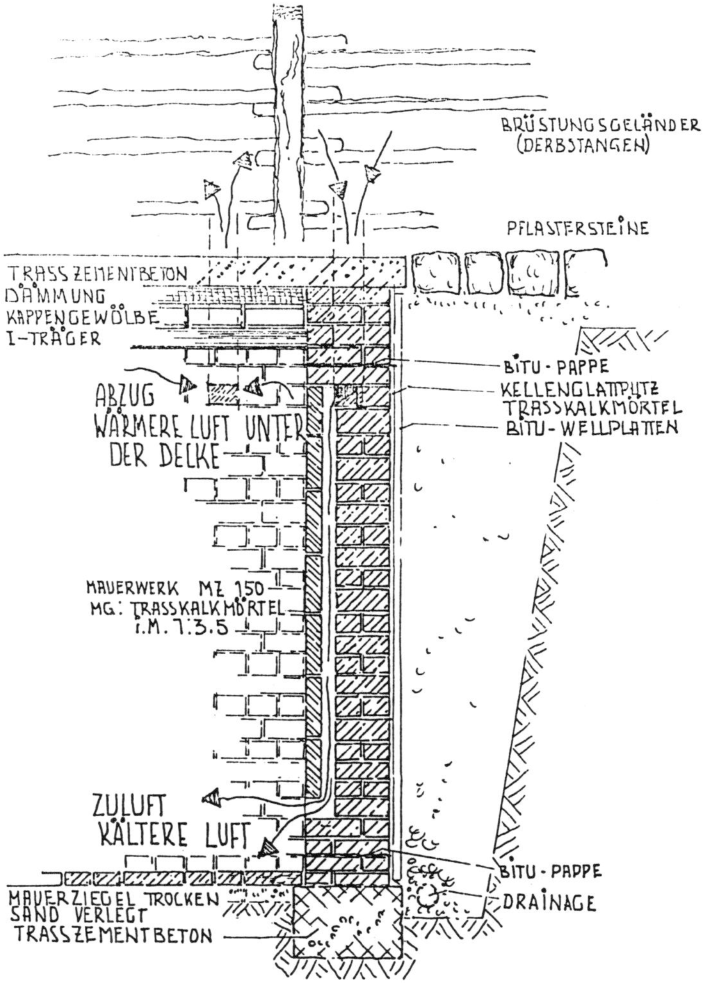

Schnitt Mauerwerk gegen Erdreich mit System der Schachtführungen (vertikal und horizontal) für die Be- und Entlüftung

die vielfach geäußerten Geschmacksbeeinträchtigungen von z.B. Obst durch Kartoffeln bei gemeinsamer Lagerung nicht festgestellt werden konnten. Vermutlich kommt es hier doch wohl auf die jeweiligen Mengen der eingelagerten Kartoffeln an.

Ausgehend von einer vierköpfigen Selbstversorgerfamilie sollte die Grundfläche des Naturkellers ca. 6 bis 10 m^2 betragen. Vielleicht ist aber auch ein größerer Keller notwendig, z.B. wenn ein großer Baumgarten vorhanden ist, da sich der Flächenbedarf natürlich nach der Einlagerungsmenge richtet.
Nicht immer muß ein Vorratskeller neu gebaut werden, häufiger sind Räumlichkeiten im Kellergeschoß vorhanden, von denen ein Teil durch wärmedämmende Wände abgetrennt werden kann. In jedem Fall ist die Lage des Vorratsraumes auch im Kellergeschoß nach Möglichkeit so zu wählen, daß die Himmelrichtung (Nordseite) und/oder schattenspendende Anbauten, größere Bäume, dauergrüne Büsche usw. eine mögliche Erwärmung verhindern.
Im Zusammenhang mit der Lage des Vorratsraumes soll auch der feinstoffliche Aspekt hinsichtlich möglicher Energie-Vibrationen aus dem Energiefeld der Erde und des Kosmos, nicht unerwähnt bleiben. Je nach persönlicher Einstellung zu diesen Dingen zwischen Himmel und Erde kann es vorteilhaft sein, zu wissen, ob sich z.B. unterhalb des Kartoffel-Lagerplatzes eine Verwerfung oder eine Wasserader befindet.

Wie sieht es baurechtlich bei der Erstellung eines neuen Kellers aus?
Die baurechtlichen Auflagen und Bestimmungen können beim jeweiligen Bauamt oder bei der Bauordnungsbehörde erfragt werden, wobei auch in Erfahrung gebracht werden muß, ob für eine evtl. erforderliche Beantragung und zur Erstellung der notwendigen Bauzeichnungen und sonstigen Unterlagen ein Bauvorlagenberechtigter (Architekt, Bau-Ing., Maurermeister) eingeschaltet werden muß. In jedem Falle muß die Standfestigkeit, evtl. durch eine statische Berechnung, nachgewiesen werden, um zu vermeiden, daß es zum Umkippen einer Mauer oder zum Einsturz eines Gewölbes kommt.
Weiterhin ist es wichtig zu wissen, daß dort, wo der Keller errichtet werden soll, sich keine Ver- oder Entsorgungsleitungen befinden (Wasser, Gas, Elektro, Abwasser, Regenwasser usw.).

Auch gilt es, die Bodenfeuchtigkeit festzustellen. Bei einer Hanglage können nämlich leicht Überraschungen erlebt werden, besonders wenn bei trockenem Wetter die Voraussetzungen günstig erschienen, sich bei Regen oder in der Zeit der Schneeschmelze der Keller aber dann als Wasser-Sammelbecken erweist. Vor Überraschungen ist man selten sicher, deshalb sollte ein hanglagiger Erdkeller in jedem Fall eine Drainage erhalten.
Für die Luftfeuchtigkeit im Keller ist die Bodenfeuchtigkeit nicht unwesentlich maßgebend. Ist nun ein verhältnismäßig trockener Untergrund vorhanden, wäre es unzweckmäßig, durch den Einbau einer kapillarbrechenden Schicht (Kies, Grobsand, Schotter) die Bodenbeschaffenheit des Kellers so »trocken« zu machen, daß eine Abgabe der Bodenfeuchtigkeit an die Luft nicht mehr ausreichend erfolgen könnte. Nur wenn der Untergrund zu feucht erscheint, oder wenn, wie schon erwähnt, bei einer Hanglage eine Flächendränage notwendig wird, ist diese kapillarbrechende Schicht erforderlich. Sie sollte jedoch nicht übermäßig stark sein, so daß auch in trockenen Zeiten die Feuchtigkeit von unten in den Keller gelangen kann.

Das umfassende Mauerwerk erhält, wie üblich, eine waagerechte Sperrschicht aus Bitumenpappe, auf die verzichtet werden kann, wenn z.B. mit Traßkalkmörtel gearbeitet wird.
Die senkrechten, von der Erde berührten Wandflächen müssen ebenso gegen Feuchtigkeit abgesperrt werden, wobei sich hier unter Verzicht auf Chemieprodukte wieder

der Traßzement bzw. der Traßkalk-Mörtel bewährt. Es braucht nicht besonders betont zu werden, daß Isolierungen gegen Feuchtigkeit natürlich nur dann ihren Zweck erfüllen, wenn sie fachgerecht ausgeführt werden. Bei der Verwendung von Traßkalk bzw. Traßzement bedeutet es, daß z.B. die Kornzusammensetzungen für den Mauer- bzw. Putzsand exakt stimmen. Die Vertreiberfirmen dieser Materialien geben hierüber ausführliche Informationen.
Baumaterialien für den hier beschriebenen Naturkeller waren Ziegelsteine, z.T. auch Natursteine, die sich auf dem Grundstück befanden, und Traßkalk. Dies ergab sich zum einen durch meine beruflichen Erfahrungen (gelernter Maurer, Architekt), aber hauptsächlich auch, weil diese Materialien sich vorzüglich zum Bau eines kühlen Kellers eignen.

Das Mauerwerk wurde als sichtbares Flächenmauerwerk belassen. Der Mauermörtel diente gleichzeitig durch Glattstreichen als Mörtel für die Fugen.
Die Deckenkonstruktion wurde durch die auf dem Gelände vorhandenen Eisenträger vorgegeben. Hier ist ein gewisser Sparsamkeitseffekt bestimmend gewesen, zumal die Anordnung einer Kappendecke, d.h. einer gewölbten, gemauerten Decke zwischen den einzelnen Trägern, ein großflächiges Einschalen überflüssig machte. Diese Art der Deckenausbildung ist heute leider beinahe in Vergessenheit geraten, obwohl sie so viele Vorteile hat, ganz besonders, wenn die Bauarbeit in Eigenleistung ausgeführt wird.
Für die Kappendecken wurden früher gewöhnlich Langlochziegel (LLZ) in den Abmessungen üblicher Ziegelsteine verwendet. Im Zuge der Modernisierung verschiedener Arbeitsgänge im Bauwesen werden diese Steine allerdings nicht mehr hergestellt. Ich benutzte deshalb Hohlziegel-Zwischenwandsteine, die jedoch für den paßgerechten Einbau den Einsatz einer Trennscheibe erforderlich machen (bei der Benutzung eines Hammers würde es zuviel Bruch geben).

Für die weitere Wahl der Baumaterialien sind vorzugsweise weitgehend naturbelassene Stoffe zu wählen, um die »bioaktiven« Eigenschaften zu gewährleisten. Hierzu zählt auch die Fähigkeit der Sorption und Absorption, d.h. die Eigenschaft, vorübergehend Feuchtigkeit zu speichern und bei Bedarf wieder an die Raumluft abzugeben.
Heizungs-, Warmwasser-, Lüftungs- und Abwasserrohre sollten nicht durch den (kühlen) Keller verlegt werden, da durch deren Wärmeabgabe die Kellertemperatur ungünstig beeinflußt wird.

Die Lüftung des Kellers ist ein überaus wichtiger Faktor für seine Eignung als Frischlager. Zur Verbesserung der Entlüftung könnten Aufsatz-Lüfterhauben notwendig sein, die bei hoher Luftfeuchtigkeit nach dem Ventilator-Prinzip zum Einsatz kommen. Diese Hauben sind bei Kühl-LKW's gebräuchlich und lassen sich in Verbindung mit einem Rohr leicht umfunktionieren. In jedem Falle ist es zweckmäßig, die Zuluftöffnungen, die in einem Keller von 6 bis 10 m^2 Größe einen offenen Lüftungsquerschnitt von mindestens 400 cm^2 haben sollten, so anzuordnen, daß eine Regulierung, d.h. ein Drosseln oder Verschließen der Öffnung leicht möglich ist. Notwendig sind außerdem sehr sorgfältig befestigte Insekten- und Mäusegitter an allen Öffnungen! Um eine gute Durchlüftung zu gewährleisten, sind die Zu- und Abluftöffnungen im Keller diagonal oder zumindest an den gegenüberliegenden Wänden angeordnet, wobei sich die Zuluftöffnungen sehr nahe am Boden, und die Abluftöffnungen nahe der Raumdecke befinden sollten.
Die Temperaturen sollten im Naturkeller idealerweise im Sommer nicht über 12°C liegen, bei der Einkellerung im Herbst um ca. 8°C und im Winter nicht unter 4°C. In meinem Keller ist es gelungen (es war nicht unbedingt vorauszusehen), diese Temperaturen weitgehend einzuhalten.

Die Anordnung der Luftführungskanäle in Form von Schächten im Mauerwerk würde ich aus heutiger Sicht allerdings nicht mehr in dieser Weise ausführen. Die Erstel-

lung ist aufwendig, aber der eigentliche Grund ist die Aktivität der Spinnen in diesen Kanälen, die in kurzer Zeit durch das Weben ihrer Netze die Luftbewegung so stark beeinträchtigen, daß ein Entfernen der Gespinste von Zeit zu Zeit notwendig ist. Und hier gibt es bei der ausgeführten Konstruktion Schwierigkeiten. Der Einbau von Reinigungsklappen an den Eckpunkten wurde notwendig, um den Zugdraht für einen Besen führen zu können.
Aus meiner Erfahrung mit diesem Keller habe ich bei nachfolgenden Naturkellerbauten die Anordnung der Zuluftkanäle außerhalb der Wände in Form von Schächten (Betonformteile für Lichtschächte) bevorzugt. Mit diesen Betonformteilen wäre es z.B. auch möglich, die Zuluft vorzukühlen, indem sie von außen durch das kühle Erdreich hindurch in den unteren Teil des Kellers geführt wird.

Baubeschreibung des Naturkellers

Lage
Stark abschüssige Südhanglage, günstiger Altbaumbestand; Gewölberichtung Ost-West; Höhe ca. 205 m ü. NN

Untergrund
Leicht lehmiger Sand, mergeliger Schotter, trocken

Gründung
Streifenfundamente aus Traßkalkmörtel, Kiessand und Mauerziegelstücken

Bodenbelag
Flach verlegtes Vollziegeltrockenpflaster, NF-Format, in Sand ohne Fugen verlegt

Wände
Vollziegel, NF-Format, MZ 150, mit Traßkalkmörtel verfugt, beidseitiger Fugenglattstrich beim Aufmauern; ca. 50% der Mauerfläche liegen im Erdreich

Decke
Kappengewölbe aus Ziegelwandplatten (in Ermangelung von Langlochziegel) zwischen T-Stahlträgern mit Traßkalkmörtel; raumseitiger Traßkalkrapputz mit Sumpfkalk, wirkt wie geweißelt

Kühlung
Höhendifferenz zwischen Zu- und Abluftöffnungen 2 m; Abluftöffnungen in den Wänden unterhalb der Decke; Zuluft waagerecht und senkrecht über gemauerte Schächte in den Wänden mit Luftaustritt innen nahe des Bodens, Lufteintritt außen nahe der Decke

Decke
Die Dachdecke ist als begehbare Terrasse ausgebildet: Über dem Kappengewölbe der Decke, Zwickelausgleich durch Trockenschüttung mit Perlite, magnesitgebundene Holzwolleleichtbauplatten als Wärmedämmung; Traßzementbetondecke mit Gefälle, ohne zusätzliche Isolierungsmaßnahmen gegen Feuchtigkeit (Belag evtl. später)

Feuchtigkeitsisolierung
Schutz gegen mögliches Hangwasser: Drainage mit Kunststoffrohren, Durchmesser 80 mm; Bitumenanstrich auf Traßkalkglättputz

Sonnenschutz
Zum Teil weit auskragender Überstand der Dachdecke; Beschattung durch vorhandenen Altbaumbestand

Eingang und Fensteröffnung
Blendrahmentür, Holzkonstruktion, von innen angeschlagen, Dämmung mit Backkork; kleines Fensterchen mit Fliegengitter und Schlagladen neben der Eingangstür, der Zwischenraum in der Laibung zwischen Fenster und Schlagladen wird im Sommer mit Dämmaterial gefüllt.

Ausstattung
Fichten- bzw. Tannenholzstellagen, Regale, Obsthorden, Kartoffeltrommel (zur Vermeidung vorzeitigen Keimens)

Elektroinstallation und Erdung
220 V Wechselstrom für Beleuchtung in Panzerrohr bzw. abgeschirmten Kabel; Fundamenterder (offen, keine Schleife); Erdung der Stahlträger und der Bewehrungseisen

Lagergut
Äpfel, Birnen, Rote Beete (in Sand), Kohl, Rüben, Kartoffeln (Trommeldrehung wöchentlich 360°); Steintöpfe (milchsaures Gärgemüse); Gläser und Flaschen, nur zugebunden, nicht eingekocht; Weine u.a.m.

Temperaturen
Bei der Einkellerung der Gartenfrüchte zuweilen Auftreten von Kondenswasser. Kellertemperaturen im Sommer bei ca. +30°C Außentemperatur etwa 12 bis 14°C; im Winter ca. +3 bis +4°C bei einer Außentemperatur um -10°C.

Abb. 1

Abb. 2

Abb. 1
Mauerwerk, MZ 150, Kanalbausteine, die senkrechten Aussparungen für die Zuluftschächte werden später einsteinig vermauert. Im Hintergrund 2 Abluftöffnungen unter der späteren Decke.

Abb. 2
Gewölbte Decke als Kappendecke. Die drei Bretter dienen als Schalung für die Mauerung der Ziegelsteine. Das letzte Brett wird wieder vor das erste gesetzt usw.

Abb. 3
Mauerwerk der gegen das Erdreich liegenden Mauerecke

Abb. 4
Gewölbte Decke gegen die Rundung der Wand verlaufend, also mit einseitigem Wandauflager

Abb. 5
Gewölbte Decke von oben. Hier wird sichtbar, wie einfach die Herstellung einer Kappendecke ist

Abb. 6
Decke von oben gesehen. Die Zwickel der Gewölbedecke werden mit Perlite als Ausgleichsschüttung und Wärmedämmung versehen

Abb. 7
Decke von oben gesehen, mit Eisenbewehrung auf magnesitgebundenen Leichtbauplatten und beginnende Betonierung mit Traßzementmörtel. Die Stahleinlagen sind durch Punktschweißung miteinander verbunden und geerdet.

Abb. 8 Ansicht des fertigen Kellers von der Südseite

Abb. 9

Abb. 10

Abb. 11

Abb. 12

Abb. 9 Ansicht des Kellers von der Ostseite

Abb. 10
Betondecke mit Derbstangengeländer und Anschlußpflasterung der Auffahrt.

Abb. 11
Innenansicht des Kellers. Für die Pflasterung des Bodens wurden die gleichen Steine wie für das Mauerwerk verwendet. Die Steine liegen auf dem gewachsenen Boden in einem ca. 3 cm dicken Sandbett stumpf aneinander, die Fugen wurden mit Sand ausgefüllt. Die Decke ist mit eingesumpftem Weißkalkmörtel pinselglatt verputzt, nicht geweißelt.

Abb. 12
Zuluftschlitz mit Regulierschieber, der wegen zu großer Querschnittsverengung schnell wieder entfernt wurde.

Abb. 13

Abb. 14

Abb. 15

Abb. 13
Kartoffeltrommel vor der Montage. Achtung! Vorher die Breite der Kellertür ausmessen. Der Besenstiel erwies sich als Drehachse zu dünn, unter der ersten Belastung brach er auseinander. Ersetzt wurde die Stange durch eine 3 cm dicke Raminausführung. Die achteckige Ausführung der Trommel ist bewußt gewählt. Es ist zweckmäßig, die Trommel in der Mitte zu teilen, um verschiedene Kartoffelsorten aufbewahren zu können. Die Lagerung in der Trommel funktioniert erstaunlich gut, die Kartoffeln sind wohlschmeckend und ohne Keimansätze solange der Vorrat reicht (bis Juni/Juli, manchmal auch bis August).

Abb. 14
Inneneinrichtung mit Kartoffeltrommel. Unterhalb der Decke Entlüftungsöffnung, senkrecht darunter Verlauf des Schachtes für die Zuluftführung.

Abb. 15
Alte Apfelhorde vom Sperrmüll, verschließbar. Auf der rechten Seite der Horde ist ein Brett angebracht, das mit einem Schloß versehen ist und im eingeklappten Zustand das Herausziehen der Obstfächer unmöglich macht. Der geringe Abstand zwischen den einzelnen Fächern schloß darüberhinaus jede "unbefugte" Entnahme aus.

Alle Photos: Otto Christian Giercke, Wuppertal

6. Anhang

6.1 Kühlschrank ohne Eis und Strom

Die heute auf dem Markt erhältlichen Kühlschränke haben gewöhnlich einen Anschlußwert von 100 - 150 Watt und verbrauchen zwischen 0,5 - 1,2 kWh pro Tag, energiesparende Geräte benötigen immerhin noch 0,3 kWh/Tag. Der im folgenden beschriebene Kühlschrank nutzt das Prinzip der Verdunstungskälte: Wasser, das verdunstet, benötigt dazu Wärme, die es seiner Umgebung entzieht und zwar umso mehr, je rascher die Verdunstung erfolgt. Schon im Alterum wurde die Verdunstungskälte dazu benutzt, um z.B. Trinkwasser mittels poröser Tongefäße kühl zu halten. Das Verdunstungsprinzip erfährt jeder Mensch auch am eigenen Leibe, z.B. wenn er nach dem Baden friert, weil die Feuchtigkeit auf der Haut beim Verdunsten dem Körper Wärme entzieht.
Die im folgenden aufgeführte, etwas gekürzte Bauanleitung für einen Kühlschrank ohne Strom oder Eis, einem »sehr praktischen Einrichtungsstück für den Vorratskeller, das auch in der Stadtwohnung auf dem Balkon oder in der Speisekammer Aufstellung finden kann«, stammt aus dem Jahre 1940, aus einer Zeit also, in der im Privathaushalt strombetriebene Kühlschränke unbekannt waren (66).

Bei diesem Kühlschrank wirkt die allseitige Stoffbespannung mit ihrer großen Verdunstungsfläche als Kälteerzeuger, indem sie durch allmählich herabsickerndes Wasser ständig feucht gehalten wird (Abb. 1). Wasser sickert aus einem oben angebrachten Wasserbehälter so herunter, daß die Stoffbespannung stets feucht ist. Unten ist eine Holzwanne als Sammelbehälter angeordnet, die das überschüssige Wasser auffängt (Abb. 2). Das Holzgestell ist schmal und lang, da der Abstand zwischen den kühlenden Wandungen so am geringsten ist. Der Kühlschrank besteht aus einem etwa 80 cm hohen, 42 cm tiefen und 80 cm breiten Lattengestell, das mit Leistenböden versehen ist und an einer Breitseite eine Tür enthält. Diese 62 x 67 cm große Tür ist aus einem 6 cm breiten Rahmen gefertigt, der 1,5 bis 2 mm Spielraum in der Türöffnung haben muß, damit sich später der Stoff gut um den Türrahmen und um die Leisten der Türöffnung herumlegen läßt. So kann bei geschlossener Tür eine enge Verbindung der Stoffflächen entstehen, die ein Hinüberziehen der Feuchtigkeit auf die Türfläche gestattet. Auf dem Schrankgestell sitzt oben der Boden des Wasserbehälters. Er besteht aus 2 cm starkem Hartholz, das vor dem Aufschrauben sehr sorgfältig geölt wird, damit es sich später unter der Auswirkung des ständig im Wasserbehälter stehenden Wassers nicht verzieht. Einige von unten gegengeschraubte Hartholzquerleisten mindern das Werfen des Holzes. Um das Bodenbrett des Wasserbehälters werden die sogenannten 10 cm hohen Einstelleisten gesetzt, die ebenfalls aus 2 cm starkem Hartholz gefertigt werden. Die Einstelleisten werden an den Ecken auf Gehrung zugeschnitten und mit Schrauben, am besten mit Flügelmutterschrauben, am Bodenbrett befestigt. Diese Schrauben werden mit 2 Streifen Gummi unterlegt, die z.B. aus einem ausgedienten Fahrradschlauch zugeschnitten werden können. Zwischen den Gummistreifen wird später der Stoff befestigt, so daß sich dann durch mehr oder weniger festes Anziehen der Schrauben das Nachsickern des Wassers regulieren läßt (Abb. 3). Der Wasserbehälter sollte sorgfältig

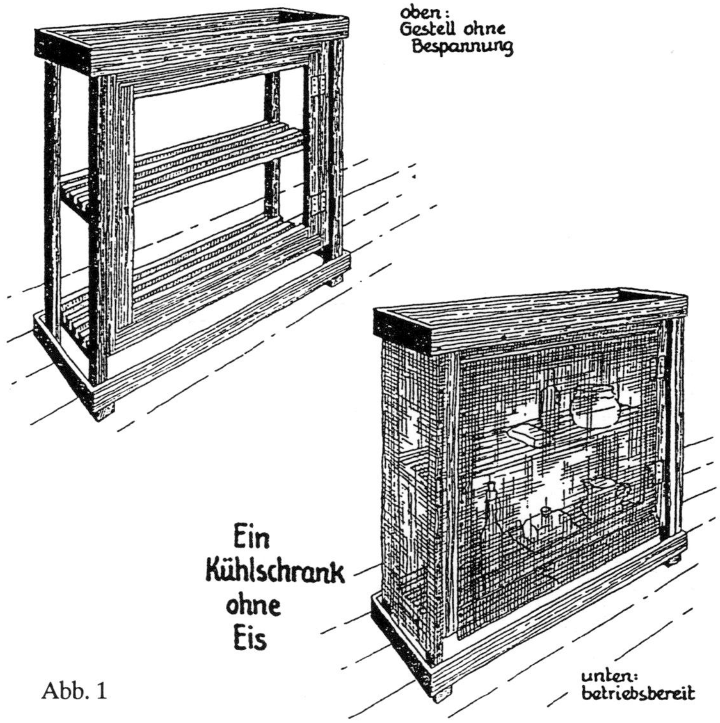

Abb. 1

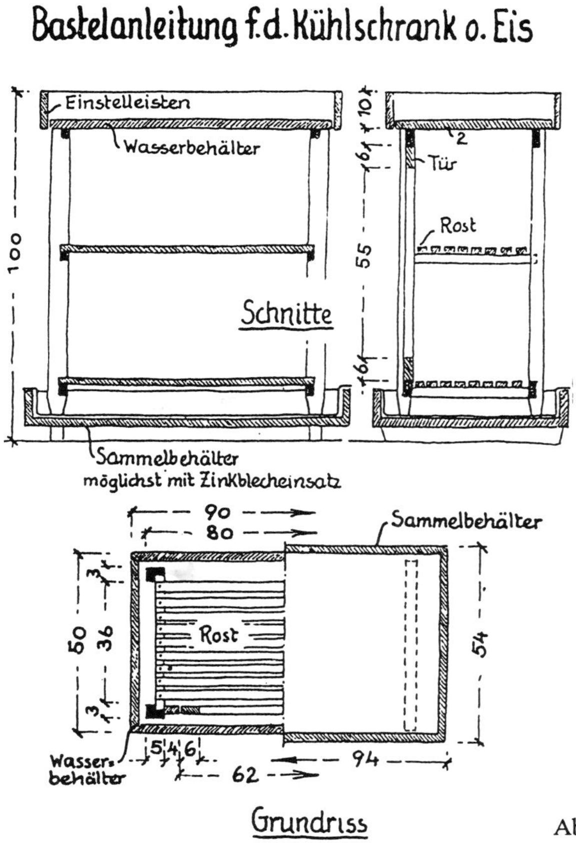

Abb. 2

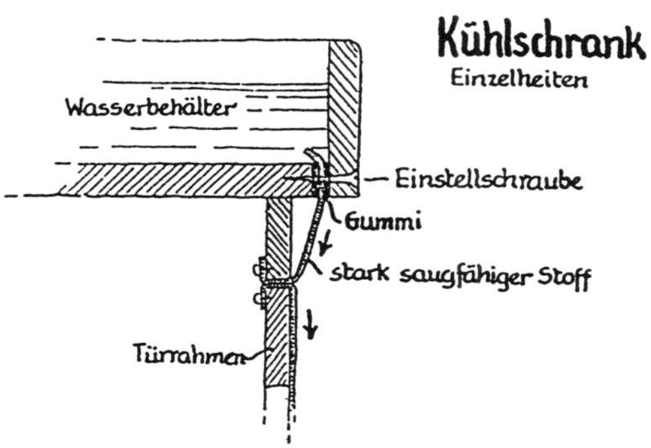

Abb. 3

gebaut werden, damit er in der Lage ist, das Wasser über Nacht zu halten und nur an den saugfähigen Stoff abzugeben. Der untere Wasserbehälter ist etwas größer als der obere und wird ebenfalls aus Hartholz hergestellt. Seine Seitenbretter sind fest und absolut dicht mit dem Bodenbrett verschraubt. Zum Schluß werden alle Fugen sorgfältig mit Glaserkitt ausgestrichen und der ganze Sammelbehälter am besten mit einem mehrfachen Farbanstrich versehen. Der Sammelbehälter erhält zwei von unten her gegengeschraubte Fußleisten, die gleichzeitig einem Werfen des Holzes entgegenwirken sollen. Für alle Holzverbindungen des Kühlschrankes sollten nichtrostende Schrauben oder Nägel eingesetzt werden. Die Wirkung des Kühlschrankes ist dann am günstigsten, wenn der Luftwechsel im Aufstellungsraum groß ist; daher eignen sich hierfür ein kühler Balkon, eine Speisekammer oder ein Vorratskeller mit ständiger Querbelüftung am besten.

Nach (66): Gerhard Bönicke, Hürden und Gestelle für den Vorrats-Keller, Leipzig 1940

Variante: Holzkohlekühlschrank

Der Holzkohlekühlschrank (Abb. 4) ist zweischalig gebaut und hat vier doppelwandige Seiten, die mit Maschendraht (Kaninchendraht) bespannt sind. Ihre Zwischenräume sind mit Holzkohle gefüllt, auf deren poröser, vergrößerter Oberfläche mehr Wasser verdunsten kann, als bei einer kleineren Oberfläche. Holzkohle ist außerdem geruchshemmend, wasserbeständig, billig und überall zu finden. Die Breite und Höhe des Rahmens können je nach Bedarf selbst bestimmt werden. Die in Abbildung 4 angegebenen Maße sind für einen Drei- bis Vierfamilienhaushalt gedacht. Auch hier empfiehlt es sich, für den Zusammenbau der Rahmen verzinkte Nägel zu verwenden und die Türen durch eine Gummidichtung dicht zu verschließen. Über dem oberen Rand der Wasserschale werden vier Stofftücher angebracht, die das Wasser aus der Schale ansaugen und auf die Holzkohle leiten. Für den Boden des Kühlschrankes kann ein Hartholzbrett verwendet werden, das auf Füßen z.B. aus Ziegelsteinen steht.

Die Wasserschale soll mindestens 2 cm hoch mit Wasser gefüllt sein. Die Stofftücher (einmal in der Woche auswaschen) werden am besten so angebracht, daß nicht zuviel Wasser auf die Holzkohle tropft.

Je feuchter die Luft ist, desto geringer ist die Verdunstung und damit der Kühleffekt. Wird ein Thermometer in einen feuchten Stofflappen gewickelt und eine Minute lang in der Luft bewegt, so zeigt es die Temperatur an, die der Kühlschrank bei der gegebenen Luftfeuchtigkeit erreichen kann.

Nach: Villard Salibi, Energisch leben, Berlin 1984, Stattbuch Verlag,

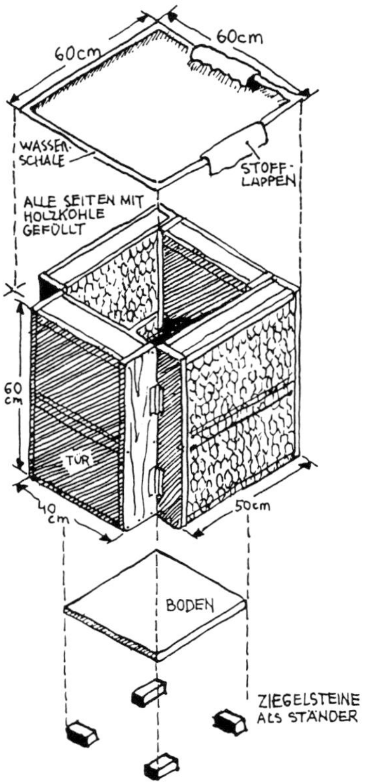

Abb. 4
Holzkühlschrank mit einer Wasserschale aus Zinkblech
Quelle (67)

Abb. 5
Aufbau eines Seitenteiles
Quelle (67)

6.2 Frischlagerung von A bis Z

Die mögliche Lagerdauer von Gemüse und Obst im Vorratskeller wird nur zu einem Teil durch den Einfluß der Raumtemperatur, der relativen Feuchtigkeit und der Zusammensetzung der Lageratmosphäre bestimmt (siehe Kap. 1). Auch die Qualität des Obstes und Gemüses spielt eine maßgebliche Rolle bei der Frischlagerung.
Sicher ist, daß die meisten Fäulniserreger und Schimmelpilze nicht in der Lage sind, während der Lagerung vorzeitig gesunde, unverletzte Gartenprodukte zu befallen. Durch Druckstellen, Schädlinge oder Krankheiten vorgeschädigtes Obst oder Gemüse wird dort allerdings besonders schnell verderben. Aber auch z.B. die Sorte, Anbau- und Pflegebedingung, und die Behandlung der Gartenprodukte während und nach der Ernte beeinflussen maßgeblich die mögliche Frischhaltedauer. Ebenso nicht unwichtig ist der Zeitpunkt der Ernte und das Reifestadium der Lebensmittel, sowie die Art der Verpackung und Stapelung im Keller (Abb. 6).
Es ist deshalb auch nicht möglich, genaue Aussagen über die Lagerfähigkeit der einzelnen Gemüse- und Obstsorten zu treffen. Die im folgenden angegebenen Werte sind aus verschiedenen Literaturquellen zusammengestellt und sollen nur einen Überblick über mögliche Haltbarkeitsspannen geben.

Quellen: (1), (3), (4), (6), (8), (17), (52), (59), (68), (70), (71), (74), (75), (76), (77)

Die Lagerfähigkeit von Gemüse

Auberginen (Eierfrüchte)
Bei Auberginen können Lagertemperaturen unter 8°C Kälteschäden verursachen. Sie werden deshalb am besten bei Temperaturen zwischen 8°C und 10°C, und da sie zum Austrocknen neigen, bei einer Luftfeuchtigkeit von 90 bis 95% aufbewahrt (nur kurzzeitig, etwa 2 Wochen lagerfähig). Es sollten nur gutgefärbte, festfleischige Früchte mit längerem Stiel eingelagert werden, da der Stiel die Fäulnisgefahr mindert.

Bleich- oder Stangensellerie
Bleich- oder Stangensellerie sollte so lange wie möglich im Garten gelassen und direkt verbraucht werden. Bei stärkeren Frösten wird er mit einer Stroh- oder Mulchdecke geschützt. Er kann auch mit Wurzel ausgegraben und an einem geschützten Ort in trockener Erde gelagert werden. Bei 0°C bis +1°C und einer Luftfeuchtigkeit von 90 bis 95% ist er ca. 4 Wochen haltbar, bei +5°C nur 8 bis 10 Tage. Bleich- oder Stangensellerie mit abschnittenen Wurzeln wird am besten in gelochten Folienbeuteln aufbewahrt.

Blumenkohl
Blumenkohl ist frostempfindlich, bei länger anhaltenden Temperaturen unter -1°C wird die Blume glasig, verfärbt sich später grauschwarz und bekommt einen strengen Kohlgeruch. Blumenkohl läßt sich nur kurzzeitig unbehandelt aufbewahren. Die günstigste Lagertemperatur liegt zwischen -1°C und 0°C, bei einer Luftfeuchtigkeit von 90%. Unter diesen Bedingungen ist gesunder, trockener und mit vollem Deckblatt eingelagerter Blumenkohl 6 bis 10 Wochen haltbar (Abb. 7). Die Abnahme der Lagerfähigkeit zeigt sich am Welken oder Abfallen der Außenblätter, die Rose selbst ist widerstandsfähiger. Blumenkohl wird mit vollem Umblatt offen in Steigen gelagert, die z.B. mit Ölpapier oder Pergament ausgelegt werden. Er läßt sich aber auch einzeln ohne Umblatt im perforierten Polyethylenbeutel aufbewahren. Gute Erfahrungen sind auch gemacht worden, wenn er mitsamt seiner Wurzel ausgegraben und im Lagerkeller in sandiger Erde wieder eingepflanzt wurde (häufiger ein wenig gießen). Als Hauptschaden zeigen sich bei der Lagerung schwarze, rußähnliche Flecken auf dem Blumenkohl, die von

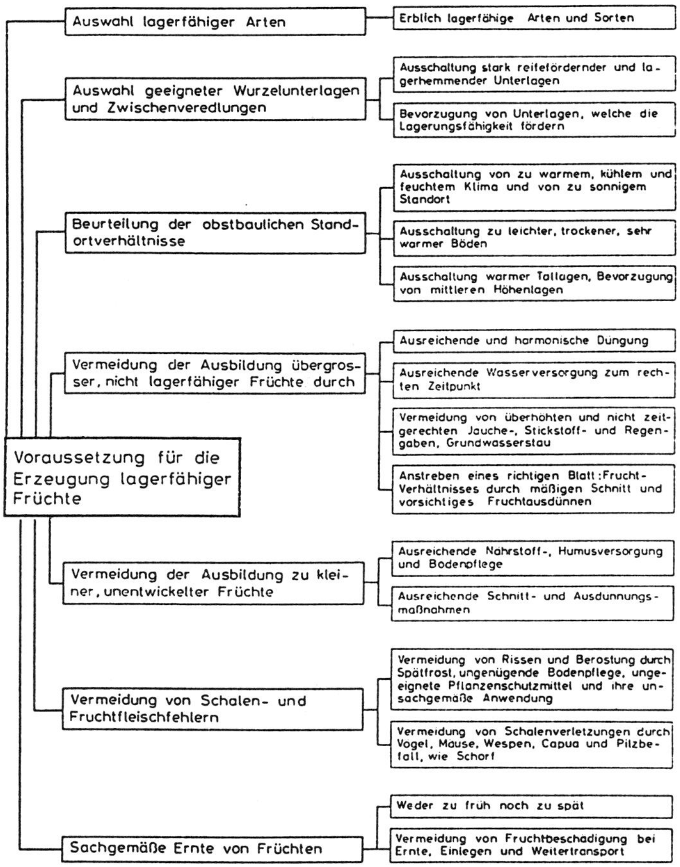

Abb. 6
Voraussetzung für die Erzeugung lagerfähiger Früchte Quelle (52)

Pilzbefall herrühren. Dieser Befall wird begünstigt, wenn der Blumenkohl feucht (nach Regenfällen oder starkem Tau) eingelagert wird. Früh- und Sommerblumenkohl sind weniger haltbar als Blumenkohl, der erst im späten Herbst geerntet wird.

Broccoli

Broccoli läßt sich wie Blumenkohl aufbewahren, allerdings ist seine Haltbarkeit in der Regel mindestens um ein Drittel der Zeit kürzer. Da er mäßigen Frost recht gut verträgt, ist es besser, ihn nicht einzulagern, sondern ihn bis etwa Ende November frisch aus dem Garten zu verbrauchen.

Chicorée

Die Wurzeln der Zichorie, aus denen später bei völliger Dunkelheit ein gebleichter Sproß treibt, der als Chicorée bekannt ist, werden Ende Oktober bis spätestens Ende November im Garten ausgegraben. Die Wurzeln werden im Gemüsekeller in Erde oder Sand eingeschlagen und bei Bedarf in kleinen Mengen zum Austreiben gebracht. Dazu wird bei Sorten, die ohne Deckerde treiben, z.B. ein

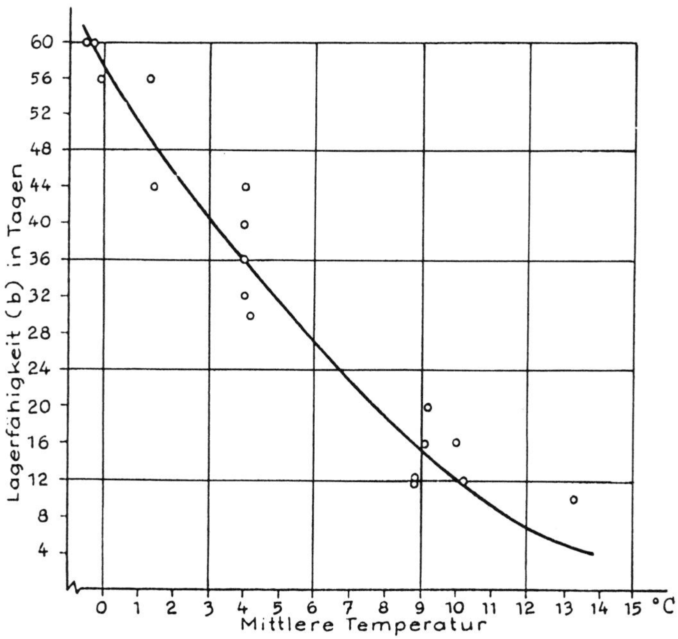

Abb. 7
Bedeutung der Lagertemperatur für die Haltbarkeit von Spätblumenkohl (Durchschnitt von 17 Versuchen). (b) = mit Verputzen des Umblattes (nach Böttcher), Quelle (4)

10-l-Eimer zur Hälfte bis zwei Drittel mit feuchtem Sand gefüllt und dort dicht nebeneinander einige Wurzeln so eingepflanzt, daß ihr Wurzelansatz etwa eine Daumenbreite aus dem Sand ragt. Wichtig ist, daß das Gefäß völlig dunkel steht, deshalb wird der Eimer mit Packpapier oder einem zweiten Eimer abgedeckt und einige Tage bei einer Raumtemperatur von etwa 10°C aufbewahrt, danach an einem warmen Ort (18 - 20°C). Ab und zu werden die Wurzeln begossen und nach 4 bis 5 Wochen könen dann die bekannten weißgelben Chicoréestauden geerntet werden, indem die Triebe ca. 2 cm über der Wurzel abgeschnitten werden. Meist wachsen ein zweites Mal Triebe nach.

Chinakohl
Chinakohl verträgt Frost bis -5°C. Um ihn möglichst spät zu ernten, kann er im Freien durch Mulch oder Stroh noch vor etwas stärkeren Frösten geschützt werden. Wie auch bei Weiß- und Rotkohl sollten für die Lagerung die äußeren Blätter am besten nicht entfernt werden, da sie für die darunterliegenden Blattschichten einen guten Schutz bieten. Er wird mit Wurzeln ausgegraben, oben zusammengebunden und entweder in feuchtem Sand oder feuchter Erde eingegraben, oder aber ohne Wurzeln und Strunk in Folie verpackt in Kisten oder Regalen gelagert. So soll er sich bei ca. +6°C Lufttemperatur mindestens 4 bis 6 Wochen halten.

Erbsen
Erbsen sind für die Kellerlagerung nicht geeignet.

Feldsalat
Feldsalat ist ein typischer Wintersalat und kann von Oktober bis April frisch aus dem Garten geerntet werden. Starker Frost ist ihm allerdings nicht zuträglich.
Wird er im Frühbeet oder im Gewächshaus angepflanzt, ist es möglich, ihn auch bei Schnee zu ernten.

Fenchel
Gemüsefenchel ist im Keller einige Wochen haltbar. Da er zum Austrocknen neigt, wird er ohne Wurzeln und mit gestutzten Blättern in feuchtem Sand senkrecht stehend eingekellert.

Grüne Bohnen
Bohnen sind sehr temperaturempfindlich und zur längeren Einlagerung nicht geeignet. Sie neigen zum Austrocknen und Strohigwerden. Bei +7°C bis +8°C und einer Luftfeuchtigkeit von 90 - 95% können Bohnen etwa 10 Tage lang frischgehalten werden. Gelagert werden sie besser in offenen Spankörben als in Beuteln.

Grünkohl (Braunkohl)
Grünkohl braucht nicht eingekellert zu werden, er ist frostbeständig und läßt sich bis zum Frühjahr frisch aus dem Garten ernten. Des besseren Geschmacks wegen sollte die Ernte erst nach dem ersten Frost beginnen. Sollte es dennoch mal erforderlich sein, ihn zu lagern, dann so kalt wie möglich. In Gegenden mit viel Schnee wird er gern mit Wurzeln und anhaftender Erde an einer geschützten Hauswand eingegraben. Erfahrungen aus der Kühllagerung zeigen, daß er bei einer Lagertemperatur von -2°C und einer Luftfeuchte von 95% maximal 8 bis 12 Wochen haltbar ist, bei einer Temperatur von -0,5°C nicht mehr als 3 bis 4 Wochen.

Gurken
Gurken sind sehr kälteempfindlich, unterhalb von +4°C bekommen sie schon nach kurzer Zeit Kälteschäden. Sie sind nur sehr begrenzt haltbar, je nach Sorte können sie bei +10°C und bei 85 bis 95% relativer Luftfeuchtigkeit etwa 2 Wochen gelagert werden. Danach fangen sie schnell an zu verderben, sichtbar an dem Auftreten weicher, leicht einzudrückender Stellen an der Fruchtschale, die in Schimmel übergehen. Ihr Verfall wird beschleunigt, wenn sie im gleichen Raum mit Äthylenproduzenten wie z.B. Äpfel und Tomaten gelagert werden. Werden die Gurken in ungelochte Folienbeutel verpackt, soll sich ihre Haltbarkeit etwas erhöhen.

Kartoffeln
Die für die Einlagerung geeigneten Kartoffelsorten sind bei +4 bis +6°C und 90 bis 95% Luftfeuchtigkeit bei sachgemäßem Einkellern bis zu 8 Monate lagerfähig. Ihr Zustand bei der Einlagerung hat einen großen Einfluß auf die Haltbarkeit. Sie werden ungewaschen im dunklen Keller am besten in den bekannten luftdurchlässigen Kartoffelkisten aufbewahrt. Ist der Keller zu trocken oder zu hell, fangen sie bald an zu schrumpfen und zu keimen. Kartoffeln sind sehr kälteempfindlich, bei Temperaturen um 0°C wandelt sich als eine Art von Kälteschaden ihre Stärke in Zucker um, sie schmekken dann widerlich süß. Wenn möglich, sollten Kartoffeln nicht mit Äpfel und anderem Kernobst im gleichen Raum gelagert werden, da diese zum einen den Kartoffelgeruch annehmen, zum anderen

aber durch ihre Kohlendioxidabgabe den Keimprozeß der Kartoffel fördern.

Knoblauch
Knoblauchpflanzen werden an der Sonne vorgetrocknet und dann wie Zwiebeln zu einem Zopf zusammengeflochtenn oder einfach gebündelt und an einem kühlen, trockenen Platz aufbewahrt. Bei 0°C und 65 bis 75% Luftfeuchtigkeit können sie sich 6 bis 7 Monate halten, ab ca. +8°C fangen sie relativ bald an auszutreiben, bei einer Luftfeuchtigkeit über 75% neigen die Knollen zu Fäulnis.

Kohlrabi
Kohlrabi ist frostempfindlich und darf deshalb nicht zu spät geerntet werden. Am besten wird Kohlrabi mit teilweise abgeschnittenem Blatt in feuchtem Sand eingelagert. Bei einer Lagertemperatur von +0,5°C bis +1°C und einer Luftfeuchtigkeit von 90% soll er 4 bis 5 Monate haltbar sein, unter üblichen Vorratskellerbedingungen etwa 6 bis 8 Wochen.

Kopfkohl (Weiß- und Rotkohl)
Die Kopfkohlarten sind bei guten Lagerbedingungen recht umproblematisch aufzubewahren. Die späten Kohlsorten vertragen Temperaturen bis -5°C und werden am besten mit 3 bis 4 Deckblättern in losen Stapeln so in Erdmieten gelagert, daß die Köpfe gut belüftet sind. Dadurch kann die anhaftende Oberflächenfeuchtigkeit entweichen, die Eigentemperatur des Lagergutes sinkt, die äußeren Deckblätter trocknen aus und bilden eine Schutzhülle.
Bei der Aufbewahrung im Keller soll Kohl am längsten haltbar sein, wenn die Pflanzen samt Wurzeln mit dem Kopf nach unten aufgehängt werden. Rotkohl ist, je nach Lagerbedingung etwa 2 Monate, Weißkohl etwa 3 Monate und länger haltbar.

Kopfsalat
Vegetationsbedingt fallen bei Kopfsalat öfter größere Mengen an. Er gehört zu den leichtverderblichen Blattgemüsearten und ist aufgrund der rasch eintretenden Salatfäule nicht lange haltbar. Erfahrungen aus der Kühllagerung ergeben, daß er bei +0,5 bis +1°C Lufttemperatur und einer Feuchte von 90 bis 95% etwa 2 bis 3 Wochen haltbar ist. Um das Welken der Blätter zu verlangsamen, wird er dabei in perforierte Folienbeutel verpackt. Ohne Folienbeutel ist er auch im Kühllager kaum mehr als eine Woche haltbar. Kopfsalat ist sehr empfindlich gegen Äthylenabgaben von Birnen, Äpfeln und anderem Kernobst.

Kürbis
Speise- und Gartenkürbisse sind kälteempfindlich und fangen bei Lagertemperaturen unter +10°C gern zu faulen an. Aufgrund ihrer dicken Schale spielt die Feuchtigkeit keine große Rolle. Bei einer Lufttemperatur von über +10°C , und einer rel. Feuchte von 60 bis 70% halten sie sich bis zu 3 Monate. Um fäulnisfördernde Druckstellen zu vermeiden, wird empfohlen, Kürbisse einzeln in Netzen oder Tücher hängend aufzubewahren.

Meerrettich
Meerrettich kann in Sand oder Folie eingeschlagen gelagert werden. Er sollte nicht vor Oktober/November geerntet werden, da er sonst aufgrund seiner höheren Stoffwechselaktivität schnell an Schärfe verliert. Kühlversuche ergaben, daß Meerrettich bei einer Lagertemperatur von -1°C bis -2°C und einer Luftfeuchte von 90 bis 95% bis etwa 1 Jahr aufbewahrt werden kann.

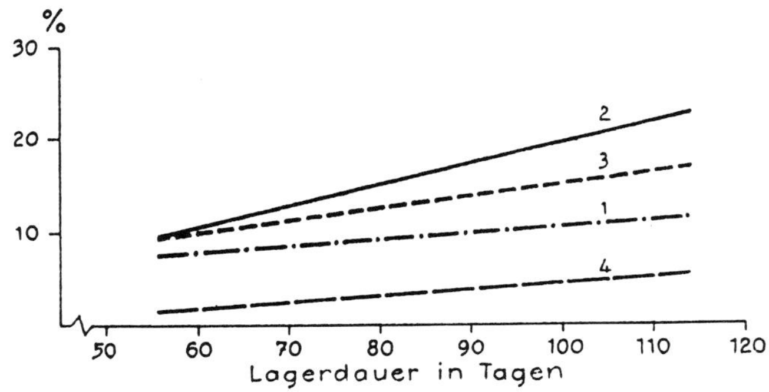

Abb. 8
Zusammenhang zwischen der Lagerdauer und der Abnahme der A-Qualität, dem Anteil der Fäulnis, des Schwundes und des Gesamtverlustes bei der Lagerung von Speisemöhren im außenluftgekühlten Normallager. Lagerperiode 1971/72 (nach Siedel)
Quelle (4)

1 Abnahme der A-Qualität
2 Gesamtverlust
3 Schwund
4 Fäulnis

Mohrrüben (Möhren)
Wichtig für die Lagerung von Möhren ist ihre gute Qualität und die Bedingung, daß sie trocken zur Einlagerung kommen. Angestoßene oder angefressene Mohrrüben sollten nicht gelagert werden. Für die Lagerdauer soll es unwesentlich sein, ob die Mohrrüben mit oder ohne Kraut, gewaschen oder ungewaschen gelagert werden. Bei einem Kühlversuch waren bei einer Temperatur von -1°C und einer Luftfeuchtigkeit von 90% nach einer Lagerzeit von über 6 Monaten, je nach Sorte noch zwischen 93 und 97% der Mohrrüben von guter Qualität. In außenluftgekühlten Lagern ist es entsprechend weniger (Abb. 8).
Mohrrüben können in losen Stapeln in Erd-Stroh-Mieten aufbewahrt oder mit Sand oder Holzspänen eingekellert werden. Im Keller oder in Erdmieten halten sich Mohrrüben bis zu 5 Monate. Sie sollten, wenn möglich, nicht zusammen mit Kernobst, Tomaten und anderen Naturalien, die Äthylen abgeben, gelagert werden, da dies das Bitterwerden der Möhren stark fördert. Große Möhren halten sich im allgemeinen besser als kleine.

Paprika (Gemüsepaprika)
Gemüsepaprika ist bei +8 bis +9°C und einer Luftfeuchtigkeit von 85 bis 90% bei ausreichender Luftbewegung etwa 10 bis 14 Tage haltbar. Bewährt hat sich das Verpacken in gelochte Folienbeutel, da Gemüsepaprika zum Schrumpfen neigt.

Pastinaken
Pastinaken sind nicht frostempfindlich. Um das Wurzelgemüse auch bei Frost oder Schnee verwerten zu können, ist es sinnvoll, die Pflanzen vorsichtig auszugraben, das Kraut zu entfernen und die Wurzeln im Keller in feuchten Sand einzuschlagen.

Petersilienwurzel
Petersilienwurzeln werden wie Mohrrüben gelagert. Bei 0 bis +1°C und einer Luftfeuchtigkeit von 95% sind sie 4 bis 6 Monate haltbar. Um im Winter frisches Petersiliengrün ernten zu können, werden einzelne Wurzeln zu zwei Drittel in einen Blumentopf eingepflanzt. Sie treiben aus, wenn die Wurzel an einen warmen, hellen Ort (ca. +15°C) gestellt wird.

Porree (Lauch)
Porree braucht gewöhnlich nicht eingelagert werden, er kann den ganzen Winter über frisch geerntet werden, außer in sehr kalten, schneereichen Wintern. Dann ist es vorteilhaft, ihn mitsamt Wurzeln an einem überdachten Ort in Erde oder Sand einzuschlagen (ab und zu gießen). Er kann im Keller nur kurzzeitig frisch gehalten werden. In einem Versuch wurde Porree Anfang Dezember bei +1°C, -1°C sowie in einem gewöhnlichen Gemüsekeller (ohne Einschlag) aufbewahrt. Mitte Januar war zu erkennen, daß bei der Kelleraufbewahrung Qualität und Aussehen schon stark nachgelassen hatte, im Februar war dieser Porree zum Teil trocken und welk, zum Teil schmierig geworden. Der bei +1°C und -1°C eingelagerte Porree war hingegen Anfang März noch in ausgezeichnetem Zustand. Vor der Einlagerung werden die grünen Blätter des Porree höchstens bis 10 cm über dem weißen Schaft und die Wurzeln auf 2 cm Länge eingekürzt.

Puffbohnen (Dicke Bohnen)
Puffbohnen sind im Gegensatz zu grünen Bohnen nicht temperaturempfindlich. Bei 0°C und einer Luftfeuchtigkeit von 90 bis 95% sind sie etwa 3 Wochen lagerfähig. Sie geben sehr viel Eigenwärme ab, weshalb sie offen aufbewahrt werden sollten.

Rettich
Herbst- und Winterrettich können bei 0°C und 95% Luftfeuchtigkeit etwa 4 Monate gelagert werden, bevor sie pelzig werden. Rettich wird Ende Oktober/Anfang November ausgegraben, vom Kraut befreit und wie anderes Wurzelgemüse auch, in feuchtem Sand schichtweise gelagert.

Rosenkohl
Alle Rosenkohlarten sind winterhart, sie schmecken nach den ersten Frösten sogar besser und können während der Wintermonate frisch vom Beet verbraucht werden, vorausgesetzt, der Winter ist nicht allzu schneereich und streng. Dann ist es besser, sie mit Wurzeln auszugraben und im möglichst kalten Keller wieder einzupflanzen, oder den Rosenkohl in perforierter Folie zu lagern. Gute Erfahrungen wurden auch damit gemacht, daß von der Pflanze nur die Blätter entfernt wurden und der ganze Stamm mit den Röschen kopfunter aufgehängt wurde. Bei Temperaturen über 0°C vermindert beschleunigtes Gelbwerden der äußeren Deckblätter und Fäule die Qualität schnell. Versuche ergaben, daß bei einer Temperatur von -1°C und 90% Luftfeuchtigkeit Rosenkohl 2 Monate gut lagerfähig war, während er bei -3°C und 90% rel. Feuchtigkeit bei Lagerung in

Beuteln bis zu 12 Wochen in einwandfreier Qualität blieb. Üblicherweise hält sich Rosenkohl etwa 3 bis 4 Wochen im Keller.

Rote Rüben (Rote Bete)
Bei Temperaturen unter 0°C verändern rote Rüben, ähnlich wie Kartoffeln, ihren Geschmack. Sie werden deshalb vor den ersten Frösten vorsichtig ausgegraben, und am besten in leicht feuchtem Sand eingekellert, nachdem ihr Laub bis auf 3 cm über dem Wurzelansatz eingekürzt wurde. Kühllagerversuche zeigten, daß sie bei einer Temperatur zwischen 0°C und +1°C und einer Luftfeuchtigkeit von 90 bis 95% etwa 6 Monate haltbar waren. Im Gemüsekeller sind sie 3 bis 4 Monate lagerfähig.

Schwarzwurzel
Schwarzwurzeln sind winterhart und können im Prinzip in der Erde bleiben. In der Praxis wird man sie wegen des erschwerten Ausgrabens bei frosthartem Boden jedoch besser einkellern. Es sollten nur voll ausgereifte und möglichst unverletzte Wurzeln ohne Blätter ungeputzt eingelagert werden. Ähnlich wie Mohrrüben neigt auch diese Wurzelgemüseart leicht zu Wasserverlusten und damit zum Welken bzw. Schrumpfen. Deshalb muß auch die Luftfeuchtigkeit ausreichend hoch sein, weshalb es besser ist, sie nicht in losen Stapeln aufzubewahren, sondern in feuchte Erde einzuschlagen. Bei Kühllagerversuchen betrug die erreichbare Lagerdauer von Schwarzwurzeln bei einer Temperatur von 0°C bis +1°C und einer Luftfeuchte zwischen 90% und 95% etwa 2 bis 4 Monate, im Gemüsekeller sind sie zwischen 1 und 2 Monate haltbar.

Sellerie
Wie alle Wurzelgemüse ist auch Sellerie über längere Zeit gut lagerfähig. Es kann eingemietet oder eingekellert werden. Bei + 1°C und einer relativen Luftfeuchtigkeit von 85 bis 90% waren in mit Ölpapier ausgelegten Kisten aufbewahrte Sellerieknollen noch nach einer Lagerzeit von 7 Monaten in einem ausgezeichneten Zustand. Sie vertragen Frost nicht gut, deshalb sollten sie rechtzeitig geerntet werden. Charakteristisch für Frostschäden sind die braunen Löchern im Innern der Knolle. Es ist von Vorteil, die Sellerie ungeputzt einzulagern, da die beim Putzen entstehenden Wundstellen die Schimmelbildung begünstigen. Fäule tritt bevorzugt am Kopf des Selleries auf und ist meist die Folge einer Verletzung bei zu scharfem Abdrehen der Blätter. Deshalb ist es besser, das Kraut erst dann zu entfernen, wenn es gelb ist. Wird Sellerie mit Kohl oder Rüben zusammen gelagert, vermischen sich die Gerüche. Im Gemüsekeller ist Knollensellerie 3 bis 5 Monate haltbar.

Spargel
Spargel ist ein Saisonprodukt und für die Lagerung nur kurzzeitig geeignet. Am längsten frisch bleibt er bei einer Lagertemperatur von +0,5°C bis 1°C und einer Luftfeuchte von 90 bis 95%. Bei dieser Temperatur kann frischgestochen eingelagerter Spargel, sorgfältig in perforierter Polyethylenfolie eingepackt, 5 Wochen und länger haltbar sein. Ohne Verpackung ist Spargel infolge starken Welkens nur wenige Tage haltbar.

Tomaten
Die Tomate ist, ähnlich wie die Bohne, ein Gewächs aus wärmeren Länder und nicht von Natur aus in unserem Klima heimisch. Werden Tomaten zu lange gelagert, sind sie nicht mehr »schnittfest«, d.h. sie fühlen sich schwammig an und bekommen eine wässrige Beschaffenheit. Außerdem treten bei längerem Lagern gern parasitäre Erkrankungen auf, die sich äußerlich an der Stielansatzstelle als schwarzer Ring zeigen. Runde, schwarze Flecken auf der Frucht, oft mit einem gelb-roten Kreis versehen, sind meist auf eine Pilzinfektion zurückzuführen.
Nach Nicolaisen-Scupin (68) richtet sich die beste Lagertemperatur nach dem Reifegrad der Tomaten. So soll sie für ausgefärbte, festfleischige Tomaten zwischen +8°C und +10°C betragen, während halbreife Tomaten (mit beginnender Rotfärbung) eine Temperatur von +12 bis +15°C brauchen, damit sie normal nachreifen. Grüne Tomaten reifen am besten bei +18 bis +20°C nach. Die Luftfeuchtigkeit sollte zwischen 85 und 90% liegen. Die Haltbarkeit mit Stiel gelagerter Früchte ist besser als die ohne Stiel. Gute Erfahrungen wurden auch gemacht, wenn die gesamte Staude mit reifen Tomaten kopfüber mit Wurzeln im Keller aufgehängt wurde. Doch auch bei optimaler Aufbewahrung bleibt die Lagerfähigkeit auf 5 bis 8 Wochen beschränkt. Nach dieser Zeit beginnen auch gesunde, von Pilzen nicht befallene Früchte in stärkerem Maße weich zu werden. Noch grün geerntete Tomaten werden am besten auf Papier so ausgelegt, daß sie sich nicht berühren und vor Lichteinfall mit einer weiteren Lage Papier geschützt sind. Etwa alle 3 Tage sollten sie kontrolliert, die roten verbraucht und die anderen eventuell umgedreht werden.

Topinambur
Topinambur ist winterhart und kann im Freiland verbleiben. Vor Schnee- und Eisperioden ist es günstig, einen Vorrat z.B. wie Kartoffeln einzukellern oder noch besser in feuchten Sand oder feuchte Erde einzulagern.

Winterendivien
Die Winterendivie erträgt Frost bis -5°C, deshalb sollte sie so lang wie möglich im Garten bleiben und vor etwas stärkeren Frösten mit Stroh oder Folie geschützt werden. Im Keller hält sie sich in Folie verpackt bei ihrer günstigsten Lagertemperatur (ca. +0,5°C) etwa 3 Wochen, bevor sie anfängt, schmierige und faule Stellen zu bekommen. Die Salatköpfe können auch mit Wurzel ausgegraben und im Vorratskeller in leicht feuchtem Sand oder feuchter Erde wieder eingegraben werden.

Wirsing
Wirsing ist im Vorratskeller gewöhnlich etwa 6 bis 8 Wochen haltbar.

Zucchini
Zucchini schmecken am zartesten, wenn sie nicht allzu groß sind. Läßt man sie sehr groß wachsen, verlieren sie von ihrem feinen Geschmack, ihre Schale wird hart und dick und sollte deshalb nicht mehr mitverzehrt werden. Zucchinis sind kälteempfindlich, z.B. entstehen bei +4°C schon nach einigen Tagen Kälteschäden (wässerige Flecken auf der Oberfläche). Sie sind bei +7 bis +10°C und einer Luftfeuchte von 90 bis 95% zwei bis drei Wochen haltbar, wenn sie wie Kürbisse aufgehängt werden.

Zwiebeln
Zwiebeln sind sehr gut haltbar, wenn sie z.B. in trockenen, luftigen Bodenräumen untergebracht werden. Erdmieten und Kellerräume eignen sich dagegen zu ihrer Aufbewahrung wenig. Die Luftfeuchtigkeit sollte nicht mehr als 75 bis 80% betragen, denn die Zwiebeln sind aufgrund ihrer äußeren, eingetrockeneten Hüllen weitgehend gegen Zellwasserverluste geschützt. Entsteht beim Bewegen der Zwiebeln ein raschelndes Geräusch, so ist dies ein Merkmal für einen guten Qualitätszustand. Am besten ist es, die Zwiebeln vor der Einlagerung an der Sonne vorzutrocknen. Das Vortrocknen an der Sonne soll dazu beitragen, die Fäulnisanfälligkeit zu vermindern. Bei guten Lagerbedingungen sind Zwiebeln mehr als 5 Monate haltbar, wobei sie Mitte/Ende März anfangen, auszutreiben und evtl. zu faulen.

Die Lagerfähigkeit von Obst

Bei den zur Frischlagerung geeigneten Obstarten steht das Kernobst und da wiederum das Winterobst an erster Stelle. Steinobst läßt sich nur kurze Zeit unbehandelt aufbewahren, das gleiche gilt für Beerenobst. Stein- und Beerenobst läßt sich ein paar Tage in einem kühlen, trockenen Raum frischhalten. Wichtig ist eine flache Lagerung, Kirschen, Aprikosen, Pflaumen und Zwetschgen sollten möglichst flach auf Hurden oder Brettern aufbewahrt werden. Jeden Tag sind faulige Früchte auszusortieren.

Äpfel
Abb. 9 zeigt die Lagerfähigkeit von Tafeläpfeln. Äpfel sind durch die natürliche lange Haltbarkeit zahlreicher Sorten für die Versorgung mit frischen pflanzlichen Produkten in den Wintermonaten von großer Bedeutung. Ihre Ernte sollte nicht vor der Baumreife erfolgen, da zu früh geerntete Spätsorten auch unter günstigen Lagerbedingungen übermäßig welken, schrumpfen oder aber zu hart bleiben. Der richtige Erntezeitpunkt ist gekommen, wenn einzelne gesunde Früchte vom Baum abfallen und wenn sich die Verbleibenden durch leichtes Drehen oder Anheben vom Baum lösen lassen, ohne daß der Fruchtstiel abbricht, oder Fruchtholz mit abgerissen wird. Die Früchte sollten mit einem Obstpflücker, der an einer langen Stange befestigt ist, geerntet werden. Die Äpfel müssen sorgfältig behandelt werden, denn Druckstellen erhöhen die Fäulnisgefahr. Ebenso sind durch tierische Schädlinge, Pilzkrankheiten oder andere Verletzungen geschädigten Früchte nicht für eine längere Einkellerung geeignet. Gelagert werden die Äpfel entweder nebeneinaner auf luftigen Lattenrosten (getrocknete Holunderbeeren, zwischen die Äpfel gelegt, sollen die Haltbarkeit verbessern), oder sie werden in lebensmittelgeeignete Tiefkühlbeutel verpackt, was bei einigen Sorten die mögliche Lagerdauer um mehrere Wochen verlängert (siehe auch Kap. 1.3). Bevor jeweils 2 oder 2,5 kg Äpfel in die 25 x 40 cm großen Beutel gefüllt werden können, müssen die Äpfel einige Tage offen im späteren Lagerraum liegen, um sich der Raumatmosphäre anzupassen. Dann werden sie in die Beutel verpackt, die mit einer Schnur oder einer Wäscheklammer

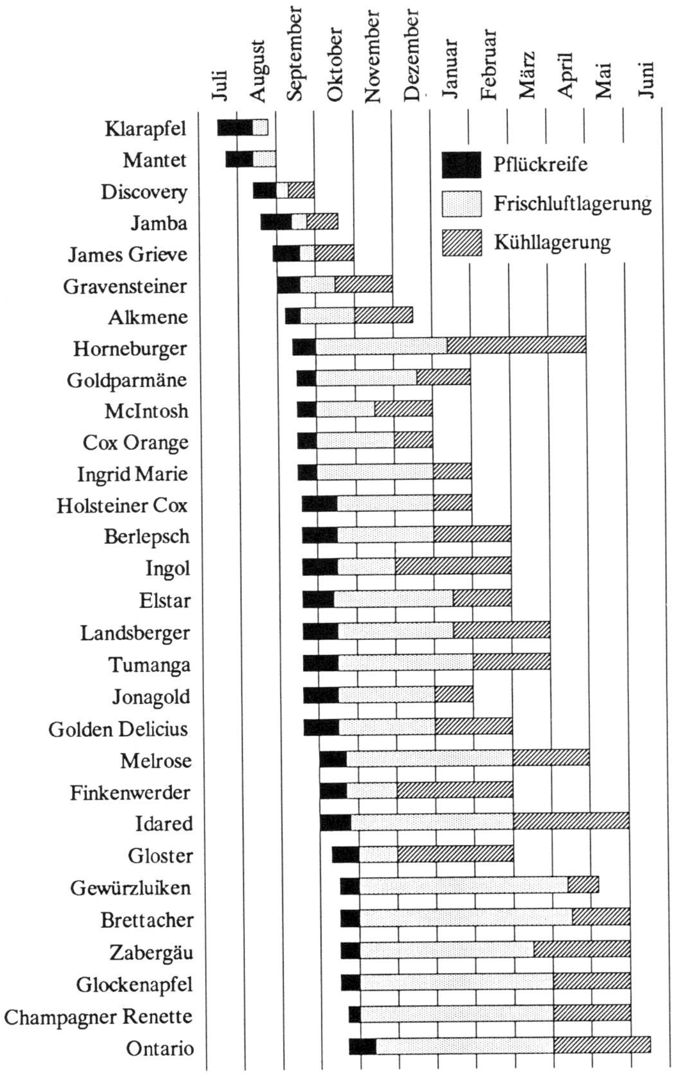

Abb. 9 Pflückreife und Lagerungszeit von Tafeläpfeln Quelle (69)

verschlossen werden. Bildet sich nach ein paar Tagen ein feiner Niederschlag, so ist das nicht schlimm, sammelt sich jedoch Wasser im Beutel, so muß dieser vorübergehend geöffnet werden, ebenso falls sich die Früchte bräunlich verfärben sollten (Sauerstoffmangel).

Die beste Lagertemperatur liegt, je nach Sorte zwischen 0 und +5°C bei einer Luftfeuchtigkeit zwischen 90 und 95%. Frost vertragen Äpfel nicht gut, schon bei -1°C bilden sich in saftigen Sorten Eiskristalle, die Früchte müssen dann nach dem Auftauen schnell verarbeitet werden.

Apfelsinen

Die beste Lagertemperatur für Apfelsinen liegt zwischen +6°C und +8°C bei einer Luftfeuchte zwischen 85 und 90%. Sie sollen dann frischgepflückt bis zu 4 Monate haltbar sein. Bei einer längeren Lagerung unter +5°C treten Kälteschäden auf (erkennbar an eingesunkenen dunklen Schalenflecken) und der Vitamin-C-Abbau nimmt wesentlich zu. Vor dem Verzehr ist es empfehlenswert, die Orangen einige Tage bei +10°C und +15°C zu halten, sie gewinnen dadurch an Geschmack.

Aprikosen

Die günstigste Lagertemperatur für hart-reife Aprikosen liegt bei -1°C und 0°C, bei einer Luftfeuchtigkeit von ca. 90%, wobei die Nachreife am besten bei +15°C erfolgt. Dann sollen sie etwa 3 Wochen haltbar sein. Temperaturen zwischen +3°C und +7°C führen häufig zu einem Mehligwerden der Früchte und vorzeitigen Säureabbau.

Avocados

Als typische Tropenfrucht sind Avocados kälteempfindlich. Die fäulnisempfindlichen Früchte können etwa 2 bis 3 Wochen aufbewahrt werden, wenn die Lagertemperatur bei +10 bis +13°C liegt und die Luftfeuchtigkeit bei etwa 90%.

Bananen

Bananen sind ebenfalls kälteempfiindlich und vertragen Temperaturen unter +12°C schlecht. Unausgereifte, grüne Bananen sind bei +13°C bis +15°C und einer Luftfeuchte von ca. 90% etwa 10 Tage lagerfähig. Treten braune Reifeflecken (Zuckerflecken) auf der Schale auf, so hat die Banane ihre höchste Geschmacksqualität erreicht.

Birnen
Birnen verderben leicht durch Pilzinfektionen, viele Sorten sind deshalb nur sehr begrenzt haltbar. Im Vergleich zu Äpfeln verläuft ihr Reifeprozeß fast doppelt so schnell. Nur Spätsorten sind zur Frischlagerung geeignet. Die günstigste Lagertemperatur liegt zwischen +2°C und -1°C, bei einer Luftfeuchtigkeit von 90 bis 95%. Dann sind sie je nach Sorte zwischen 4 Wochen und 6 Monate haltbar (Abb. 10). Einzeln in Papier gewickelt oder mehrpfundweise in Gefrierbeutel verpackt, läßt sich ihre Haltbarkeit verlängern.

Kirschen
Süß- und Sauerkirschen sind sehr druck- und transportempfindlich. Bei einer Lagertemperatur von -1°C und +2°C und bis 95% Luftfeuchte sind Süßkirschen etwa 2 Wochen, Sauerkirschen nur ca. 5 Tage haltbar. Kurz vor der Reife gepflückte Kirschen sind im kühlen Keller 3 bis 4 Tage, genußreife etwa 1 bis 2 Tage haltbar, wobei die Knorpelkirschen etwas widerstandsfähiger sind als die weichfleischigen Herz- und Sauerkirschen.

Sorte	Temperatur °C	Luftfeuchtigkeit %	Lagerdauer Monate
Alexander Lucas	-1 - 0	90 - 95	6
Bosc's Flaschenbirne	-1 - 0	90 - 95	4 - 5
Clapps Liebling	-1 - 0	90	2
Conférence	-1 - 0	90 - 95	4 - 5
Diels Butterbirne	-1 - 0	90 - 95	4 - 5
Frühe von Trévoux	-1 - 0	90	1 - 1,5
Gellerts Butterbirne	-1 - 0	90 - 95	3
Gräfin von Paris	-1 - 0	90 - 95	5 - 6
Gute Luise	-1 - 0	90 - 95	4
Hardenponts Butterbirne	-1 - 0	90 - 95	5 - 6
Herzogin von Angoulème	-1 - 0	90 - 95	4 - 5
Josefine von Mecheln	-1 - 0	90 - 95	4
Dr. Jules Guyot	-1 - 0	90	1 - 1,5
Köstliche von Charneu	-1 - 0	90	5
Madame Verté	-1 - 0	90 - 95	6
Packhams Triumph	-1 - 0	90 - 95	3
Passa Crassane	0 - +2	90	5 - 6
Vereins-Dechants	-1 - 0	90 - 95	3 - 4
Williams Christ	-1 - 0	90	2

Kiwifrüchte
Inzwischen werden auch in Deutschland vermehrt Kiwis angebaut, die etwa 10 cm großen, länglich-ovalen Früchte aus Neuseeland. Ihre Schale ist braun, mit feinen Härchen besetzt und recht widerstandsfähig. Kiwifrüchte sind nicht kälteempfindlich und können bei einer optimalen Lagertemperatur von 0 bis +2°C und 90 bis 95% Luftfeuchtigkeit bis zu 5 Monate gelagert werden. Gegen Äthylen sind sie allerdings sehr empfindlich, weshalb sie nicht mit Tomaten, Äpfeln etc. zusammen gelagert werden sollten.

Mandarinen
Mandarinen sind im Vergleich zu Apfelsinen weniger gut zum Lagern geeignet, sie schmecken aufgrund ihres beschleunigten Säureabbaus recht schnell fade. Bei einer Temperatur von +4°C und einer Luftfeuchte bis 90% sind sie maximal 4 Wochen, bei +6 bis +7°C höchstens 6 Wochen haltbar.

Melonen
Melonen sind sehr druckempfindlich, weshalb sie am besten freihängend in Netzen gelagert werden. Sie sind außerdem sehr kälteempfindlich und benötigen um die +10°C Lufttemperatur zur Lagerung (Luftfeuchtigkeit zwischen 85 und 90%). Die Haltbarkeit nicht ganz reif geernteter Melonen liegt unter diesen Bedingungen sortenabhängig zwischen 2 und 4 Wochen.

Oliven
Frische Oliven sind kälteempfindlich und sind bei Temperaturen zwischen +7°C und +10°C bei einer Luftfeuchte um 90% etwa einen Monat lagerfähig.

Pfirsiche
Reife Pfirsiche halten sich bei Temperaturen zwischen +2°C und +8°C und einer Luftfeuchte ab 90% maximal 8 bis 10 Tage.

Abb. 10
Lagerdauer für Birnen bei normaler Kühllagerung Quelle (68)

Pflaumen
Steinbach (70) zitiert aus einem Kochbuch der Jahrhundertwende: »Pflaumen kann man bis Weihnachten frisch erhalten, indem man sie schichtweise mit ihrem Laub in Blechbüchsen legt, diese verlötet und in die Erde eingräbt. Auch in neue irdene Töpfe kann man sie packen; die Töpfe bindet man hierauf mit Schweinsblase zu, beschwert sie mit einem gut in der Sonne ausgetrockneten Ziegelstein, und vergräbt die Töpfe oder stellt sie in den Keller und bedeckt sie mit Erde.« Diese kleine Anleitung zeigt, daß Pflaumen zur Frischlagerung eigentlich nur schlecht geeignet sind. Bei einer optimalen Lagertemperatur zwischen -1°C und +1°C und einer Luftfeuchte von 90 bis 95% sind sie sortenabhängig 1 bis 5 Wochen lagerfähig. Bei Lagertemperaturen von mehr als +2°C fangen Pflaumen leicht an zu faulen.

Preiselbeeren
Rohe Preiselbeeren werden in Schweden im Keller in Steingutgefäßen aufbewahrt. Staubdicht, aber nicht luftdicht verschlossen, sollen sie bis zu einem Jahr ohne Zusatz von Zucker oder anderen Konservierungsstoffen haltbar sein, wenn die Beeren leicht gestampft werden, so daß ihr Saft das Füllgut bedeckt.

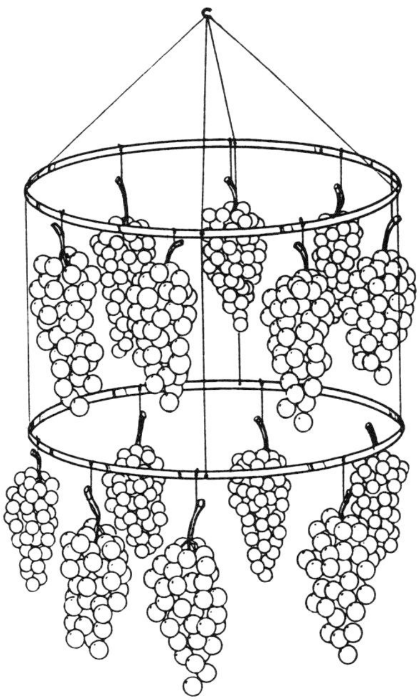

Abb. 11 Hängende Lagerung von Trauben Quelle (12)

Stachelbeeren
Reife Stachelbeeren halten sich bei +3°C und 90% Luftfeuchtigkeit bis zu 8 Tage.

Trauben
Bei vorsichtiger Lagerung lassen sich Trauben eine Zeitlang, vielleicht einen Monat, frisch halten. Dazu werden unverletzte Trauben an einen Faden gebunden und an einem möglicht kühlen und trokkenen Platz an Schnüren so aufgehängt, daß keine Traube die andere berührt. Jeden Tag werden angefaulte Beeren mit einer Nadel oder einer spitzen Schere entfernt. Nach einiger Zeit werden die Traubenbeeren etwas einschrumpfen; sie sind dann aber infolge ihrer härter gewordenen Oberhaut weniger fäulnisgefährdet (Abb. 11).

Zitronen
Zitronen lassen sich bei +3 bis +4°C und 90% Luftfeuchte bis zu einem Monat frisch halten.

Die Lagerfähigkeit von Nüssen, Getreide und Wein

Nüsse
Haselnüsse, Walnüsse sowie Eßkastanien neigen bei längerer Lagerung unter normalen Temperaturbedingungen zum Ranzigwerden aufgrund ihres hohen Ölgehaltes, der bei Hasel- und Walnüssen auf den Kern bezogen bei etwa 60% liegt. Außerdem werden Nüsse leicht bitter oder sie schimmeln, besonders wenn sie nicht ausreichend lange vorgetrocknet wurden und die Lagertemperatur zu hoch ist.
Walnüsse werden geerntet, wenn sie vollreif sind. Dann läßt sich die fleischige grüne Hülle leicht von der verhärteten braunen Schale lösen. Ihr Kern ist dann auch nicht mehr milchig, sondern fest und schrumpft bei der Lagerung nicht ein. Nachdem die Hülle entfernt ist, werden die Nüsse an einem warmen, luftigen Ort (z.B. Dachboden) getrocknet. Dies gilt auch für Haselnüsse und Eßkastanien. Dazu werden sie in dünnen Schichten ausgebreitet und von Zeit zu

Abb. 12 Vorratsschädlinge Quelle (71)

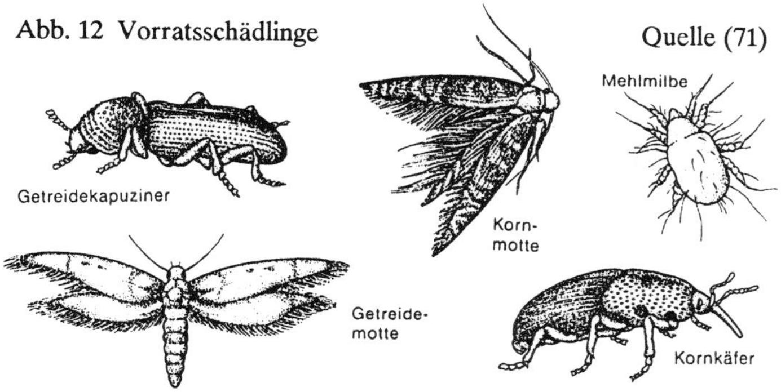

Zeit gewendet. Die Aufbewahrung der Nüsse erfolgt am besten in flachen Steigen oder in Säcken aus lockerem Gewebe an einem sehr kühlen (aber nicht feuchten!) Ort. Mäuse lieben Nüsse. Zum Schutz vor Nagetiere können sehr gut vorgetrocknete Nüsse deshalb auch in großen, mit einigen Luftlöchern versehenen Blechbüchsen aufbewahrt werden. Kälte schadet den Nüssen weniger als Wärme, die das Ranzigwerden der öligen Früchte begünstigt. Bei einer Lagertemperatur von -3°C bis 0°C und einer rel. Feuchte von 65 bis 75% sind sie bis 12 Monate haltbar. Liegt die Lagertemperatur über 0°C, dann sollte die Luftfeuchte nicht über 60% hoch sein.

Getreide

Ungemahlene Getreidekörner werden in Leinen- oder Jutesäcken (sind mit Entnahmevorrichtungen im Biohandel erhältlich) bzw. in Holzkisten an einem trockenen, kühlen Ort möglichst luftig gelagert. Das Getreide sollte von Zeit zu Zeit durchgeschüttelt oder mit den Händen durchgemischt werden, um Kornkäfern und anderem Ungeziefer (Abb. 12) das Einnisten zu erschweren. Erntefrisches Getreide hat in der Regel einen hohen Wassergehalt (über 14%), so daß es vor dem Lagern für einige Wochen ausgebreitet bei ca. 20°C nachtrocknen sollte, da es sonst leicht zu schimmeln anfängt.

Wein

Ein altes Sprichwort sagt »Der Keller macht den Wein«. Dies ist ganz besonders zutreffend, wenn nicht nur ein oder zwei Dutzend Weinflaschen für den Hausgebrauch gelagert werden, sondern Wein - und wenn vielleicht auch nur als Hobby - selbst ausgebaut wird.
Wein verlangt eine erschütterungsfreie Lagerung. Deshalb sollten Weinkeller nicht an einer verkehrsreichen Straße liegen, auf der Schwerlastverkehr die Grundmauern erzittert läßt, er sollte sich auch nicht in unmittelbarer Nähe von Werkstätten mit lauten Maschinen und nicht in der Nähe einer Ölzentralheizungsanlage befinden. Auch Fremdgerüche, die bei der gemeinsamen Lagerung des Weines mit z.B. Gemüse, Obst, Erdöltank, Farben oder was auch immer, vorhanden wären, sind dem Geschmack des Weines wenig zuträglich, denn Wein nimmt durch den Korken Fremdgerüche auf.
Die Temperatur des Lagerkellers ist für den Ausbau und die Haltbarkeit des Weines von großer Bedeutung. Für Weißweine beträgt die beste Kellertemperatur 8 bis 10°C, für Rotweine und Jungweine 10 bis 12°C. Diese Temperaturen sollten nicht allzusehr schwanken - bei guten Weinkellern wird vorausgesetzt, daß die jährliche Temperaturschwankung nicht mehr als 2 bis 3°C beträgt. Eine schwer zu erfüllende Forderung, wenn der Lagerkeller nicht tief in der Erde liegt! In alten Büchern wird deshalb geraten, die Lagerkeller nach Norden und mindestens in einer Tiefe von 4 bis 6 m im Erdreich anzulegen. Sinnvollerweise wurde der Gärkeller, der höhere Temperaturen zuläßt, gern über dem Lagerkeller errichtet und darüber, oberirdisch und mit einer Zufahrtsrampe versehen, wurde das Preßhaus gebaut.
Niedrigere Lagertemperaturen als die oben angegebenen verzögern den Ausbau des Weines, bei Rotwein bewirken sie zudem eine Farbstoffausscheidung, er wird heller. Zu hohe Temperaturen beschleunigen andererseits den Ausbau des Weines zu sehr, so daß er schnell altert und an Kohlensäure und Aroma verliert. Die Luftfeuchtigkeit sollte in Kellern mit Faßweinen nicht höher als 80% sein. Zu trockene Luft verursacht eine Wasserverdunstung aus den Fässern und somit einen Weinverlust. Eine Luftfeuchtigkeit über 80% begünstigt andererseits das Wachstum von Schimmel auf den Fässern, die durch Zerstörung des Holzes unvorteilhaft auf den Wein einwirken. Gern gesehen wird in Weinkellern allerdings der sogenannte Kellerpilz (Rhacodium cellare), von dem angenommen wird, daß er die Feuchtigkeit im Keller reguliert, obwohl es eigentlich umgekehrt ist (1). In jedem Fall ist er jedoch ein Kennzeichen für die richtige Luftfeuchtigkeit.
Für in Flaschen gelagerte Weine ist eine Luftfeuchtigkeit unter 60% geeigneter, da hierdurch die Korken nicht schimmeln. Übrigens sollten Weinflaschen nicht stehend gelagert werden, sondern liegend und zwar so, daß der Wein die Unterseite des Korkens vollständig umspült. Dies schützt den Wein gegen den Sauerstoffeinfluß der Luft, indem der Korken immer so feucht ist, daß er nicht schrumpft.

Alter Weinkeller in einem Lößhügel im Kaiserstuhl, Südbaden

6.3 Stoffveränderungen bei Obst und Gemüse durch die Lagerung

Gelagertes Obst und Gemüse ist sicherlich immer die zweitbeste Wahl, denn nur pflückfrische pflanzliche Produkte enthalten unvermindert all die Inhaltsstoffe, die für unseren Organismus so wichtig sind. Im Gegensatz zu Tiefkühlkost jedoch, bei der die Lebensmittel konserviert werden, indem man ihre Zellen durch Kälte abtötet, bleiben frischgelagerte pflanzliche Produkte lebende Organismen - was qualitativ sicherlich ein Vorteil ist.

Während der Lagerung treten bei Obst und Gemüse stoffliche Veränderungen auf. Zu den *physikalischen* Veränderungen gehören die Transpiration (die Abgabe von Wasserdampf), das Welken und die Kondenswasserbildung auf der Oberfläche von Obst und Gemüse. Je nach Sorte, Art und Beschaffenheit der Produkte ist die Transpiration sehr verschieden. Je stärker die Transpiration ist, umso schlechter ist die Lagerfähigkeit und umso schneller erkranken Gemüse und Obst. Die Feuchtigkeitsabgabe steigt, je größer die Oberfläche eines pflanzlichen Produktes im Verhältnis zum Volumen, je trockener die Umgebungsluft und je schneller die Luftbewegung im Raum ist.

Werden Obst und Gemüse so aufbewahrt, daß sie hoch aufgeschüttet geschichtet sind (z.B. Kartoffeln), ohne daß nach oben ein ausreichender Luftzwischenraum frei ist, bilden sich zuweilen Kondenswassertröpfchen auf der obersten Obst- oder Gemüseschicht. Dies ist auch bei mangelhafter Isolierung des Lagerraumes möglich, denn im Innern des Lagergutes ist gewöhnlich die Temperatur höher als im Lagerraum. Das Kondenswasser entsteht nun dort, wo die warme und die kalte Luft zusammentreffen, also in der oberen Obst- oder Gemüseschicht und neben kalten (nicht ausreichend isolierten) Gebäudeteilen. Das Beschlagen der Gartenprodukte mit Kondenswassertröpfchen sollte verhindert werden, da dies die Entwicklung schädigender Mikroorganismen fördert.

Auch die *chemische* Zusammensetzung von Obst und Gemüse verändert sich während der Lagerung. Dies hängt u.a. mit ihrer Atmung und mit dem Prozeß der Nachreife zusammen.

Wie alle lebenden Organismen ist auch frisch eingelagerten pflanzlichen Produkten ein Stoffwechsel mit ihrer Umwelt zu eigen, d.h. sie *atmen,* indem sie Sauerstoff aus der umgebenden Luft aufnehmen und Kohlendioxyd abgeben. Die verschiedenen Obst- und Gemüsearten haben, auch unter gleichen Bedingungen, eine unterschiedliche Atmungsaktivität. So ist die Atmungsintensität bei Blattgemüse am größten, danach folgen Tomaten, Beeren, Topinambur und

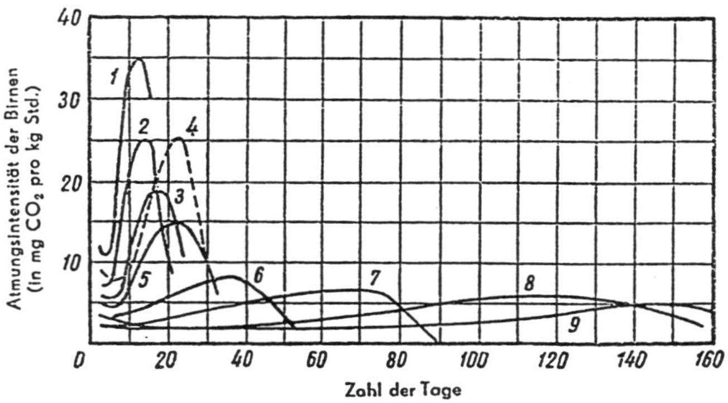

Abb. 14
Die Atmungsintensität der Birnen, abhängig von der Temperatur. Quelle (95)

1 = 21°C; 2 = 16°C; 3 = 12°C; 4 = 12°C; 5 = 10°C; 6 = 4,5°C; 7 = 3°C; 8 = 1°C; 9 = 0,2°C

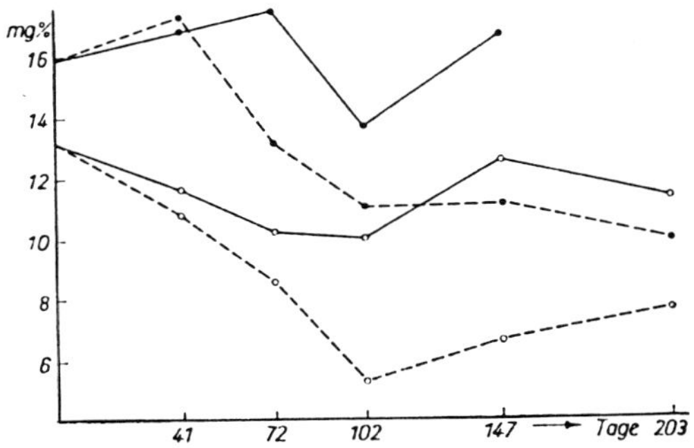

Der Vitamin C-Gehalt zweier Apfelsorten bei verschiedenen Lagerbedingungen.
Jonathan: o——o 0°C, φ = 90%, in Luft;
o — — — o + 4°C, φ = 96%, Gasgemisch (6% CO_2, 15% O_2).
Boskoop: •——• 0°C, φ = 90%, in Luft;
• — — — • + 4°C, φ = 96%, Gasgemisch (3% CO_2, 3% O_2).

Abb. 15
Der Vitamin-C-Gehalt zweier Apfelsorten bei verschiedenen Lagerbedingungen. Quelle (73)

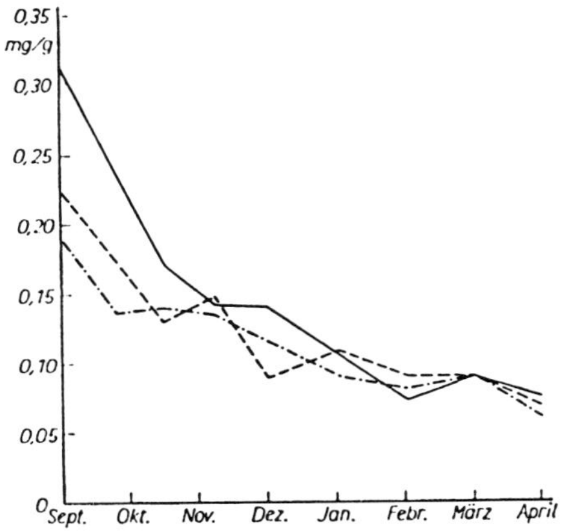

Abb. 16
Der Vitamin-C-Gehalt von 3 verschiedenen Kartoffelsorten, die bei 12°C gelagert waren (Angaben in mg/g Kartoffel).
(nach E. Mathiesen) Quelle (73)

Gemüse	Relativer Vitamin-C-Gehalt frisch	nach 48 h	nach 96 h
Kopfsalat, Außenblätter	100%	65,9%	17,0%
Kopfsalat, Innenblätter	100%	60,2%	40,9%
Spargel	100%	77,7%	46,4%
Kohlrabi	100%	60,9%	34,8%

Abb. 17
Der Vitamin-C-Gehalt einiger Gemüse bei kurzfristiger Lagerung
Quelle (73)

Lagertemperatur °C	Lagerdauer in Tagen 0	19	31	42	56	70	84
	Vitamin-C-Gehalt in mg/100 g						
+8 - +9	32	26	28	25	22	18	20
+1 - +3	32	31	28	24	24	26	21

Abb. 18
Der Vitamin-C-Gehalt von Kohl (Glory cabbage) bei zunehmender Lagerdauer (in mg/100 g) Quelle (73)

Zichorie. Nur wenig atmen Zwiebeln, Weintrauben sowie Gemüse und Obst, das gut lagerfähig ist (Wurzelgemüse, Äpfel, usw.). Neben der Artenabhängigkeit wird die Intensität der Atmung u.a. auch vom Reifegrad der Gartenprodukte bestimmt: ausgereiftes Lagergut atmet weniger intensiv als unausgereiftes. Darüberhinaus spielt die Lagertemperatur eine Rolle, denn bei niedrigen Temperaturen verlangsamt sich der Atmungsprozeß (Abb. 14). Blattgemüse wie Salat, Spinat, Lauch, Mangold usw. haben eine hohe Atmungsintensität, sie verlieren durch ihre große Oberflächen sehr schnell Feuchtigkeit und welken, weshalb sie nach dem Ernten nur kurze Zeit lagerfähig sind.

»Es wurde nachgewiesen, daß in Obst und Gemüse beim Transport und bei der Lagerung die hydrolytischen Prozesse die synthetischen überwiegen. Der Gehalt an Polysacchariden und Disacchariden verringert sich daher im Obst und Gemüse, während der Gehalt an Invertzucker sich erhöht. In einem erheblichen Teil wird das Protopektin hydrolysiert, während sich der Gehalt an löslichem Pektin erhöht. Gleichfalls verringert sich der Gehalt an Gerbstoffen und Glykosiden, welche in ihre einfacheren Komponenten (Zukker, Säuren und andere Produkte) gespalten werden. Die Eiweißstoffe werden z.T. in Aminosäuren und einfachere Zerfallsprodukte hydrolysiert. Infolge der Atmung von Obst und Gemüse verringert sich ihr Gehalt an Kohlenhydraten, Säuren und anderen Komponenten. Diese chemischen Veränderungen wirken sich auf den Geschmack , das Aroma sowie auch auf die Festigkeit aus. Überreifes Obst und Gemüse wird unschmackhaft und weich, manchmal auch mehlig (Obst).« (5) .

Bei der Lagerung, insbesondere einer längeren, verringert sich der Vitamingehalt in Obst und Gemüse z.T. beträchtlich. Bei der Lagerung von Äpfeln in kontrollierter Atmosphäre wurde allerdings bei einigen Sorten in den ersten Stadien der Aufbewahrung sogar eine deutliche Zunahme des Ascorbinsäuregehaltes festgestellt (Abb. 15). Bei Kartoffeln nimmt der Vitamin-C-Gehalt ziemlich gleichmäßig ab (Abb. 16). Eingehende Versuche zeigten, daß die Abnahme während der Lagerung bei 15°C am stärksten, bei 1°C weniger stark und bei +5°C am geringsten war.

Lagertemperatur °C	Lagerdauer in Tagen 0	3	7	17
	Vitamin-C-Gehalt in mg/100 g			
+1 - +3	78	76	72	39
+23 - +26	78	44	5	Fäulnis

Abb. 19
Der Vitamin-C-Gehalt von Spinat bei zunehmender Lagerdauer (in mg/100 g) nach D.K. Tressler u. Mitarb., Quelle (73)

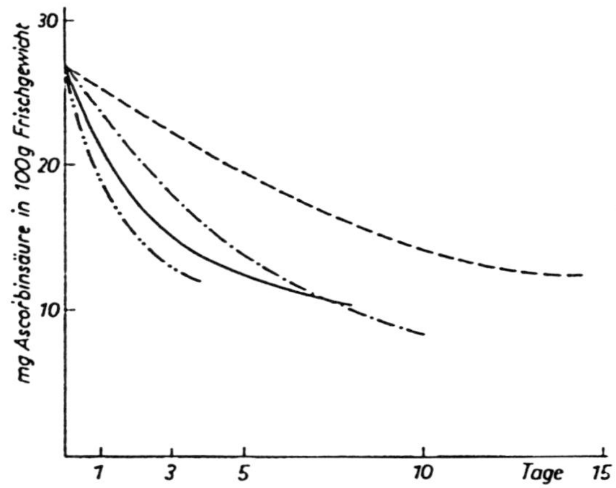

Abb. 20
Abnahme der Ascorbinsäure bei der Lagerung von grünen Bohnen. Quelle (73)

- - - - Lagerung bei 0°C
——— Lagerung bei +15°C
-.-.-.- Lagerung bei +2,5°C
-..-..- Lagerung bei +30°C

Literatur- und Quellenverzeichnis

(1) Novak, Vaclav: Die Bedeutung des Innenklimas von Produktions- und Lagerräumen der Landwirtschaft und Nahrungsmittelindustrie. Berlin 1959

(2) Behr, Hubert: Kühlräume für die Gaslagerung von Obst und Gemüse. Karlsruhe 1975, C.F. Müller Verlag

(3) Borck, Boris.: Ernte und Lagerung des Obstes. Berlin 1969

(4) Osterloh/Gröschner: Lagerung von Obst und Gemüse. Berlin 1975, VEB Deutscher Landwirtschaftsverlag

(5) Saburov, N.V. und Antonov, M.V.: Die Lagerung von Obst und Gemüse. Berlin 1953

(6) Studer/Daepp/Suter: Vorratshaltung von Obst und Gemüse. Stuttgart 1983

(7) Gösele, Karl; Schüle, Walter: Schall, Wärme, Feuchte. Wiesbaden/Berlin 1985, 8. Aufl.

(8) Henze, Joachim. Bau und Einrichtung von Lagerräumen für Obst und Gemüse. KTBL-Schrift 154, Frankfurt 1972

(9) Gerhardt, F.; Nordmann, O.: Grundlagen der Obstaufbewahrung unter besonderer Berücksichtigung der Erdmietenlagerung. Stuttgart 1948

(10) Flanitzer, Ida: Obst und Gemüse auf Vorrat. Graz und Stuttgart, Leopold Stocker

(11) Das Beste (Hrsg.): Altbewährtes neu entdeckt. Stuttgart 1983

(12) Bubel, Mike und Nancy: Root Cellaring. Emmaus, Pennsylvania/USA 1979, Rodale

(13) Früchtel, Ingrid und Annette: Natürliche Vorratshaltung in der Vollwertküche. München 1986, Gräfe und Unzer

(14) Herrmann, Josef: Lehrbuch der Vorratspflege, Berlin, VEB Deutscher Landwirtschaftsverlag

(15) Becker-Dillingen, Handbuch des gesamten Gemüsebaues. Berlin, Hamburg 1956, Parey

(16) Eichenberger, Henggeler, Schmidt, Vogtmann: Das Jahr im biologischen Gartenbau. Stuttgart 1983, Ulmer

(17) Bustorf-Hirsch, Maren: Haltbarmachen in der Öko-Küche. Niedernhausen 1988, Falken-Verlag

(18) Bruns, Annelore, Susanne u. Hubert: Biogarten Praxisbuch. München 1987, Kösel

(19) Menzel, Carl August: Der Bau des Eiskellers. Halle 1848

(20) Stetefeld Richard: Die Malz- und Bierbereitung; Lage und Bau der Keller. Stuttgart 1911, Max Waag

(21) Wagner, Friedrich: Landwirtschaftliche Bauten. Berlin 1907, Verlag Deutsche Bauzeitung

(22) Schild, E.; Oswald, R.: Wärmeschutz von erdberührten Gebäudeaußenflächen, Aachen 1979

(23) Keller - Schwachstellen. Band 3. Wiesbaden, Berlin 1978

(24) König, Eberh.: Praktische Baubiologie. Schwarzenbruck 1982

(25) Bundesarbeitskreis Altbauerneuerung e.V., Fachschriften-Verlag (Hrsg.): Wärmeschutz. Fellbach

(26) Kolb/Schwarz: Grün auf kleinen Dächern. München 1987

(27) Wallmeier, J.R.: Nutzungsmöglichkeiten von Räumen mit erdberührten Außenwänden. Dissertation, TH Aachen, 1974

(28) Stübler, E.; Zacharias, R.: Vorratswirtschaft im Haushalt. Schriftenreihe Verbraucherdienst Heft 7, Köln 1963

(29) Grützmacher, Bernd: Grasdach - Aufbau, Konstruktion, Systeme. München 1984, Callwey

(30) Bohn, Rudolf: Die Technik im Gartenbau. Band 2. Stuttgart 1957, Eugen Ulmer

(31) Schriftenreihe des Bundesministers für Raumordnung, Bauwesen und Städtebau (Hrsg.): Wärmeschutz von erdberührten Gebäudeaußenflächen. Aachen 1979

(32) Bundesministerium für Ernährung, Landwirtschaft und Forsten in Zusammenarbeit mit dem Land- und Hauswirtschaftlichen Auswertungs- und Informationsdienst e.V. (Hrsg.): Die Vorratshaltung im landwirtschaftlichen Haushalt. Stuttgart-Hohenheim 1966

(33) Fachkunde Bau. Wuppertal 1986, Europa-Lehrmittel

(34) Brandt, J. et al.: Keller richtig gebaut. Düsseldorf 1984

(35) Kohl/Bastian/Neizel: Hochbau, Baufachkunde 2. Stuttgart 1982, B.G. Teubner

(36) Lochner, Dietmar: Kellerausbau. Köln-Braunsfeld 1982

(37) König, Holger: Wege zum gesunden Bauen. Staufen bei Freiburg/Br. 1989 (3. Aufl.), ökobuch

(38) Engel, Friedrich: Handbuch des Landwirthschaftlichen Bauwesens. Leipzig 1871

(39) Palm, Hubert: Das gesunde Haus. Konstanz 1979, Ordo

(40) Schweizerisches Institut für Baubiologie: Ausschnitt aus dem Schaffen von Schweizer Baubiologen. Tagungsband, Basel 1985, Institut für Baubiologie

(41) Nebel, Herbert: Sanieren und Modernisieren von Gebäuden. Mönchengladbach o.J.

(43) Gartner/Winklbauer: Gesünder Wohnen. Wien 1984, Orac

(44) Lotz, K.E.: Willst Du gesund wohnen? Remscheid 1978

(45) Baubiologie Bonn: Baukonstruktionen und Baustoffe. Gummersbach 1983

(46) Ahnert/Krause: Typische Baukonstruktionen von 1860 bis 1960. Wiesbaden und Berlin 1985, Bauverlag

(47) Schnaase, Siegfried: Handbuch für den praktischen Baubiologen. München o. J., Mondo Media Edition

(48) RWE Bau-Handbuch: Technischer Ausbau. Essen o.Jahr

(49) Nurmisto, Urpo: Rakennan maakellarin. Helsinki 1986

(50) Minke, Gernot: Häuser mit grünem Pelz. Frankfurt 1982

(51) Stiftung Naturschutz Berlin (Hrsg.): Das Gründach. Berlin 1983

(52) Hilkenbäumer, Friedrich: Obstlagerung - Grundlagen, Durchführung, Kosten. Berlin und Hamburg 1962, Parey

(53) Sage, Konrad: Handbuch der Haustechnik, Bd. 2. Berlin und München 1971, Bertelsmann

(54) Campbell, Stu: The Underground House Book. Charlotte, Vermont/USA 1980, Garden Way

(55) Edelhart, Mike: Das Erdhaus; Handbuch für Architekten und Planer. Wien 1983, Orac

(56) Cords-Parchim: Das Handbuch des Landbaumeisters, Bd. 1. Radebeul und Berlin 1954, Neumann

(57) Recknagel/Sprenger: Taschenbuch für Heizung und Klimatechnik. München 1979, 60. Aufl., Oldenbourg

(58) Frank Dieter Balkowski: Gesund bauen und wohnen. Köln-Braunsfeld 1983, R. Müller

(59) Schweiz. Zentralstelle für Obstverwertung: Frischlagerung von Obst, Kartoffeln und Gemüse. Affoltern a.A./Schweiz

(60) Leitner/Lochner: Vorratskeller gut sortiert. In: Zuhause 6/90, Hamburg 1990, Jahreszeiten-Verlag

(61) Hylton, W. (Hrsg.): Alles zum Selbermachen. Frankfurt 1984

(62) Marks, Vic (Hrsg.): Cloudburst - a handbook of rural skills and technology. Seattle, Washington/USA 1973

(63) Bauidee Workshop: Ersatz für Keller. In: Bauidee für Haus und Garten 2/90, Hamburg 1990, Heinrich Bauer Verlag

(64) Musehold, Hans: Ebenerdige Vorratshaltung in neuen Wohnhäusern. Schriftenreihe des Land- und Hauswirtschaftlichen Auswertungs- und Informationsdienstes e.V. (AID), Frankfurt 1967, Kommentator Verlag

(65) Kreuzer, Kai: Die Vermarktung selbst in die Hand nehmen!. Lauterbach 1988

(66) Bönicke, Gerhard: Hürden und Gestelle für den Vorratskeller. Leipzig 1940, Hachmeister und Thal

(67) Salibi, Villard: Kühlen ohne Strom. In: Energisch Leben, Berlin 1984 (3. Auflage), Stattbuch

(68) Nicolaisen-Scupin, Lieselotte: Leitfaden für die Lagerung von Gemüse und eßbaren Früchten. Braunschweig 1972, Hempel

(69) In: Kraut & Rüben, August 1990, München 1990, BLV

(70) Steinbach, Gunter: Natürlich konservieren. München 1984

(71) Rust, Hildegard: Praktische Vorratshaltung zu Hause. München 1986, BLV

(72) Arthold, Matthias: Handbuch der Kellerwirtschaft. 1950

(73) Schormüller, J.: Die Erhaltung der Lebensmittel. Berlin 1966

(74) Bünemann/Hansen: Frucht- und Gemüselagerung. Stuttgart 1973, Verlag Eugen Ulmer

(75) Erika/Renato: Haltbarmach - Almanach. Lustenau/Österreich 1982, Verlag Lichtheimat

(76) Forschungsgemeinschaft für die Kühllagerung von Gemüse und Obst (Hrsg.): Kühllagerung von Gemüse und Obst. Berlin 1939, Verlag Neumann

(77) Schorndorfer/Schöning: Konservierung natürlich und gesund. 1983, Pala-Verlag

(78) Henze, Joachim: Bau und Einrichtung von Lagerräumen für Obst und Gemüse. KTBL-Schrift 154, Frankfurt 1972

(79) Lang, O; Springmann, W.: Entwurf und Bau von Kühlräumen. 1949

Sach- und Fachbücher „Bauen & Technik"

Holger König
Wege zum gesunden Bauen
Baustoffwahl, Baukonstruktionen, ausgeführte Objekte, Baunormen, Bauphysik, Preise und Bezugsquellen. Ein Handbuch für Bauherren, Architekten u. Handwerker. Erweit. Neuaufl. 1997, 261 S. m.v. Abb. 49,80 DM

Edgar Haupt, Anne Wiktorin
Wintergärten - Anspruch und Wirklichkeit
Ein Praxishandbuch. Planung und Bau von Wintergärten: Konstruktionen, empfehlenswerte Materialien, Verglasungs- und Klimatisierungssysteme; Bauschäden, gebaute Beispiele. 1996, 177 S. 220 Abb. 39,80 DM

Holger König
Das Dachgeschoß
Gesunder Wohnraum unter dem Dach - Umbau, Ausbau, Neubau: ein umfassendes und konsequentes Planungshandbuch für Bauherren, Handwerker und Planer. 2.unveränd.Aufl. 1994, 236 S. m.v. Abb. 48,- DM

Othmar Humm
NiedrigEnergieHäuser
Theorie und Praxis. Konzepte, Baukonstruktionen, Produkte u. energietechnische Maßnahmen. Das Buch zeigt, wie moderne Niedrigenergiehäuser geplant u.gebaut werden. 1997, 294 S., 21 x 21 cm geb. 58,- DM

Othmar Humm
NiedrigEnergie- und PassivHäuser
Schneller Einstieg in die Techniken zukunftsweisenden Hausbaus: hochwärmedämmende Wand-, Dach- und Fensterkonstruktionen, Sonnenenergienutzung, Heizungs- u. Lüftungstechnik. 1998, 126 S., TB 29,90 DM

Heinz Ladener
Vom Altbau zum Niedrigenergiehaus
Energietechnische Gebäudesanierung i.d. Praxis: Katalog erprobter Wärmedämmkonstruktionen, Empfehlung zur Haustechnik-Erneuerung, Tips zu Ausschreibung u. Ausführung. 1998, geb. 272 S. m.v.Abb. 49,80 DM

G. Häfele, W. Oed, L. Sabel
Hauserneuerung
Das Handbuch zeigt, worauf es bei der umweltverträglichen u. kostengünstigen Renovierung ankommt. Mit Anleitungen zur Selbsthilfe, Baustoffkunde u. Kostenübersicht. 1996, 236 S. m.v.Abb., gebunden 49,80 DM

Gernot Minke
Lehmbau-Handbuch
Ein umfassendes Lehrbuch und Nachschlagewerk, das die ganze Vielfalt der Einsatzmöglichkeiten und Verarbeitungstechniken des Baustoffes Lehm zeigt und die materialspezifischen Eigenschaften praxisnah erläutert. 4. Aufl. 1999, 320 S. m. vielen z.T. farb. Abb. gebunden 68,- DM

Anne-Louise Huber, Thomas Kleespies, Petra Schmidt
Neues Bauen mit Lehm
Konstruktionen und gebaute Objekte: Wärmeschutz, Feuchteverhalten und Ökobilanzen von Lehmbaustoffen; Katalog m. empfehlenswerten Wand-, Decken- und Dachaufbauten; Beispiele von neuen Lehmhäusern. 1997, 106 S., 21 x 21 cm gebunden 39,80 DM

Peter Stenhorst
Heißes Wasser von der Sonne
Allgemeinverständliche Einführung in die Sonnenkollektortechnik und Leitfaden für Planung und Kauf von Solaranlagen zur Warmwasserbereitung, Schwimmbad- u. Raumheizung. 1994, 188 S. m.v.Abb. 19,80 DM

Heinz Ladener
Solare Stromversorgung
Grundlagen- u. Praxiswissen, das für Planung und Bau solarer Stromversorgungsanlagen gebraucht wird: Solarpanele, Akkus, Schaltungstechnik und Geräte, m. Beispielen u. Erfahrungen. 2.Aufl.1995, 284 S., 48,- DM

Andreas Henze, Werner Hillebrand
Strom von der Sonne
Einsatzmöglichkeiten, Aufbau, Dimensionierung und Installation kleiner netzunabhängiger Solarstromanlagen für Hütten, Fahrzeuge und Boote, mit Hinweisen für die fachgerechte Elektroinstallation + Beispiele einschließlich PV-Anlagen zur Netzeinspeisung.
1999, 134 S. TB 24,90 DM

Bücher zu aktuellen Themen

Christopher Day
Bauen für die Seele
Architektur im Einklang mit Mensch und Natur. Eine Abhandlung über den Prozeß des Bauentwurfs, die zeigt, wie wohltuende, für den Menschen heilsame Wohnumgebungen geschaffen werden können.
1996, 189 S. m.v.Abb., 21 x 21 cm 39,80 DM

Daniel Mack
Möbel aus Wildholz
Gestaltung-Bautechniken-Objekte. Weder herausragende Fähigkeiten noch aufwendiges Werkzeug sind notwendig, um elegante formschöne Möbel aus naturgeformtem Holz zu bauen. 1999, 165 S. m.v.Abb., 49,80 DM

Klaus Bahlo, Gerd Wach
Naturnahe Abwasserreinigung
Planung und Bau von Pflanzenkläranlagen. Dieser Ratgeber für Grundstücksbesitzer und Planer zeigt detailliert und verständlich, wie Pflanzenkläranlagen genehmigungsfähig geplant, fachgerecht gebaut, betrieben u. gewartet werden. 3. Aufl 1995, 137 S. m.v. Abb. 29,80 DM

Karlheinz Böse
Regenwasser für Garten und Haus
Wie und in welchen Behältern Wasser gesammelt werden kann, wann gefiltert werden muß, welche Pumpen geeignet sind, wie das Wasser in Haus und Garten verteilt wird. 1998, 110 S. m.v.Abb., 21 x 14,6 cm 19,90 DM

Hans-P. Ebert
Heizen mit Holz
Günstiger Holzeinkauf, Zurichten des Waldholzes, Lagerung und Trocknung, Anforderungen an Feuerstelle und Schornstein, die verschiedenen Ofentypen und ihre Einsatzbereiche. 1997, 130 S. m.v.Abb. 19,80 DM

Claudia Lorenz-Ladener
Holzbacköfen im Garten
Detaillierte Bauanleitungen vom einfachen Lehmofen bis zum gemauerten Brotbackhäuschen. Mit vielen Erfahrungen und Ratschlägen sowie pfiffigen Tips und Rezepten. 1998, 138 S. m.v.Abb., 17 x 24 cm 29,90 DM

Dieter Viebach
Der Stirlingmotor
Einfach erklärt u. leicht gebaut. Detaillierte Bauanleitung für einen funktionstüchtigen Modellmotor, hergestellt aus einer gewöhnlichen Konservendose und einfachen Holzteilen. 1998, 106 S.m.v.Abb. 29,90 DM

Klaus W. König
Regenwasser in der Architektur
Sammlung und Nutzung von Regenwasser an Gebäuden: Planung, Bau und Betrieb von Regenwassersammelanlagen im privaten, gewerblichen und kommunalen Bereich sowie erweiterte Wasserkonzepte mit Versickerung und Verdunstung. 1996, 236 S. m.v. Abb., 56,- DM

Martin Werdich, Kuno Kübler
Stirling - Maschinen
Grundlagen und Technik von Stirling-Maschinen mit einem Überblick über erprobte Motorkonzepte und ihre Vor- und Nachteile. Mit ausführlichem Hersteller- und Literaturverzeichnis sowie Bauplan für ein Funktionsmodell.
7. Aufl. 1999, 140 S. m.v.Abb., 21 x 14,6 cm 29,80 DM

Unsere Bücher erhalten Sie in allen Buchhandlungen.
Preisstand: 1.9.1999 - Änderungen vorbehalten!

In unserer *Versandbuchhandlung* haben wir über 300 Titel auf Lager, die Sie direkt bei uns bestellen können, und zwar zu folgenden Themen: Solararchitektur - Bauen & Selbstbau - Nutzung von Sonnen-, Wind- und Wasserkraft - Bioenergie - Energiekonzepte - Land- und Gartenbau - Tierhaltung - gesunde Küche - und vieles mehr ....

ökobuch Verlag & Versand GmbH
79216 Staufen · Postfach 1126 · ✆ 07633-50613

Fordern Sie einfach die große Buchliste an bei: ✉ 07633-50870 · email: oekobuch@t-online.de · http://www.oekobuch.de/